Forschung für die Praxis · Band 30

**Berichte aus dem
Forschungsinstitut für Rationalisierung (FIR)
und dem Lehrstuhl und Institut
für Arbeitswissenschaft (IAW)
der Rheinisch-Westfälischen
Technischen Hochschule Aachen**

Herausgeber: Univ.-Prof. Dr.-Ing. R. Hackstein

W0258796

K. Hirt

PPS beim Einsatz flexibler Fertigungssysteme

Voraussetzungen und Gestaltungshinweise für eine effiziente Auftragsabwicklung

Mit 109 Abbildungen

Springer-Verlag Berlin Heidelberg GmbH 1990

Dipl.-Ing. Klaus Hirt
Forschungsinstitut für Rationalisierung
an der Rheinisch-Westfälischen Technischen Hochschule Aachen

Univ.-Prof. Dr.-Ing. Rolf Hackstein
Inhaber des Lehrstuhls und Direktor des Instituts für Arbeitswissenschaft,
Direktor des Forschungsinstituts für Rationalisierung an der Rheinisch-
Westfälischen Technischen Hochschule Aachen

D 82 (Diss. TH Aachen)
Beitrag zur Gestaltung einer EDV-gestützten Produktionsplanung und
-steuerung (PPS) beim Einsatz von Flexiblen Fertigungssystemen im
Maschinenbau.

ISBN 978-3-540-52757-2   ISBN 978-3-642-84234-4 (eBook)
DOI 10.1007/978-3-642-84234-4

Dieses Werk ist urheberrechtlich geschützt. Die dadurch begründeten Rechte, insbesondere die
der Übersetzung, des Nachdrucks, des Vortrags, der Entnahmen von Abbildungen und Tabellen,
der Funksendung, der Mikroverfilmung oder der Vervielfältigung auf anderen Wegen und der Speicherung in Datenverarbeitungsanlagen, bleiben, auch bei nur auszugsweiser Verwertung, vor-
behalten. Eine Vervielfältigung dieses Werkes oder von Teilen dieses Werkes ist auch im Einzelfall
nur in den Grenzen der gesetzlichen Bestimmungen des Urheberrechtsgesetzes der Bundes-
republik Deutschland vom 9. September 1965 in der jeweils gültigen Fassung zulässig. Sie ist
grundsätzlich vergütungspflichtig. Zuwiderhandlungen unterliegen den Strafbestimmungen des
Urheberrechtsgesetzes.

© Springer-Verlag Berlin Heidelberg 1990
Ursprünglich erschienen bei Springer-Verlag Berlin Heidelberg New York 1990

Die Wiedergabe von Gebrauchsnamen, Handelsnamen, Warenbezeichnungen usw. in diesem
Werk berechtigt auch ohne besondere Kennzeichnung nicht nur zu der Annahme, daß solche
Namen im Sinne der Warenzeichen- und Markenschutz-Gesetzgebung als frei zu betrachten wären
und daher von jedermann benutzt werden dürften.

Sollte in diesem Werk direkt oder indirekt auf Gesetze, Vorschriften oder Richtlinien (z.B. DIN,
VDI, VDE) Bezug genommen oder aus ihnen zitiert worden sein, so kann der Verlag keine Gewähr
für Richtigkeit, Vollständigkeit oder Aktualität übernehmen. Es empfiehlt sich, gegebenenfalls für
die eigenen Arbeiten die vollständigen Vorschriften oder Richtlinien in der jeweils gültigen Fassung
hinzuzuziehen.

Gesamtherstellung:
trans-aix-press, Kurbrunnenstr. 30, 5100 Aachen, Tel. 0241 / 54033
2160 / 3020-543210

<u>Vorwort des Herausgebers</u>

Die Mechanisierung und Automatisierung der industriellen Produktion hat in den vergangenen Jahren weiter ständig zugenommen. Begriffe wie "Flexible Fertigungssysteme", "Robotereinsatz" oder "CNC-Maschinen" sind einige Deskriptoren dieser Entwicklung. Mit steigender Komplexität der eingesetzten Anlagen, Maschinen und Verfahren erhöhen sich auch die Anforderungen an die Organisation des Zusammenwirkens von Mensch, Betriebsmittel und Material. Die Beherrschung und Verbesserung dieser Ablauforganisation wird mehr und mehr zum entscheidenden Faktor für einen erfolgreichen Einsatz moderner Produktionstechnologien.

Die Ablauforganisation in den Fabriken der Zukunft wird vom Einsatz der Informationstechnik geprägt sein. Einen der Anwendungsschwerpunkte der Informationstechnik in der Ablauforganisation von Produktionsbetrieben bildet der Einsatz von Informationssystemen für die Planung und Steuerung von Produktionsabläufen einschließlich des Transportes und der Lagerung.

Der Erfolg solcher Informationssysteme ist in besonderem Maße davon abhängig, wie gut es gelingt, bei der Entwicklung und beim Einsatz der Systeme gleichermaßen sowohl die technisch-organisatorischen als auch die humanen (arbeitswissenschaftlichen) Aspekte zu berücksichtigen. Während sich die technologische Entwicklung nämlich auf dem Hardware-Sektor äußerst rasant vollzieht, ist zu beobachten, daß zwischen den durch die Hardware gebotenen Möglichkeiten und den durch entsprechende Methoden und Programme (Software) realisierten Anwendungen eine immer größere Lücke entsteht, die als "Software-Lücke" bezeichnet wird.

Erfolge beim betrieblichen Einsatz können weiterhin aber auch nur dann erreicht werden, wenn der Mensch die oben genannten Informationssysteme akzeptiert. Das aber gelingt nur, wenn der Mensch die sich ergebenden Veränderungen positiv bewältigen kann. Da bisher zu wenig Beweglichkeit, Einfallsreichtum und Flexibilität bei der Entwicklung neuer Bedingungen für die Gestaltung der Arbeitszeit, des Arbeitsplatzes, des Arbeitskräfteeinsatzes, der Arbeitsorganisation und ähnlichem festzustellen ist, zeigt sich hier eine zweite, immer größer werdende Lücke, die vielfach als "Akzeptanzlücke" bezeichnet wird und die in ihren negativen Auswirkungen der "Software-Lücke" sicherlich nicht nachsteht.

Darüber hinaus ist es heute im Hinblick auf die Wirtschaftlichkeit von Neuen Technologien noch allzu häufig üblich, daß man unter der Forderung nach "geringeren Kosten" vorzugsweise "geringere Produktionskosten" und unter "höherer Leistung" vorzugsweise "höhere menschliche Anstrengung" versteht. Es erhebt sich aber vor dem Hintergrund der Massenarbeitslosigkeit die Frage, inwieweit man heute Neue Technologien als Ersatz für Alte Technologien vorzugsweise durch Reduzierung der Personalkosten anstreben muß und man höhere Leistung vorzugsweise nur durch Erhöhung der menschlichen Anstrengung erreichen kann.

Industrielle Führungskräfte sollen hingegen wissen, daß gerade die mit dem Begriff des Computers verbundenen neuen Technologien so gestaltbar sind, daß dem Menschen nicht höhere Anstrengungen zugemutet werden, sondern der Computer die Arbeit des Menschen so unterstützen kann, daß das Leistungsergebnis - und darauf kommt es ja an -

verbessert wird. Es ist folglich zu prüfen, welche Neuen Technologien geeignet sind, sowohl die Wirtschaftlichkeit zu steigern, als auch den Personalfreisetzungseffekt zu vermeiden.

Die Arbeiten der beiden vom Herausgeber geleiteten Institute, des Forschungsinstitutes für Rationalisierung (FIR) an der RWTH Aachen und des Lehrstuhls und Institutes für Arbeitswissenschaft (IAW) der RWTH Aachen, sind vor diesem Hintergrund darauf gerichtet, Beiträge zur Schließung der angezeigten Lücken und zur Realisierung der genannten Forderungen zu leisten. Zur Umsetzung gewonnener Erkenntnisse wird die Schriftenreihe "FIR-IAW-Forschung für die Praxis" herausgegeben. Der vorliegende Band setzt diese Reihe fort. Die bisher erschienenen Titel sind am Schluß dieses Bandes aufgeführt.

Dem Verfasser danke ich für die geleistete Arbeit, dem Verlag für die Aufnahme dieser Schriftenreihe in sein Programm und allen anderen Beteiligten für ihren Beitrag zum Gelingen des Bandes.

Rolf Hackstein

1. Einleitung

Die Entwicklung flexibel automatisierter Fertigungskonzepte wurde in den letzten Jahren stark vorangetrieben. So wurde durch eine EDV-technische Kopplung die Möglichkeit zu der Verbindung von mehreren Werkzeugmaschinen, auch mit unterschiedlichen Fertigungstechnologien, in einer Produktionseinheit geschaffen. Eine solche hochproduktive Einheit wird als Flexibles Fertigungssystem (im folgenden mit FFS abgekürzt) bezeichnet.

FFS ermöglichen auch im Rahmen der Einzel- und Kleinserienfertigung eine Produktivitätssteigerung durch eine Automatisierung der Fertigung. Voraussetzung für die Ausnutzung der tatsächlich möglichen Produktivitätssteigerung und damit für eine Wirtschaftlichkeit dieser kapitalintensiven Investition ist eine geeignete, der jeweiligen Fertigungssituation angepaßte Fertigungsorganisation. Die unterschiedlichen Ausführungsformen von FFS setzen spezielle Gestaltungen der Produktionsplanung und -steuerung (PPS) für die Auftragsabwicklung und hier speziell für die Werkstattsteuerung voraus. Der funktionsfähigen Integration der FFS in den innerbetrieblichen Informationsfluß der PPS kommt deshalb eine wesentliche Bedeutung für den wirtschaftlichen Erfolg zu. Den FFS-Anwendern und -Planern fehlt jedoch bislang eine Systematik, wie sie die Werkstattsteuerung an die Erfordernisse der flexiblen Automatisierung in Form ihres FFS anpassen können.

Es erweist sich dabei als problematisch, daß sich eine Verschiebung der mit der PPS angestrebten Ziele ergibt, wie sie bei HACKSTEIN (1989, S.1, 17f.) genannt werden. Diese Ziele lauten:

- hohe Termintreue,
- hohe gleichmäßige Kapazitätsauslastung,
- kurze Durchlaufzeit und
- geringe Lagerbestände.

Der Grund für die Verschiebung liegt in dem im Vergleich zur konventionellen Fertigung erheblich höheren Investitonsvolumen. Der aus diesem hohen Investitionsvolumen erwachsende hohe Fixkostenanteil erzwingt eine optimale Auslastung des FFS. Das Ziel "hohe gleichmäßige Kapazitätsauslastung" erlangt demzufolge durch den Einsatz von FFS wieder eine starke Bedeutung (vgl. BRANKAMP/ POESTGES 1985, S.41).

In vielen Betrieben, in denen FFS zum Einsatz kommen, ist man jedoch von diesem Ziel noch weit entfernt. Dort sind die FFS immer noch "bewunderte hochproduktive Inseln im chaotischen Umfeld" (ERKES u.a. 1988, S.62). Ein Grund hierfür ist, daß "das Niveau der vorhandenen Lösungen zur effektiven Gestaltung der PPS" nicht ausreichend ist (PAHL 1988, S.75). So liegt der Schwerpunkt bei der Entwicklung von PPS-Konzepten deutlich im Bereich der Material- und Zeitwirtschaft. Der für die Werkstattauftragsabwicklung mit FFS entscheidende Bereich, die Werkstattsteuerung, bleibt weitgehend ausgeklammert (KURBEL/MEYNERT 1988, S.581).

Die anforderungsgerechte Gestaltung der Werkstattsteuerung muß mit einer arbeitsorganisatorischen Gestaltung der Werkstattauftragsabwicklung mit FFS verbunden werden. Die Unzulänglichkeiten der Werkstattsteuerung gekoppelt mit einer ungenügenden arbeitsorganisatorischen Gestaltung des FFS-Einsatzes führte bislang vielfach zum Scheitern der kapitalintensiven Investition in ein FFS (vgl. N.N. 1988, S.23f.). Für die Gestaltung der Arbeitsorganisation hat die Bestimmung der notwendigen Qualifikation der Mitarbeiter, die für die Planung und Steuerung sowie für die Bedienung der FFS verantwortlich sind, eine entscheidene Bedeutung (vgl. BRANKAMP 1987, S.2).

Ziel dieser Arbeit ist es, vor dem beschriebenen Hintergrund einen Beitrag zu einer anforderungsgerechten Gestaltung einer EDV-gestützten Produktionsplanung und -steuerung sowie einer angepaßten Arbeitsorganisation beim Einsatz von FFS zu leisten. Dazu sollen spezifische Anforderungen und - daraus resultierend - Gestaltungsvorschläge für eine Integration der FFS in den betrieblichen Informationsfluß der PPS formuliert werden.

Aufgrund der Vielfalt der betrieblichen Situationen (vgl. HACKSTEIN 1989, S.18) und aufgrund der bislang relativ geringen Verbreitung liegen kaum ausgereifte Organisatonsformen als Grundlagen für empirische-statistische Analysen vor. Die Anforderungen müssen demzufolge analytisch-deduktiv ermittelt werden (vgl. FÖRSTER/HIRT 1988).

Vor dem Hintergrund, daß der Trend zum Einsatz der flexiblen Automatisierung und speziell der FFS anhalten wird und dem Absatz von FFS ein weiterhin stetig steigender Zuwachs prognostiziert wird (vgl. NIEDERNHAUSEN 1989), kommt einer praxisgerechten Aufbereitung und einer entsprechenden Umsetzbarkeit der Ergebnisse ein hoher Stellenwert zu.

2. Begriffsbestimmungen und funktionale Abgrenzung

2.1 Flexible Automatisierung

Veränderte Marktanforderungen, wie sinkende Produktlebensdauer und steigende Variantenzahl, verbunden mit starkem Kostendruck, stellen hohe Anforderungen an die Unternehmen der Fertigungsindustrie. Um dieser Situation gerecht werden zu können, wurde in den letzten Jahren die Entwicklung flexibel automatisierter Fertigungskonzepte stark vorangetrieben. Zur grundlegenden Begriffsbestimmung müssen zunächst die gekoppelten Begriffe "Flexibilität" und "Automatisierung" erläutert werden.

Die mit dem Begriff "Flexibilität" verbundenen Assoziationen divergieren von Person zu Person. Es gibt zur Zeit noch keine einheitliche Terminologie für diesen Begriff (vgl. GROB 1986, S.21ff.). Die von MERTINS (1985, S.17f.) definierten fünf Arten der Flexibilität haben sich für den Bereich der Fertigung als Begriffsgrundlage weitgehend durchgesetzt und werden aus diesem Grunde hier verwendet (vgl. INGERSOLL 1985, S.12f.; KOCHAN 1985, S.27ff.; REFA 1987, S.46):

- Die Einsatz- oder Produktflexibilität wird verstanden als die Fähigkeit eines Systems, die Bearbeitung eines vorgegebenen Werkstückspektrums in einer beliebigen Reihenfolge zu fertigen.

- Bei der Anpaß- oder Anforderungsflexibilität wird die Fähigkeit eines Systems beurteilt, sich an neue oder geänderte Teile und Fertigungsverfahren anzupassen. In erster Linie ist dabei der anfallende Rüstaufwand entscheidend.

- Damit ein System auch bei unterschiedlichen Auslastungsgraden wirtschaftlich arbeitet, ist eine entsprechende Stückzahl- oder Mengenflexibilität erforderlich.

- Die Fertigungsredundanz ist charakterisiert durch das Vorhandensein mehrerer sich entsprechender, und dadurch ersetzbarer Funktionselemente.

- Die Möglichkeit, ein System durch Ergänzung einzelner Funktionselemente zu erweitern oder mit anderen Systemen zu verketten, wird Integrationsflexibilität genannt.

Der Begriff der Automatisierung soll definiert werden als die Gestaltung eines Vorganges mit technischen Mitteln, so daß "der Mensch weder ständig, noch in einem erzwungenen Rhytmus für den Ablauf des Vorgangs tätig zu werden braucht" (DOLEZALEK 1966, S.217). Durch die Automatisierung wird das Tätigkeitsfeld des Menschen von der körperlichen zur geistigen Arbeit verlagert (KIEF 1986, S.3.1). Der Begriff "Automatisierung der Fertigung" entsprach lange Zeit der "Mechanisierung der Fertigung". Im Rahmen der weitgehenden EDV-Durchdringung in der Fertigung steht der Begriff "Automatisierung" z.Zt. vielmehr für die selbständige Steuerung und Ausführung von Bearbeitungsprozessen. Dies zeigt auch der Einsatz der Flexiblen Automatisierung in der Fertigung.

In den vergangenen Jahrzehnten war die Automatisierung von Fertigungsabläufen im wesentlichen durch die Massenfertigung bestimmt (vgl. DEY/MÖLLER 1984, S.457). Die erhöhte Produktivität automatisierter Fertigungsabläufe ging dabei zu Lasten der Flexibilität (vgl. CZIUDAJ/PFENNIG 1985, S.55). Um trotzdem auf die eingangs erwähnten Marktveränderungen reagieren zu können, ist ein geeigneter Kompromiß zwischen Automatisierung und Flexibilität zu erzielen (vgl. EVERSHEIM/ZEITZ 1985, S.55). Flexibel automatisierte Fertigungskonzepte müssen daher in der Lage sein, ein wechselndes Werkstückspektrum in beliebiger Reihenfolge und variierenden Losgrößen wirtschaftlich zu fertigen (vgl. KIEF 1986, S.3.1).

2.2 Flexible Fertigungssysteme (FFS)

2.2.1 Definition

Die Literatur weist eine große Anzahl von Definitionen für Flexible Fertigungssysteme (FFS) auf. Stellvertretend sei nur auf die Definitionen von STUTE u.a. (1978), WECK (1982), RANKY (1983) und GROOVER/ZIMMERS (1984) hingewiesen. In Anlehnung an WECK werden im Rahmen dieser Arbeit FFS wie folgt definiert:

Flexible Fertigungssysteme (FFS) sind Produktionseinrichtungen, die aus mehreren unabhängig voneinander arbeitenden numerisch gesteuerten Werkzeugmaschinen bestehen, die geeignet sind für

- eine ein- oder mehrstufige Bearbeitung unterschiedlicher Werkstücke im Auftragsmix,
- ein hauptzeitparalleles Rüsten an zentralen Rüstplätzen,
- einen automatischen systemintern gesteuerten Werkstück-/Werkzeugtransport und

- einen bedienerarmen und/oder bedienerlosen Automatikbetrieb.

Nach WECK (1982, S.353) ist kennzeichnend für FFS: "... ihre Flexibilität hinsichtlich der Bearbeitung unterschiedlicher Werkstücke in einer Reihenfolge, die nicht durch Rüstvorgänge unterbrochen ist" (vgl. auch REFA 1987, S.49; EVERS-HEIM/SCHMIDT 1988, S.11f.). Die einzelnen Bearbeitungsstationen sind dabei ungetaktet miteinander verkettet (vgl. ROGEL 1984, S.379; ERKES/SCHMIDT 1984, S.579). In Abbildung 2-1 ist exemplarisch ein FFS dargestellt.

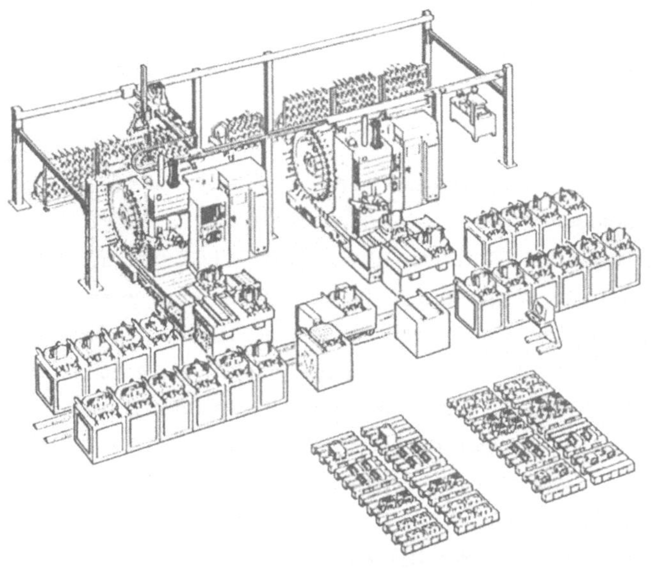

Abb. 2-1:   Beispiel eines FFS (nach BÜDENBENDER/SCHELLER 1987, S.27)

Bei flexiblen Transferstraßen erfolgt der Materialfluß taktweise in sequentieller Maschinenfolge. Im Gegensatz zu konventionellen Transferstraßen können auf flexiblen Transferstraßen nacheinander in begrenztem Umfang unterschiedliche Werkstücke gefertigt werden, da der Umrüstvorgang weitgehend automatisiert ist (vgl. HAMMER 1985, S.4).

Während gemäß der Definition FFS aus mehreren Werkzeugmaschinen bestehen, handelt es sich bei Flexiblen Fertigungszellen (FFZ) um Einmaschinenkonzepte. Die dabei eingesetzten Werkzeugmaschinen sind so ausgelegt, "daß

- eine einstufige Bearbeitung unterschiedlicher Werkstücke automatisch im Auftragsmix aus einem Werkstückspeicher heraus,
- ein hauptzeitparalleles Rüsten und
- ein bedienerarmer oder bedienerloser Automatikbetrieb

realisiert werden können" (FÖRSTER 1988, S.7, vgl. auch MERTINS 1985, S.23ff.).

2.2.2 Systemkomponenten und -aufbau

Ein FFS ist aus den automatisch arbeitenden Systemkomponenten
- Bearbeitungssystem,
- Materialflußsystem,
- Werkzeugversorgungssystem und
- Informationssystem

aufgebaut (vgl. FIX-STERZ u.a. 1986, S.370; WECK u.a. 1987, S.543f.). Im Bearbeitungssystem werden die Werkstücke auf numerisch gesteuerten Werkzeugmaschinen in einer vorgegebenen Reihenfolge automatisch ohne Eingriff des Bedienpersonals bearbeitet. Der Werkstück- und Werkzeugwechsel erfolgt dabei ebenfalls automatisch. Im Rahmen dieser Arbeit erfolgt eine Beschränkung auf FFS mit überwiegend spanender Bearbeitung der Werkstücke. Die Beschränkung auf diese Bearbeitungsverfahren ist gerechtfertigt, da durch eine Reihe von Untersuchungen (CZIUDAJ 1985, S.115; MERTINS 1985, S.48f.; FIX-STERZ u.a. 1986, S.372) die Dominanz dieser Bearbeitungsverfahren, insbesondere der Verfahren "Drehen", "Fräsen" und "Bohren" belegt wird. In das FFS integrierte Meßmaschinen zur Überwachung der Qualitätsanforderungen sowie Waschmaschinen werden dem Bearbeitungssystem zugeordnet.

Im Materialflußsystem erfolgt der automatische, taktungebundene Transport der Werkstücke von den Rüst-/Spannplätzen zu den einzelnen Bearbeitungsstationen und zurück. Pufferplätze zum Zwischenspeichern der Werkstücke vor dem Transport werden ebenso zum Materialflußsystem gerechnet, wie die Handhabungsgeräte, die erforderlich sind, um die Übergabe der Werkstücke vom Transportmittel (z.B. Schienenfahrzeug) zum Bearbeitungssystem zu gewährleisten (z.B. automatisch arbeitende Greifer). Das Werkzeugversorgungssystem umfaßt alle anfallenden Transport- und Lagerungsvorgänge von der Einschleusung der Werkzeuge in das FFS bis hin zum Einwechseln der Werkzeuge in die Werkzeugmaschinen. Im

Informationssystem schließlich erfolgt die Verarbeitung und die Übertragung aller Daten, die für einen reibungslosen Fertigungsablauf im FFS benötigt werden.

Prinzipiell lassen sich nach EVERSHEIM (1981, S.133) FFS in drei technisch und organisatorisch unterschiedliche Bearbeitungskonzepte gliedern.

Der organisatorisch einfachste, aber auch technisch aufwendigste Aufbau eines FFS ist die Verkettung mehrerer gleicher, numerisch gesteuerter Bearbeitungszentren (BAZ) mit einem zentralen Werkstückspeicher. Da die BAZ untereinander gleich sind und somit über mehrere sich ersetzende Bearbeitungsfunktionen verfügen, kann eine Komplettbearbeitung der Werkstücke auf einem BAZ erfolgen. Ein derartiges System wird als einstufiges Fertigungssystem, die darin befindlichen Maschinen als sich ersetzende Maschinen bezeichnet. Die zweite Möglichkeit des Aufbaus ist die Verkettung mehrerer numerisch gesteuerter Werkzeugmaschinen mit sich ergänzenden Bearbeitungsfunktionen. Zur vollständigen Bearbeitung müssen die Werkstücke jeweils mehrere Werkzeugmaschinen ansteuern. Dieses System wird als mehrstufiges Fertigungssystem, die Werkzeugmaschinen als sich ergänzende Maschinen bezeichnet. Eine dritte Möglichkeit ergibt sich aus der Kombination der beiden genannten Fertigungskonzepte. In diesem Fall ergibt sich ein sogenanntes kombiniertes Fertigungssystem aus sich ergänzenden und sich ersetzenden Maschinen. Mit einem derartigen System läßt sich sowohl eine einstufige als auch eine mehrstufige Bearbeitung der Werkstücke durchführen (Abbildung 2-2).

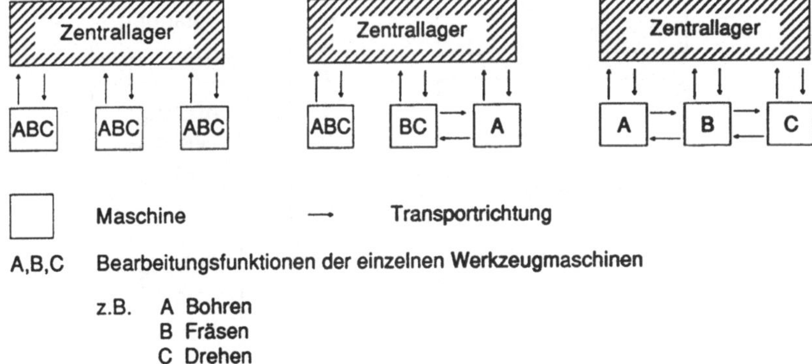

Abb. 2-2:   Bearbeitungskonzepte von FFS (nach EVERSHEIM 1981, S.133)

2.3 Produktionsplanung und -steuerung (PPS)

"PPS bezeichnet den Einsatz rechnerunterstützter Systeme zur organisatorischen Planung, Steuerung und Überwachung der Produktionsabläufe von der Angebotsbearbeitung bis zum Versand unter Mengen-, Termin- und Kapazitätsaspekten" (AWF 1985, S.8; vgl. REFA 1987, S.258). Die daraus resultierenden Teilgebiete und Funktionsgruppen hat HACKSTEIN (1989, S.5), wie in Abbildung 2-3 dargestellt definiert.

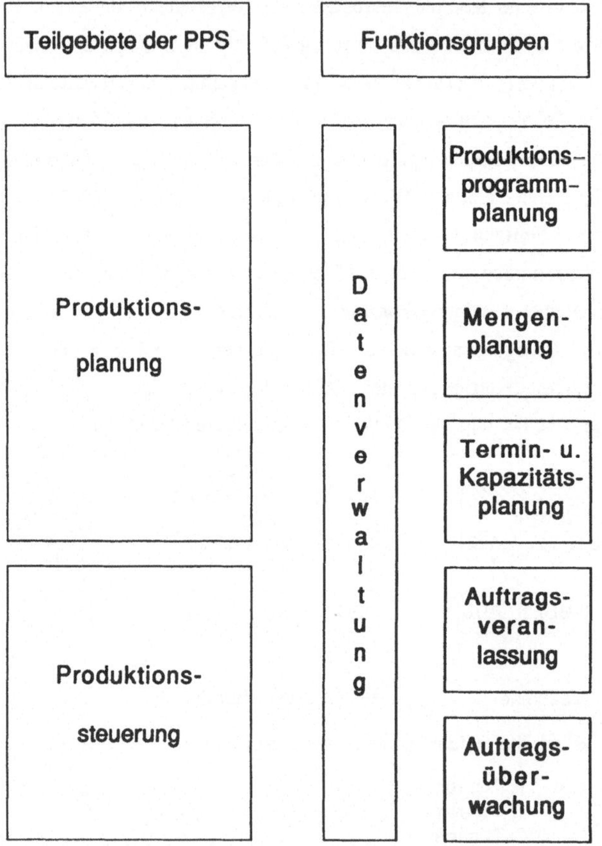

Abb. 2-3: Gliederung der Produktionsplanung und -steuerung (Hackstein 1989, S.5)

In HACKSTEIN (1985, S.24ff.), HACKSTEIN (1986, S.5.2-28) und HACK-STEIN (1989, S.16) finden sich weitergehende Präzisierungen der Funktionen im

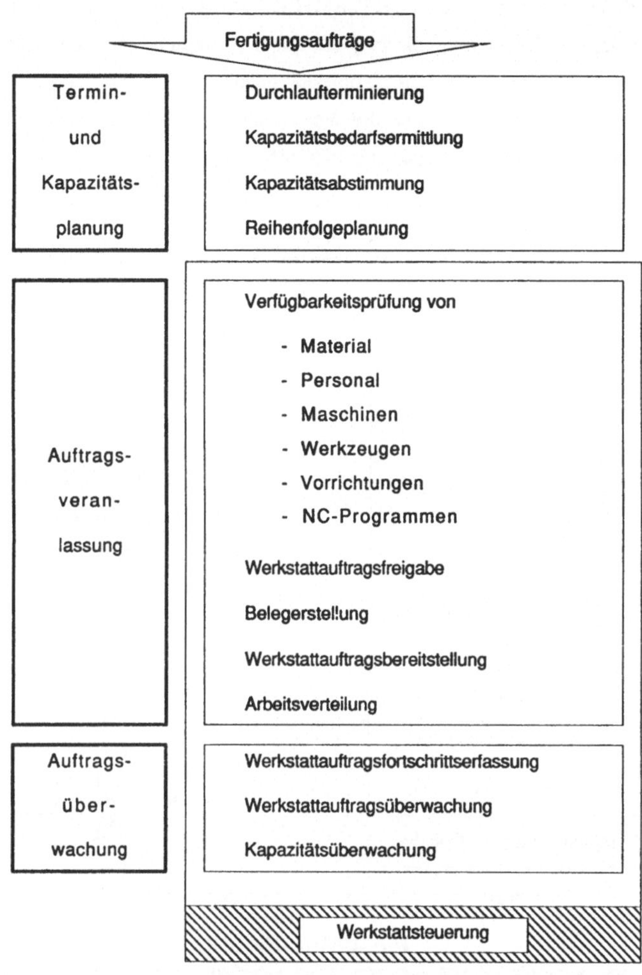

<u>Abb. 2-4:</u> Die der Fertigungsauftragsbildung folgenden Funktionen der PPS im Bereich der Eigenfertigung (FÖRSTER/HIRT 1988, S.16)

Rahmen der PPS. Da es sich bei der vorliegenden Aufgabe um eine Fragestellung im Bereich der Eigenfertigung handelt, sind in Abbildung 2-4 die einzelnen PPS-Funktionen ausgehend von der Fertigungsauftragsbildung gemäß HACKSTEIN dargestellt. Dabei werden die Auftragsveranlassung und die Auftragsüberwachung für die Eigenfertigung als Werkstattsteuerung zusammengefaßt.

Im Rahmen der Arbeit von FÖRSTER/HIRT (1988) wurde die Notwendigkeit zu einer weiteren Aufgliederung dieser Funktionen formuliert, um den Anforderungen flexibel automatisierter Fertigungskonzepte genüge leisten zu können. Abbildung 2-5 zeigt die Aufgliederung und die Verteilung der Funktionen auf Rechnerhierarchieebenen, wie sie der Einsatz von FFZ erfordert.

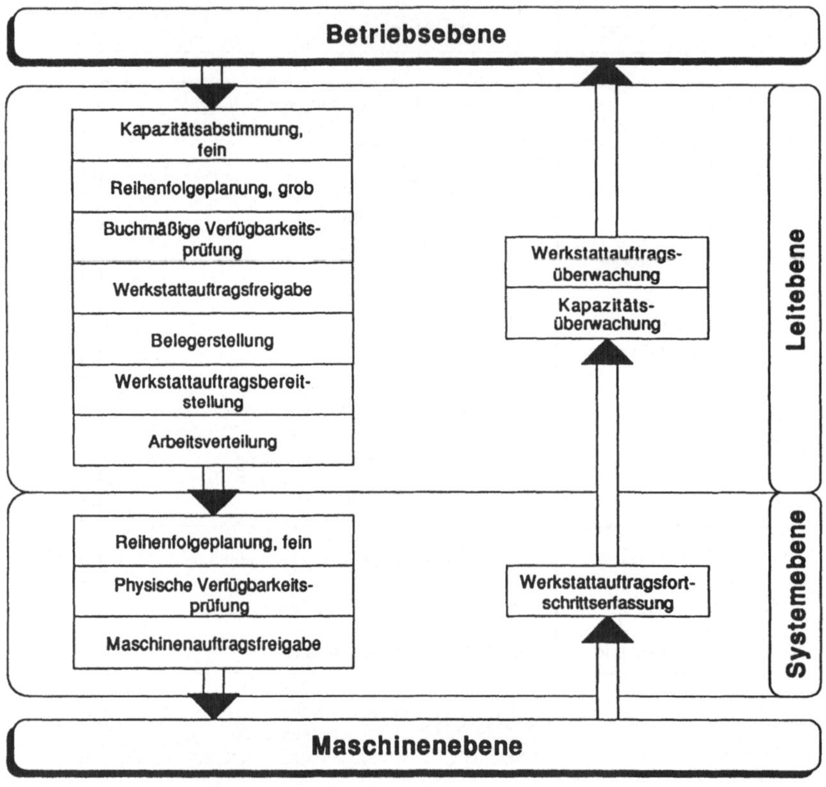

Abb. 2-5: Aufgliederung der PPS-Funktionen und die entsprechende Funktionsverteilung in einer Rechnerhierarchie bei FFZ-Einsatz

3. Stand der Forschung

Aufgrund der derzeitigen Marktanforderungen an eine moderne Fertigung sind sich die Autoren zahlreicher Veröffentlichungen einig: Nur durch schnelles Reagieren auf Kundenwünsche läßt sich die Stellung eines Unternehmens behaupten. Die flexible Automatisierung bietet die Möglichkeit eine große Produktvielfalt in wahlfreier Reihenfolge zu fertigen. Voraussetzung für eine optimale Nutzung der Fertigungsanlagen ist eine geeignete Produktionsplanung und -steuerung. Die Eignung eines PPS-Systems richtet sich nach den Anforderungen des individuell bestehenden Fertigungssystems.

Bei der Betrachtung der existierenden Fertigungskonzepte, speziell bei FFS, treten in der Literatur bereits unterschiedliche Definitionen und Anforderungen an die PPS auf, wobei oft die spezifischen Anforderungen der flexiblen Fertigungskonzepte, wie FFZ oder FFS, außer Acht gelassen werden oder aber PPS-Konzepte bezogen auf sehr spezifische Anwendungsfälle erarbeitet werden. Die meisten Veröffentlichungen mit theoretischen Ansätzen befassen sich mit Teilaspekten der PPS. Für wenige dieser theoretischen "Teil-Konzepte" wurden Erprobungen in der Praxis durchgeführt. Ein anderer Teil der Veröffentlichungen beschäftigt sich in erster Linie mit der praktischen, rechentechnischen Realisierung der Steuerungsfunktionen.

Allgemeine Planungsphilosophien bilden für einige Autoren die Basis für die entwickelten Lösungsansätze. JIT (Just-In-Time), KANBAN, OPT (Optimized Production Technology) und BOA (Belastungsorientierte Auftragsfreigabe) werden bei BUSCH (1987) gegenübergestellt. Ähnliches findet man bei KERNLER (1987), der außerdem die MRP-Methodik (Manufacturing Resource Planning; vgl. auch SAMPSON 1985; AGGARWAL 1985; NIESS/JABBUSCH 1989) beschreibt. Ausführlicher auf JIT gehen SEMMELROGGEN (1987) und PAWELLEK/DE JONG (1988) ein. Diese Planungsphilosophien sind Reaktionen auf die geänderten Marktanforderungen, deren vollständige Realisierung jedoch meistens an der Verarbeitung der enormen Datenmengen scheitert. Auf die realen Bedürfnisse der flexiblen Automatisierung wird in diesen Ansätzen nicht eingegangen. Sie bleiben auf einem sehr abstrakten Niveau.

Im Rahmen der **theoretischen** Analysen sind folgende Lösungsansätze für die Gestaltung von FFS und deren Integration in den betrieblichen Informationsfluß darzustellen.

WESTKÄMPER (1977) analysiert allgemein die Einsatzmöglichkeiten, Entwicklung und Realisierung automatisierter und teilweise auch flexibel automatisierter Fertigungskonzepte. Dazu unterzieht der Autor die flexibel automatisierten Fertigungskonzepte einer Klassifizierung nach Automatisierungsstufen. Die höchste Stufe bilden die FFS. Im Rahmen der Automatisierbarkeit bestimmter Funktionen in der Fertigung werden Planung und Steuerung dieser Funktionen nur am Rande angesprochen. Der Schwerpunkt der Ausführungen von WESTKÄMPER (1977) liegt in der Konzeptionsphase automatisierter Fertigungskonzepte.

SELIGER (1983) analysiert ebenfalls Bestimmungsgrößen der Auslegungsplanung flexibel verketteter Fertigungsanlagen. Daraus entwickelt er ein Simulationsprogramm zur Anlagenauslegung und Ablaufsteuerung. Dieses Instrumentarium hat allerdings keine Schnittstellen zum Fertigungssystembetrieb. Das Simulationsprogramm ist also zur unregelmäßigen Simulation individueller Betriebssituationen geeignet, um zum einen eine Erstauslegung einer Anlage zu konzipieren oder zum anderen einen Ablauf anhand vorgegebener Daten darzustellen. Die Bestimmungsgrößen, basierend auf Analysen sowohl von FFZ als auch von FFS, und die Anwendung ohne Betriebsdatenrückkopplung schränken das Anwendungsfeld des Konzeptes von SELIGER (1983) sehr ein. Ein weiterentwickeltes Simulationsprogramm wird von EVERSHEIM/THOMÉ (1987) beschrieben. Dabei handelt es sich um ein graphisches interaktives Simulationsprogramm, dessen Weiterentwicklung im wesentlichen im höheren Anwendungskomfort besteht. Die Anwendung beschränkt sich ebenfalls auf die Konzipierung von Fertigungsanlagen.

Detailliert dargestellt sind die Lösungsansätze für Funktionsbausteine der PPS, denen meist jedoch die Schnittstellen in der Gesamtarchitektur der PPS fehlen.

Im Rahmen des Sonderforschungsbereiches 155 der Universität Stuttgart (vgl. SFB 155) entwickelt NIESS (1980) einen Funktionsbaustein zur Kapazitätsminimierung. Nach Bestimmung eines repräsentativen FFS stellt er für dieses FFS ein Verfahren zum "funktionalen Kapazitätsabgleich" vor. Die Zuordnung der Aufträge erfolgt dabei auf die Bearbeitungsfunktion und nicht auf die Bearbeitungsstation bezogen. Das Verfahen von MAIER (1980) zur Arbeitsvorgangsterminierung bei flexibel automatisierten Fertigungskonzeptn basiert auf variabel strukturierten Arbeitsplänen. So ist eine Planung unterschiedlicher Arbeitsgangsfolgen innerhalb eines netzwerkartigen Arbeitsplanes möglich. Der Aufwand zur Erstellung alternativer linearer Arbeitspläne entfällt somit. Anhand einer Pilotanlage eines FFS analysiert DÖTTLING (1981) die Struktur der organisatorischen Steuerung dieses

FFS. Aus dem Informationsfluß innerhalb des Systems leitet er Maßnahmen zur systeminternen Optimierung der Maschinenbelegung ab.

MERTINS (1985) analysiert zunächst unterschiedliche Formen der flexiblen Automatisierung, wobei nach seiner Begriffsbestimmung das "flexible Fertigungsnetz" der hier verwendeten Begriffsbestimmung des "flexiblen Fertigungssystems" am nächsten kommt. Basierend auf einem komplexen Zerspanungszentrum entwikkelt er eine Werkstattsteuerung. In einer rollierenden Planung innerhalb eines 3-Ebenen-Regelkreises werden die Plandaten immer weiter verfeinert. Das einmal in eine dispositive und zum anderen in eine operative Werkstattsteuerung gegliederte Konzept läßt sich wegen der begrifflichen Abgrenzung eines FFS und des individuellen Anwendungsfalles nicht auf andere Anwendungsfälle übertragen.

Mathematisch-analytische Verfahren werden von SOLBERG (1977; 1978), REISER/LAVERNBERG (1980), ESCUDERO/ROZAS (1987), ZEIDLER/STANEK (1987; 1988) und TEMPELMEIER (1988) beschrieben. Mittels der beiden Methoden CANQ (Computer Analysis of Networks and Queus) und MVA (Mean-Value Analysis) wird das Verhalten von FFS zur Konfigurationsentscheidung beschrieben. SOLBERG (1977; 1978), REISER/LAVENBERG (1980) und TEMPELMEIER (1988) berechnen mit den beschriebenen Methoden detailliert die bearbeiteten Stückzahlen und Bearbeitungszeiten. Eine Rückkopplung mit dem Ziel einer geregelten Steuerung ist nicht vorgesehen. Das mathematische Näherungsverfahren von ESCUDERO/ROZAS (1987) ermöglicht die Berechnung der Bearbeitungsreihenfolge der Werkstücke und des Bearbeitungsdurchlaufes eines Werkstückes auf Basis einer Produktions- und Transportkostenminimierung. Die Autoren gehen davon aus, daß eine gleichmäßige Maschinenauslastung die Einsteuerungs- und Bearbeitungsreihenfolge im FFS bestimmt. Grobe Basisdaten und das Übergehen realer Betriebsbedingungen, wie zum Beispiel die fehlende Anwesenheit von Personal während der Nachtschicht, werden nicht berücksichtigt und lassen die Genauigkeit des Planungsergebnisses in Frage stellen. Das Modellsystem MAOPS zur mathematisch-analythisch-optimalen Planung und Steuerung von ZEIDLER/ STANEK (1988) wird in der Hierarchieebene der Fertigungsplanung eingesetzt. ZEIDLER/STANEK gehen von den geänderten Anforderungen vom FFS mit einer entsprechenden Hierarchisierung der Fertigungssteuerung aus, die sie zuvor analysiert haben (vgl. ZEIDLER/STANEK 1987). Das von ihnen vorgestellte System führt die Funktionen Stammdatenverwaltung, Reihenfolgeplanung, Ressourcenplanung und Arbeitsplatzbelegung aus. Aufgrund der unvollständigen Analysen werden Problemfelder wie die Planung unterschiedlicher Werkstücke eines Paletten-spiels mit mehrstufiger Bearbeitung etc. nicht erfaßt. Darüberhinaus zeigen ZEID-LER/STANEK nicht auf, wie eine Realisierung der Integration dieses Programmsy-stems in die Werkstattsteuerung und die übergeordnete PPS erfolgen kann.

HINTZ (1987; 1988) stellt ein wissensbasiertes Termin- und Ablaufplanungs-system vor. Methoden des Operations Research und der künstlichen Intelligenz machen die Verarbeitung qualitativer Aussagen möglich. Die Durchgängigkeit des Informationsflusses der PPS ist jedoch nicht ersichtlich, da die Produktions-steuerung und die Produktionskontrolle in dem beschriebenen System nicht integriert sind. Rüstzeiten und Werkzeugspeichergrößen spielen bei HINTZ als Basisdaten nur eine untergeordnete Rolle (vgl. HINTZ 1987; S.23ff.).

Ebenfalls ein System zur Termin- und Ablaufplanung wird von SCHMIDT (1988) vorgestellt. Über den Rahmen von HINTZ (1987) hinaus haben Umrüstzei-ten und -häufigkeiten einen Einfluß auf die Systeminitialisierung. SCHMIDT (1988) hält die Realisierung seines Konzeptes nur in einem Anwendungsfall für möglich. Eine Übertragbarkeit auf andere Anwendungsfälle ist nicht gegeben.

ADAM (1988) lehnt sich weitgehend an das klassische Stufenkonzept der PPS an. Der Autor sieht in der terminlichen Koordination der Aufträge eine besondere Bedeutung, weshalb er die Termingrob- und -feinplanung neu strukturiert. Auf Basis exakter Daten soll bereits in der Grobplanungsphase mit realitätsnahen Ergebnissen operiert werden. Die erhöhte Komplexität wird durch größere Organi-sationseinheiten wieder kompensiert. Die Feinplanung braucht anschließend nach einer Überprüfung der Gobplanungsergebnisse nur noch geringe Korrekturen durchzuführen. Im wesentlichen handelt es sich jedoch um ein klassisches Konzept ohne Berücksichtigung spezifischer Anforderungen von FFS.

Zu den umfassenden Lösungskonzepten zählt das Mehrgrößenregelsystem für die Werkstattsteuerung von FFZ von FÖRSTER (1988). Auf der Basis einer Analyse der geänderten Anforderungen an die PPS ordnet er zunächst die Funktionen der Termin- und Kapazitätsplanung sowie der Werkstattsteuerung neu den Hierarchie-ebenen der flexibel automatisierten Fertigung zu. Die Hierarchieebenen bilden weitgehend autonome Regelkreise, die ausschließlich einige Größen anderer Ebenen als Führungsgrößen übernehmen. Je nach Anwendungsfall werden Kombinationen der Real-Time-, Batch- und konventionellen Datenverarbeitung und der laufenden oder periodischen on-line-, off-line- und konventionellen Datenübertragung ausge-wählt. Die Entwicklung der Lösungskonzepte ist gezielt auf die Werkstattsteuerung für FFZ abgestimmt. Auf weitere Subsysteme der PPS neben der Werkstattsteuerung geht er nicht ein.

KLEIN/COURANT/STRUCKS (1988) erstellen Strategien zur Optimierung der Produktionssteuerung. Dazu erarbeiten sie zunächst eine Reihe von Grundsätzen, um durch eine durchgängige Betrachtung der PPS eine Optimierung der Ziel-, Prozeß- und Systemaspekte der PPS zu erreichen. In einem Beispielprogramm zur Ermittlung optimaler Losgrößen soll die Anwendung dieser Grundsätze veranschaulicht werden. Eine umfassende Umsetzung der Strategien in ein durchgängiges PPS-Konzept ist nicht zu erkennen.

Aus der Forschungsarbeit heraus werden Konzepte entwickelt, die sich im Grenzbereich zwischen Theorie und Praxis bewegen. Auf Basis einer Modell-Fabrik wurde am Fraunhofer-Institut für Produktionstechnik und Automatisierung (IPA) ein PPS-System entwickelt. DANGELMAIER (1988) stellt das mehrstufige Leitstandkonzept vor. Ziel der Mehrstufigkeit sind kleine, schnelle Regelkreise, die für gewisse Zeit unabhängig von anderen Bereichen arbeiten können. Die Entwicklung des Konzeptes auf Basis einer bestimmten Fertigungsanlage läßt eine Allgemeingültigkeit nicht zu.

Einige Autoren beschränken ihre Lösungsansätze ausschließlich auf die EDV-Technik, während die organisatorischen Voraussetzungen als bekannt vorausgesetzt werden.

Ein 5-Ebenen-Modell als Ansatz zu einem Rechnerverbundsystem für die flexible Automatisierung wird im Rahmen eines amerikanischen Forschungsprojektes von JONES/MCLEAN (1986) vorgestellt. RÜHLE (1985) und WECK/DERN (1986) entwickeln ein Ebenen-Modell eines Rechnerverbundsystems. Dabei beschränken sie sich auf die Problematik der Schnittstellen zwischen den Rechnern im Systemverbund. Der funktionale Inhalt der einzelnen Hierarchieebenen wird nicht berücksichtigt. Die von HARTLEIB/ZUMPE (1987) realisierte 3-Ebenen-Steuerung wird ebenfalls nur als durchgängiges technisches Konzept dargestellt. Die Besonderheit dieses Konzeptes ist die sternförmige Kopplung der Rechner, um den tatsächlichen Informationsfluß optimal abzubilden. FRIEDL/VÖLLER (1987) erläutern ein modulares Steuerungskonzept für FFS. Der modulare Aufbau ist zur stufenweisen Realisierung eines kostengünstigen Standard-Steuerungssystems vorgesehen. Die 3-Ebenen-Hierarchie wird ebenfalls nur als gerätetechnisches Konzept beschrieben. Der Inhalt der einzelnen Ebenen wird anhand der dort verarbeiteten Daten dargestellt. Wechselwirkungen zwischen diesen Daten werden nicht berücksichtigt. Die Darstellung der Problematik von Steuerungssystemen für FFS bei ZÖRNTLEIN (1988) erfolgt ausschließlich transaktionsorientiert. Die PPS-Funktionen als fertigungstechnische Basis sind nicht Inhalt seiner Ausführungen. Statt dessen beschränkt sich der Autor bewußt auf die Informatik mit Vorschlägen für ein geeignetes Softwaredesign und eine entsprechende Datenhaltung. ZÖRNT-LEIN stellt ein 4-Ebenen-Modell für ein Datenhaltungskonzept vor. Durch das fehlende Funktionskonzept läßt sich die Eignung als Steuerungssystem nicht beurteilen.

Die **praxisorientierten** Lösungskonzepte sind aus der betrieblichen Praxis heraus entstanden. Sie beziehen sich meist nur auf Teilfunktionen oder berücksichtigen ausschließlich das gerätetechnische Konzept. Umfassende Lösungskonzepte werden in diesem Rahmen äußerst selten beschrieben.

Auf Basis existierender Fertigungssysteme eines Werkzeugmaschinenherstellers erläutert SCHOSSIG (1987) den Aufbau einer Systemsteuerung. Er gibt zwar genau die Realisierung der Schnittstellen zwischen den Fertigungssystemkomponenten unterschiedlicher Hersteller an, die Integration mit geeigneten Schnittstellen in eine übergeordnete PPS bleibt jedoch offen.

RAAB (1987) berichtet von der Realisierung eines FFS in einem größeren Unternehmen. Die Besonderheit der Vorgehensweise ist, daß das Unternehmen von der Konzipierung bis zur Fertigstellung die gesamte Problematik selbst gelöst hat. Die Komponenten des Fertigungssystems wurden auf Basis eines vorher festgelegten Konzeptes zugekauft. Die Kopplung wurde durch ein selbstprogrammiertes PPS-System und ein Fertigungs-Informations-System (FIS) mit der Funktion eines Fertigungssteuerungssystems realisiert. Aufgrund der individuellen Konzeption ist eine Übertragbarkeit nicht gegeben.

Über die Entwicklung eines Fertigungsleitsystems für den Informationsfluß zwischen PPS-Systemen und unterster Steuerungsebene berichtet BEIER (1986). Es ist hierbei möglich, hochautomatisierte Bearbeitungseinheiten in das Konzept einzubeziehen. Eine Beurteilung der Eignung des Konzeptes für FFS ist nicht möglich, da die Funktionen am Beispiel eines manuellen Arbeitsplatzes erläutert werden. Aufbauend auf diesen Arbeiten erläutert BEIER (1988) an einem bildlichen Modell einer Schraubenfeder ein selbstgeregeltes Prinzip der Prioritätsvergabe des Fertigungsleitsystems ProduCAM. Demnach erhöht sich die Priorität eines Auftrages selbsttätig, wenn zunehmend Zwischenlagerzeit durch Bearbeitungszeitabweichungen verbraucht wird. Zusätzlich tritt als Regelgröße die Rüstzeitoptimierung hinzu, die in einer Warteschlange gezielt Prioritäten vergeben kann. Stellt das Fertigungsleitsystem eine Termingefährdung fest, kann an den gefährdeten Auftrag eine zusätzliche Priorität vergeben werden, die die rüstoptimierende Priorität gegebenenfalls außer Kraft setzen kann. So soll sich ein ausgeglichener Steuerregelkreis bilden. Die Anwendbarkeit des Fertigungsleitsystems erstreckt sich von niedrig automatisierten Werkstätten bishin zu hochautomatisierten FFS.

Ältere Veröffentlichungen befassen sich mehr mit der Konzipierung von FFS und deren Rechnerkonfiguration (vgl. ANDEL 1984; ARRIGO 1985; SAUL 1985; BEDWORTH/MCCKULAK 1985; SIM 1985).

Weitere Steuerungsstrukturen mit unterschiedlichen Automatisierungsgraden für FFS werden in weiteren Veröffentlichungen, zum Beispiel von SCHEIBER (1984), ESHLEMAN (1985), WIRTH/RUDOLPH (1986), KEMPGENSTEFFEN (1987) oder AANEN (1988) angesprochen. Meistens wird die Kopplung der FFS-Steuerung an ein übergeordnetes PPS-System nur kurz erwähnt, oft entfällt auch der Hinweis in diese Richtung.

Über die Beschreibung der Rechnervernetzung hinaus ordnet Hammer (1987) den Rechnerkomponenten Planungs- und Steuerungsaufgaben zu. Die organisatorische Auftragsabwicklung ist nicht Bestandteil seiner Ausführungen. Eine umfassende Darstellung der FFS-Technik eines Werkzeugmaschinenherstellers zeigt HAMMER (1988). Die begleitenden Erläuterungen zu einem Symposium beinhalten die Systemkonzeptionen und -strukturen, die Einsatzbereiche von FFS, die Systemrealisierung und die Wirtschaftlichkeit von FFS. Auf eine organisatorische Verknüpfung der beschriebenen gerätetechnischen Bausteine geht HAMMER nicht ein.

In mehreren Veröffentlichungen von ACHATZ/STÖLBEN (1987), NEUPERT/ ACHATZ (1987), KÖRNER (1988) und PARRISH/ACHATZ (1988) wird das Standard-Software-Paket "FMS-M" zur Steuerung von FFS beschrieben. Neben den Hardware-Lösungen desselben Anbieters gehen die Autoren nur auf die Software-Komponente KAPLAN näher ein. Dabei handelt es sich um ein Fertigungsplanungsprogramm basierend auf einer intelligenten Materialflußsteuerung.

LAUTERBACH (1988) beschränkt seine Ausführungen auf die Vernetzung der verschiedenen Rechnerhierarchieebenen mittels Standard-Schnittstellen wie TOP (Technical and Office Protocol) und MAP (Manufacturing Automation Protocol). SHAPIRO (1986) geht detailliert nur auf MAP ein. Die eigentliche Datenverarbeitung bleibt hier völlig unberücksichtigt.

Die neuen Ziele einer flexibel automatisierten Fertigung und der Versuch vieler Autoren daraus neue Anforderungen an die PPS zu formulieren oder einzelne PPS-Bausteine neu zu entwickeln macht die aktuelle Bedeutung der Problematik deutlich. Auffallend ist das Fehlen durchgängiger Konzepte, die Schnittstellen zu anderen PPS-Bausteinen und darüberhinaus zu anderen CIM-Komponenten und deren Interdependenzen berücksichtigen. Dazu ist es notwendig, für den Bereich der flexiblen Fertigungssysteme die FFS-spezifischen Anforderungen zum einen festzulegen und zum anderen ein daraus resultierendes durchgängiges PPS-Konzept zu erarbeiten. Dieser ganzheitliche Ansatz ist für den Bereich der flexiblen Fertigungssysteme in keiner der Veröffentlichungen zu erkennen.

4. Schriftliche Breitenerhebung

Einen Überblick über den Stand der technischen Entwicklung, die Einsatzbedingungen und die organisatorische Integration von FFS ergibt die Auswertung einer schriftlichen Breitenerhebung. Für sie wurde ein detaillierter, halbstandardisierter Fragebogen konzipiert. Die gestellten Fragen lassen sich in fünf Themenkomplexe gliedern:

1. Unternehmensspezifische Angaben,

2. technologische und organisatorische Angaben zum FFS,

3. auftragsspezifische Angaben,

4. organisatorische Integration des FFS in das betriebliche Umfeld (PPS) und

5. Gründe, die zum Einsatz von FFS führten.

Jedem Teilnehmer der Breitenerhebung wurde ein solcher Fragebogen zugeschickt. Von den Unternehmen, die mehrere FFS betrieben, waren die FFS-spezifischen Angaben entsprechend für jedes FFS zu beantworten. Jedes erfaßte installierte oder in der Erprobungsphase befindliche FFS wird als ein FFS-Anwendungsfall bezeichnet.

Die Teilnehmer der Breitenerhebung wurden über FFS-Hersteller-Referenzlisten, durch Hinweise aus der einschlägigen Fachliteratur sowie aus Expertengesprächen ermittelt. Die weiteren Aussagen beruhen auf der Auswertung von 46 ausgefüllten Fragebögen, in denen 60 FFS-Anwendungsfälle dokumentiert wurden, vgl. Abbildung 4-1. Die für die Aussagen verwertbare Grundgesamtheit ist auf den entsprechenden Abbildungen durch den Hinweis "n=..." angegeben. Die ausführliche Darstellung der Ergebnisse befindet sich im Anhang A.

Bei der Analyse der erfaßten Unternehmen zeigt sich, daß fast dreiviertel (72%) aller FFS-Anwendungsfälle heute in Unternehmen mit 1000 und mehr Beschäftigten Einsatz finden. Bei den Betrieben mit einer geringeren Anzahl der Beschäftigten ist eine deutliche Zurückhaltung bei der Installation von FFS zu verzeichnen (Abbildung 4-2).

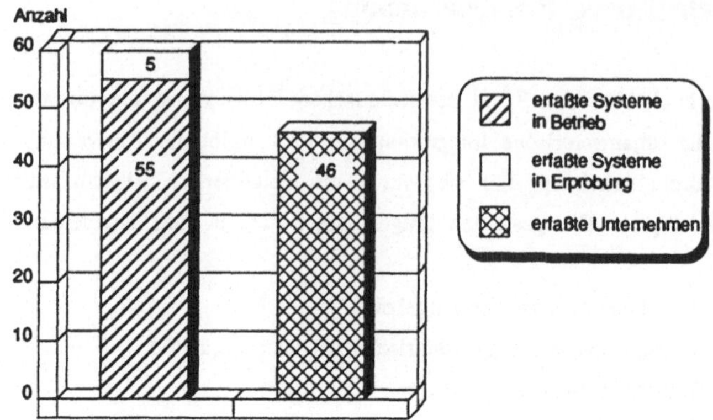

Abb. 4-1: Überblick über die erfaßten Unternehmen und FFS-Anwendungsfälle

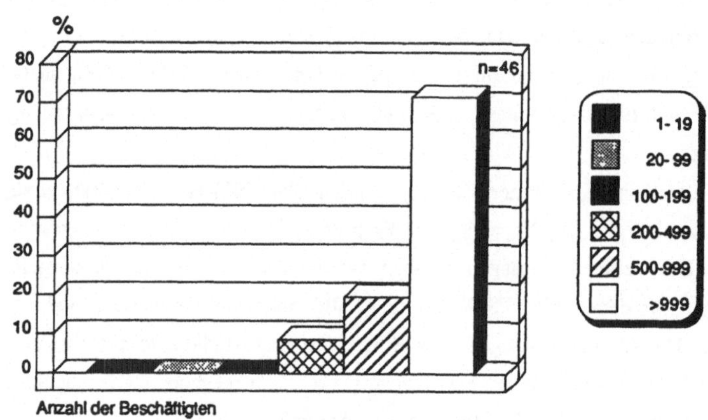

Abb. 4-2: Analyse der erfaßten Unternehmen

5. Probleme bei der Auftragsabwicklung von Werkstattaufträgen auf FFS

In der Literatur wird eine Vielzahl von Problemen beim Einsatz von FFS beschrieben. Zum Teil gelten diese nur im Einzelfall, oft aber sind sie auch auf andere Anwendungsfälle übertragbar. Die in diesem Kapitel angesprochenen Probleme beim Einsatz von FFS zur Auftragsabwicklung von Werkstattaufträgen wurden in Fallstudien und Expertengesprächen erfaßt sowie im Rahmen der schriftlichen Breitenerhebung von den FFS-Anwendern formuliert und anschließend verdichtet. Sie lassen sich grob in vier Problemfelder untergliedern:

- Arbeitsorganisation und Personaleinsatz,

- Gestaltung des fertigungstechnischen Umfeldes,

- EDV-technische Probleme und

- technische Probleme im FFS.

Die technischen Probleme, wie z.B. Probleme des Handhabungsgerätes beim Werkzeugwechsel, Neigung der Spindel zu Ratterschwingungen und unzureichende Versorgung mit Kühlmittel durch die Spindel werden im Rahmen dieser Arbeit nur insoweit berücksichtigt, als sie Störungen im Produktionsprozeß darstellen und eine Reaktion des Planungs- und Steuerungssystems bedingen.

5.1 Problemfeld: Arbeitsorganisation und Personaleinsatz

Bei der Einführung von FFS stehen in der Regel wirtschaftliche Ziele im Vordergrund. Dabei liegt der Schwerpunkt auf der Optimierung der technischen Komponenten. Der Bereich der Arbeitsorganisation findet zunächst kaum Beachtung. Die Folge ist, daß die Entwicklung eines arbeitsorganisatorischen Konzeptes für die Auftragsabwicklung mit FFS vernachlässigt wird. Erst mit weiterem Fortschritt der Projektierung bzw. oft erst nach der Inbetriebnahme wird den Anwendern bewußt, daß eine Nutzung der Automatisierungs- und Flexibilitätspotentiale des FFS nur dann sinnvoll möglich ist, wenn Maßnahmen zur Gestaltung der Arbeitsorganisation und des Personaleinsatzes sowie notwendige Qualifizierungsmaßnahmen ergriffen werden (vgl. SCHULTZ-WILD u.a. 1986, S.433ff.).

Es unterbleibt die frühzeitig notwendige Neuverteilung der Aufgaben, Kompetenzen und Pflichten im Hinblick auf die Erfordernisse einer an modernen Gesichtspunkten orientierten Auftragsabwicklung mit FFS. Die Neuverteilung der Aufgaben in vertikaler Richtung (von einer Hierarchieebene in eine andere) als auch in horizontaler Richtung (innerhalb der einzelnen Hierarchieebenen) ist vielfach mit einer grundlegenden Veränderung der Aufgabeninhalte der einzelnen Mitarbeiter und eventuell mit Kompetenzverlusten verbunden. Das Beharrungsvermögen überkommener hierarchischer Organisationsstrukturen wird oft ungenügend berücksichtigt und es wird unterschätzt, wieviel Zeit zur erfolgreichen Reorganisation etablierter Strukturen notwendig ist (vgl. FIX-STERZ u.a. 1987, S.77). Wie stark sich die Aufgabeninhalte des Personals mit der Einführung von FFS verändert haben, wurde bereits in Kapitel 4 erläutert. Abbildung 5-1 zeigt die daraus resultierenden veränderten Qualifikationsanforderungen an das Personal.

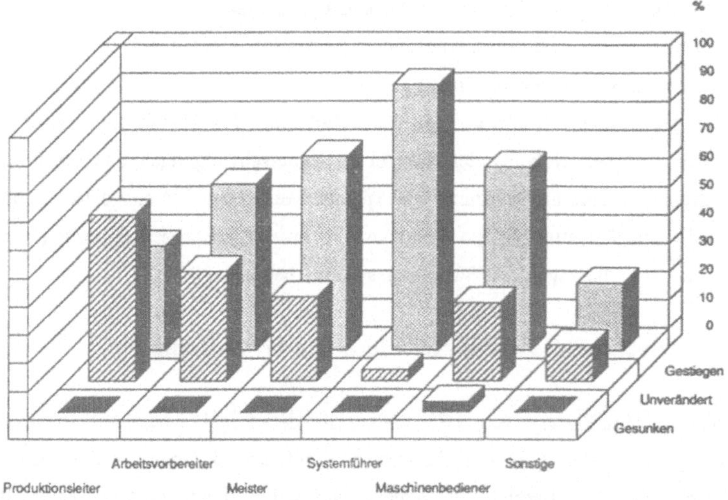

Abb. 5-1: Veränderungen der Qualifikationsanforderungen des Personals durch die Einführung von FFS

Die Erhöhung der Aufgabeninhalte ist mit einer Erhöhung der Qualifikationsanforderungen verbunden. Auffallend ist, daß die Qualifikationsanforderungen prozentual häufiger steigen als die Aufgabeninhalte. Dies gilt nicht nur für das FFS-Personal, sondern es gilt für fast alle Hierarchieebenen bis hin zur Management-Ebene. Dadurch wird bestätigt, daß die flexible Fertigung nicht eine Produktionstechnologie darstellt, die nach den alten Regeln eingesetzt werden kann, sondern daß sie darüber hinaus eine neue Strategie und Fertigungsphilosophie im Management voraussetzt, um zu befriedigenden Produktionsergebnissen zu gelangen.

Da es den Lehrberuf "FFS-Bediener" nicht gibt, werden Facharbeiter mit zusätzlicher NC-Ausbildung mit der Bedienung des FFS betraut, wie Fallstudien konkreter FFS-Anwendungsfälle zeigen (vgl. KÖHL u.a. 1988, S.179). Der anhaltende Facharbeitermangel auf dem Gebiet der NC/CNC-Technik (vgl. BOLK u.a. 1989, S.41) führt dazu, daß FFS nicht mit entsprechend qualifiziertem Personal besetzt werden können. Dies geht einerseits zu Lasten der Qualität der zu fertigenden Werkstücke und andererseits zu Lasten einer hohen Produktivität und Verfügbarkeit des FFS. Auch in den nächsten Jahren wird es weiter schwierig bleiben, das dringend benötigte, entsprechend qualifizierte Personal zum Betreiben von FFS zu finden (vgl. EVERSHEIM/SCHMIDT 1988, S.16; HAUSKNECHT 1988, S.35).

Die Schulung des vorhandenen Personals geschieht in den meisten Fällen nur in technischer Hinsicht. Eine umfassende Schulung auch im Hinblick auf die Durchführung organisatorischer Maßnahmen und auf die Auswirkungen organisatorisch bedingter Störungen unterbleibt. Die Folge ist, daß unzureichend qualifiziertes Personal mit der Bedienung des FFS betraut ist. Dies wirkt sich negativ auf die Produktionsleistung des FFS aus.

Bei der Planung des Personaleinsatzes müssen die FFS-Anwender entscheiden, welcher Grad der Arbeitsteiligkeit und welche Aufgabenverteilung innerhalb der FFS-Bedienmannschaft verwirklicht werden soll. Alternativ können FFS mit überwiegend schwach arbeitsteiliger Struktur (alle anfallenden Aufgaben werden von den Bedienern permanent oder im Wechsel - job rotation - wahrgenommen) und FFS mit stark arbeitsteiliger Struktur (am FFS sind mehrere unterschiedliche Arbeitsplätze eingerichtet) unterschieden werden (vgl. FIX-STERZ u.a. 1986, S.374f.).

Bei der Wahl des Arbeitsteilungsgrades werden vielfach FFS-spezifische Anforderungen vernachlässigt. Man begnügt sich mit der Übernahme der bisher vorhandenen Konzepte für die konventionelle Fertigung. Die Anwendung dieser Konzepte auf die Auftragsabwicklung mit einem FFS führt zu einer unbefriedigenden Arbeitsorganisation, da sie der Komplexität des FFS und damit den vielfältigen Aufgaben für die Bedienmannschaft nicht hinreichend gerecht werden können.

Mit der Einführung von FFS sind auch neue Formen der Entlohnung (vgl. THEN 1987, S.255ff.) zu entwickeln. Eine Entlohnung, wie sie an den konventionellen Produktionsanlagen üblich ist, ist meist an einer hohen Ausbringung gefertigter Werkstücke orientiert. Die Übernahme dieser Modelle führt bei FFS-Anwendern nicht zu der gewünschten Berücksichtigung anderer Leistungfaktoren, die für einen optimalen FFS-Einsatz wichtig sind (z.B. Optimierung des Teilemixes durch die Bedienmannschaft, hohe Auslastung etc.). In Abbildung 5-2 sind die Probleme der Arbeitsorganisation und des Personaleinsatzes zusammengefaßt.

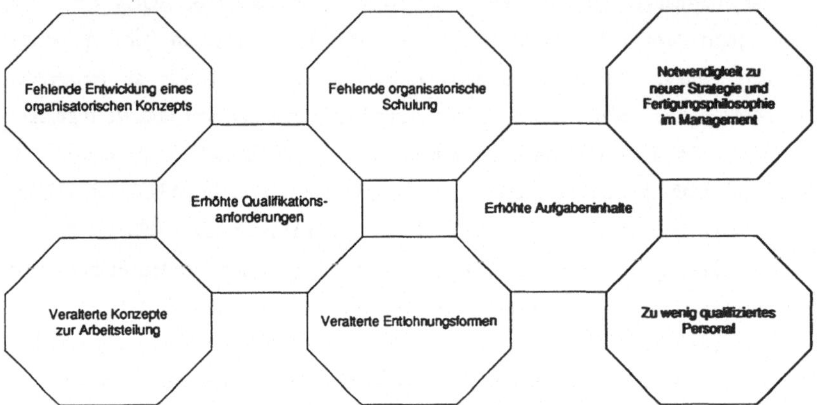

Abb. 5-2:   Probleme der Arbeitsorganisation und des Personaleinsatzes

5.2   Problemfeld: Gestaltung des fertigungstechnischen Umfeldes von FFS

Die optimale Gestaltung des fertigungstechnischen Umfeldes von FFS ist eine wesentliche Voraussetzung für den reibungslosen Ablauf der Abwicklung von Werkstattaufträgen mit FFS und der umfassenden Nutzung des Flexibilitätsangebots der FFS. Ohne ein entsprechendes Umfeld des FFS kann dieses nicht "funktionieren" (vgl. DOMBROWSKI/HAUSKNECHT 1988, S.586). Eine starre Produktionsumgebung reduziert den, durch das FFS technisch erworbenen, Flexibilitätsgewinn. Die Ermittlung des optimalen Teilemixes der in einer Schicht zu fertigenden Werkstücke bis hin zur Losgröße "1" wird sinnlos, wenn zur Weiterbearbeitung (z.B. Wärmebehandlung) die Werkstücke bis zum Ende der Schicht gepuffert werden und dann zusammen in einem nächsten Arbeitsschritt bearbeitet werden.

Die richtige Auswahl des Teilespektrums, das mit dem FFS gefertigt werden soll, ist eine grundlegende Voraussetzung für den effektiven Einsatz von FFS (vgl. AWK 1987, S.124f.). Sie stellt für viele Anwender ein großes Problem dar. Als Kriterien für die Auswahl des geeigneten Teilespektrums müssen neben rein technologischen Merkmalen (z.B. Rohteilabmessung oder Zerspanbarkeit des Werkstoffs) auch auftragsspezifische Aspekte (z.B. durchschnittliche Losgröße des zu fertigenden Auftrages oder die Personalkapazität für das Umrüsten der Vorrichtung) berücksichtigt werden.

Eine optimale Nutzung des kurzfristigen Flexibilitätspotentials wird vielfach dadurch verhindert, daß bestimmte Werkstücke (z.B. Standardbauteile mit sehr hohen Losgrößen) das FFS regelrecht "blockieren". Wirtschaftlicher ist es dann, diese Werkstücke auf anderen Produktionseinrichtungen (z.B. Transferstraßen) zu fertigen.

Ein weiteres Problem bei der Werkstückauswahl stellt das Qualitätsniveau der zu fertigenden Werkstücke dar. Ein sehr hohes Qualitätsniveau führt zu einem hohen Rüstaufwand aufgrund der geforderten Genauigkeiten und bedeutet oft zusätzliche manuelle Meßstops in dem automatisierten Fertigungsablauf. Daraus resultiert eine Verlängerung der Verweilzeit eines solchen Werkstücks im FFS. Zu einer Verminderung der Produktivität kommt es aufgrund eines hohen Qualitätsniveaus auch dann, wenn die Vorrichtungen für diese hochgenauen Werkstücke erst durch eine Eichung auf der Maschine (z.B. das Planfräsen der Aufspannflächen auf Maß auf der ausgewählten Maschine) nach dem Aufrüsten vorbereitet werden müssen, bevor das erste entsprechende Werkstück des Loses gespannt werden kann. Dies führt zudem zu einer Einschränkung der Flexibilität bei sich ersetzenden Maschinenkonzepten, da die Palette mit der geeichten Vorrichtung und dem zu bearbeitendem Werkstück immer derselben Werkzeugmaschine zugeteilt werden muß. Die einzelnen Teile können nur auf den Werkzeugmaschinen gefertigt werden, auf denen die zugehörige gerüstete Palette auch eingefahren wurde. Die Verlagerung auf andere Werkzeugmaschinen ist aus Gründen der auftretender Fertigungsungenauigkeiten von Werkzeugmaschine zu Werkzeugmaschine nicht möglich.

Das Betreiben des FFS im bedienerlosen Automatikbetrieb (z.B. Nachtschicht) scheitert oftmals daran, daß den Anwendern Planungshilfsmittel fehlen, die einerseits eine Auswahl der für die bedienerlose Schicht geeigneten Aufträge unterstützen und andererseits die schichtgenaue Planung dieser Aufträge ermöglichen. Selbst bei bedientem Nachtschichtbetrieb treten Probleme auf, deren Ursache nicht am FFS selbst, sondern im fertigungstechnischen Umfeld zu suchen sind. So ist in der Nachtschicht ein Beschicken des FFS mit Werkzeugen z.B. bei Werkzeugbruch nicht möglich, wenn nicht alle benötigten Werkzeugkomponenten am FFS vorliegen, sondern wenn sie in der zentralen Werkzeugversorgung gelagert werden und diese nicht besetzt ist, da dort nicht im Nachtschichtbetrieb gearbeitet wird.

Die aus wirtschaftlichen Gründen geforderte hohe Kapazitätsauslastung des FFS erfordert eine zeitgerechte Bereitstellung der benötigten Fertigungs- und Fertigungshilfsmittel sowie einen entsprechenden Abtransport der fertigen Werkstücke und eine Entsorgung der anfallenden Abfallprodukte. Schwierigkeiten bereitet den FFS-Anwendern oftmals schon die auftragsgerechte Abstimmung der Rohteilbereitstellung, unabhängig davon, ob die Rohteile innerbetrieblich oder durch Zulieferbetriebe bereitgestellt werden müssen. Die Bereitstellung einer ausreichenden Anzahl von Paletten und Spannvorrichtungen wird mit zunehmender Größe des zu fertigenden Teilespektrums zu einem kostenintensiven Problem. Eine unzureichende Anzahl dieser Fertigungshilfsmittel hat einen hohen Rüstaufwand zur Folge. Spannvorrichtungen müssen bei Auftragswechsel demontiert und bei Start eines neuen Auftrags des gleichen Werkstücks wieder neu montiert werden. Bei den FFS, auf denen Werkstücke mit hohen Qualitätsansprüchen gefertigt werden (besonders bei der Bearbeitung der Werkstücke in mehreren Aufspannungen), ist dies mit einem sehr hohen Aufwand verbunden, da dazu ein komplettes Neueinstellen der Vorrichtungen u.U. bis hin zum Abfräsen der Spannelemente auf einer Werkzeugmaschine des FFS erforderlich ist.

Von den FFS-Anwendern wird je nach FFS-Layout die schlechte Zugänglichkeit der Werkzeugmaschinen bemängelt. Bei Störung einer Werkzeugmaschine des FFS kann diese oft nur durch Überqueren der Wege des Transportsystems erreicht werden. Aus Sicherheitsgründen ist dazu meist das Transportsystem außer Betrieb zu setzen. Dadurch ist die Ver- und Entsorgung der anderen, nicht gestörten Werkzeugmaschinen unterbrochen. Dies führt zu einem Totalausfall des gesamten Systems, wenn nicht durch eine geeignete Strategie die Werkstück- und/oder Werkzeugversorgung notdürftig sichergestellt werden kann. Je nach Strategie erfordert dies eine Neubestimmung des geeigneten Teilemixes bzw. führt zu einer losweisen Fertigung für den Störungszeitraum.

Ein Dimensionierungsproblem stellt die Auslegung des maschinenseitigen Werkzeugmagazins dar. Vielfach sind diese Magazine zu klein, so daß eine optimale Gestaltung des Teilemixes aus Gründen einer unzureichenden Werkzeugversorgungsmöglichkeit nicht zu verwirklichen ist. Der Speicherplatzbedarf z.B. für Großwerkzeuge und Sonderwerkzeuge wird in vielen Fällen nicht hinreichend beachtet.

Die mit der Einführung von FFS zu verzeichnende Verkürzung der Durchlaufzeiten in der Fertigung (vgl. MAIER/MOERSCH 1988, S.285) beeinflußt alle weiteren organisatorischen innerbetrieblichen Abläufe (vgl. BINDER 1988, S.721). Die erreichte Zeiteinsparung wird oftmals dadurch zunichte gemacht, daß fertig bearbeitete Werkstücke übermäßig lange auf den Weitertransport in die nachgelagerten Bereiche warten, oder dort die Fertigung verstopfen, wenn die entsprechenden Kapazitäten zur Weiterbearbeitung nicht zur Verfügung stehen.

Die hohe Störanfälligkeit von FFS wird von vielen FFS-Anwendern bemängelt. Die auftretenden Störungen lassen sich grundsätzlich in zwei Gruppen unterteilen:

- Technisch bedingte Störungen

  Hierunter fallen Störungen wie Werkzeugbruch oder -verschleiß, mangelhafte Einhaltung der Toleranzen auf einzelnen Werkzeugmaschinen oder Stromausfall.

- Organisatorisch bedingte Störungen

  Störungen, die sich durch organisatorische Mängel erklären lassen, sind z.B. fehlende Werkzeuge oder Vorrichtungen und lange NC-Programm-Übertragungszeiten.

Eine Vielzahl von technisch bedingten Störungen lassen sich auch in Zukunft nur schwer vermeiden (z.B. Werkzeugverschleiß/-bruch) bzw. werden weiterhin wieder auftreten. Diese sogenannten "periodischen" Fehler stellen viele FFS-Anwender vor keine allzu großen Schwierigkeiten. Hingegen stellen "sporadische" Fehler die Bedienmannschaft eines FFS vor größere Probleme. Ein "sporadischer" Fehler ist z.B. der plötzliche Defekt des Transportsystems.

In vielen Fällen entsteht ein Schaden mit weitreichenden Konsequenzen - z.B. Totalausfall des FFS - nur deshalb, weil das Bedienpersonal nicht in der Lage ist, eine zu Beginn kleine Störung schnell zu erkennen und diese sofort zu beheben. Mangelnde Qualifikation (vgl. auch Kapitel 4) und Erfahrung, sowie das Fehlen von Notstrategien sind die häufigsten Ursachen hierfür.

Notstrategien, die bei Ausfall eines oder mehrerer Teilsysteme eines FFS die Verfügbarkeit noch funktionsfähiger Komponenten der Anlage sicherstellen, sind in vielen FFS-Anwendungsfällen nicht oder nur in unzureichendem Maße vorhanden. Oft beschränken sich diese Notstrategien auf das manuelle Ver- und Entsorgen des FFS mit Werkzeugen und/oder Werkstücken bei Ausfall des Werkzeug- bzw. Werkstücktransportsystems. Alternativarbeitsgänge oder -pläne bei Ausfall einer oder mehrerer Werkzeugmaschinen sind nur selten vorhanden und können aus organisatorischen Gründen, z.B. wegen mangelnder EDV-Unterstützung, nur unzureichend verwaltet werden.

Eine schnelle Behebung aufgetretener technischer Störungen scheitert oft an der mangelnden Flexibilität des Instandhaltungspersonals des Betriebes. Trotz eines dreischichtigen Betriebs des FFS ist das Instandhaltungspersonal oftmals nur in der ersten Schicht verfügbar, in der es häufig auch durch Instandhaltungsarbeiten in anderen Teilen des Betriebes gebunden ist. Die Folge ist, daß das FFS eventuell bei Reparaturen, die den Zeitrahmen der ersten Schicht überschreiten, mehrere Tage außer Betrieb gesetzt ist. Vielfach handelt es sich bei den auftretenden Störungen um Störungen im Bereich der sehr komplexen Elektronik des FFS. Das Instandhaltungspersonal besitzt auf diesem Gebiet oftmals nur eine unzureichende Ausbildung und Erfahrung, so daß auf fremdes Fachpersonal (z.B. des FFS-Herstellers) zur Störungsbehebung zurückgegriffen werden muß. Die Probleme der Gestaltung des fertigungstechnischen Umfeldes werden in Abbildung 5-3 aufgezeigt.

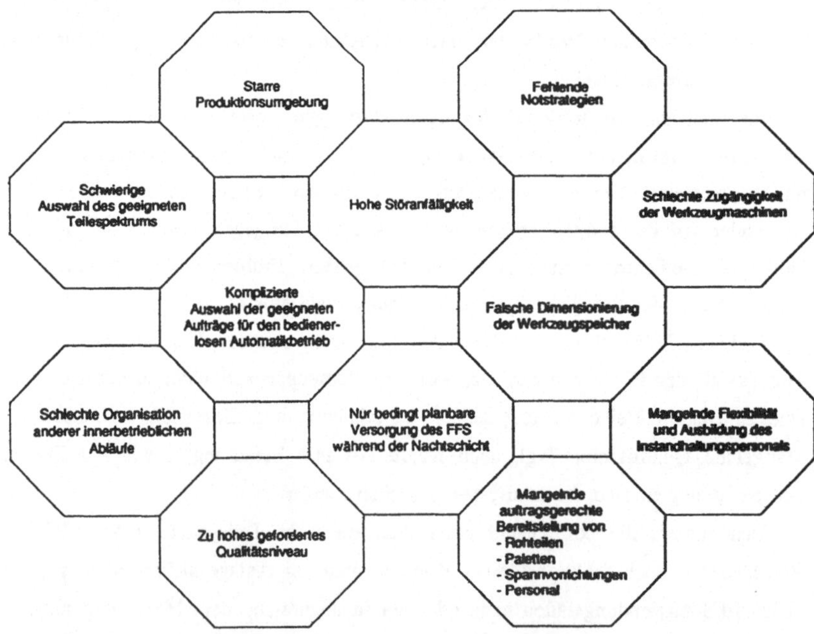

Abb. 5-3:   Probleme bei der Gestaltung des fertigungstechnischen Umfeldes

5.3   Problemfeld: EDV-technische Realisierung

Die Auftragsabwicklung an FFS ist aufgrund des hohen Planungsaufwands kaum noch ohne Rechnerunterstützung möglich. Die Eingliederung von Lager- und Transportsystemen, Werkzeug- und Vorrichtungswesen, Material- und NC-Programmbereitstellung in die Systemsteuerung ist nur durch Bewältigung großer Datenmengen realisierbar (vgl. BALZER/KÄMPF 1988, S.55).

Herkömmliche PPS-Systeme, die für die konventionelle Fertigung eingesetzt werden, können zwar den Bereich der Mengenplanung und Durchlaufterminierung abdecken, auf dem Gebiet der Werkstattsteuerung beim Einsatz von FFS ist allerdings noch ein großer Mangel an geeigneter Software zu verzeichnen (vgl. KURBEL/MEYNERT 1988, S.581). Für die Planung der Auftragsreihenfolge unter Berücksichtigung der Fertigungshilfsmittelverfügbarkeit sowie die schnelle Reaktion auf Störungen bei der Auftragsabwicklung stehen nur unzureichende bzw. keine Hilfsmittel zur Verfügung. Die manuelle Ausführung dieser Funktionen ist mit hohem Zeitaufwand verbunden und erfordert dafür qualifiziertes Personal. Außerdem steigt bei einer fehlenden EDV-technisch realisierten Schnittstelle zwischen der zentralen PPS und der Werkstattsteuerung die Gefahr der Fehleingaben, die zu empfindlichen Störungen im Produktionsablauf führen können.

Auch für die Verwaltung der Fertigungshilfsmittel steht keine bzw. keine ausreichende Software zur Verfügung. Zur Planung und Steuerung eines FFS sind Angaben über Verbleib und Belegungszeiten notwendig. Bei den Werkzeugen sind außerdem die aktuellen Reststandzeiten zu vermerken. Weiterhin treten Schnittstellenprobleme bei der Datenübertragung auf. In den meisten Betrieben existieren schon bei Einführung von FFS EDV-Systeme unterschiedlicher Hersteller, die bisher als geschlossene Systeme genutzt wurden (vgl. MERTINS 1988, S.39). Für die wirtschaftliche Nutzung der FFS ist jedoch ein offener Datenaustausch zwischen den einzelnen Rechnern erforderlich, was eine Verkabelung der EDV-Komponenten durch geeignete Netzwerke erfordert.

Die systemspezifischen Darstellungen der Daten verhindern ein einfaches Austauschen von Informationen zwischen den Rechnern unterschiedlicher Hersteller. Eine Kommunikation ist deshalb erst nach einer entsprechenden Konvertierung der Daten möglich. Da dieser Vorgang mit Zeitverzögerungen im Sekundenbereich verbunden ist, können die Daten nicht in Echtzeit (realtime) verarbeitet werden, wie es z.B. auf Systemebene im Falle von auftretenden Störungen erforderlich sein kann.

Bei der Bereitstellung der NC-Programme treten ebenfalls Probleme auf. Zunächst ist der begrenzte Programmspeicher in der Maschinensteuerung zu nennen. Oftmals reicht dessen Kapazität nur für die Aufnahme eines NC-Programms aus. Das hat zur Folge, daß erst das alte Programm abgearbeitet sein muß, bevor das neue geladen werden kann. Während der Übertragungsdauer ist je nach Maschine häufig keine Bearbeitung möglich. Weiterhin sind nicht alle Maschinensteuerungen in der Lage, die NC-Programme hauptzeitparallel zu laden, auch wenn genügend Speicher für mehrere Programme vorhanden ist. Die Maschinensteuerungen sind z.T. noch nicht mit einem DNC-Anschluß ausgerüstet. Die NC-Programme liegen dann oft noch als Lochstreifen vor. Zum Laden eines Programms muß ein Systembediener den Lochstreifen in die Lesevorrichtung einlegen. Ist das Personal nicht verfügbar, kommt es zu Maschinenstillständen.

6. Entwicklung einer Typologie zur anwendungsbezogenen Beschreibung von FFS

Ziel dieser Arbeit ist es, Gestaltungsvorschläge zur Integration von FFS in den betrieblichen Informationsfluß der PPS und hier speziell der Werkstattsteuerung zu formulieren. Untersuchungen von CZIUDAJ (1985, S.115), MERTINS (1985, S.48f.) und FIX-STERZ u.a. (1986, S.369) sowie die durchgeführte Breitenerhebung haben gezeigt, daß das "eine" FFS in der betrieblichen Praxis nicht vorkommt, sondern daß eine Vielzahl von Erscheinungsformen anzutreffen ist. Diese Vielzahl ist auf wesentliche Erscheinungsformen zu verdichten und die unterschiedlichen Strukturen sind zu verdeutlichen, um aussagekräftige und anwendbare Gestaltungsvorschläge formulieren zu können. Die "typologische Methode" oder Typologie stellt ein wissenschaftliches Verfahren dar, mit dessen Hilfe es möglich ist, in der Realität vorkommende Erscheinungsformen ihrem Wesen nach zu erfassen und zu ordnen. Sie wurde für vergleichbare Aufgabenstellungen u.a. von SCHOMBURG (1980), RABUS (1980), SPECHT (1983), STRACK (1987) und FÖRSTER (1988) mit Erfolg angewendet.

6.1 Beschreibung der Aufgabenstellung

Wie in Anhang B1 ausführlich dargestellt, muß zu Beginn des Typenbildungsprozesses eine Beschreibung der Aufgabenstellung erfolgen. Dazu ist zunächst der Untersuchungsbereich und anschließend das Untersuchungsziel der zu erstellenden Typologie zu definieren.

Ursprünglich stammt das Konzept der flexiblen Automatisierung aus dem Bereich der klassischen Bearbeitungsverfahren der metallverarbeitenden Industrie, nämlich der Bohr-, Fräs- und Drehbearbeitung. Dies wurde durch die durchgeführte Breitenerhebung bestätigt (vgl. Kapitel 4, auch CZIUDAJ 1985, S.115; MERTINS 1985, S.48f.; FIX-STERZ u.a. 1986, S.369ff.). Da in dieser Verfahrensgruppe die meisten Erfahrungen im Betrieb von FFS vorliegen und um einen möglichst hohen Praxisbezug für die Zielgruppe dieser Arbeit - Klein- und Mittelbetriebe des Maschinenbaus - zu gewährleisten, werden als Untersuchungsobjekte FFS für die spanende Metallbearbeitung gewählt. Der Untersuchungsbereich erstreckt sich somit auf das Einsatzgebiet von FFS mit spanender Metallbearbeitung.

Die für den Untersuchungsbereich charakteristischen Daten können aus schriftlichen Umfragen, Expertengesprächen, Erfahrungsberichten von Anwendern und Untersuchungen vor Ort erhoben werden. Dabei muß berücksichtigt werden, daß die zur Typenbildung erforderlichen Daten oft nur in beschränktem Maße zur Verfügung stehen. Darauf weisen u.a. SPECHT (1983, S.28f.), NITZSCHE (1987, S.49) sowie FÖRSTER (1988, S.45) hin. Ursachen für dieses Problem sind u.a. ein mangelnder Rückfluß von Datenerhebungsbögen, falsche oder unvollständige Antworten oder aus Vertraulichkeitsgründen nicht zu veröffentlichende Daten. Dieser Problematik muß in der anstehenden typologischen Arbeit Rechnung getragen werden, um dennoch zu einem sinnvollen Ergebnis zu gelangen.

Das allgemeine Untersuchungsziel dieser typologischen Arbeit ist die Bestimmung und Darstellung repräsentativer Typen von FFS innerhalb des Untersuchungsbereichs. Die zu erstellende Typologie muß den Anforderungen gemäß Anhang B1 genügen. Sie muß praxisorientiert sein, d.h. es muß leicht möglich sein, ein reales FFS einem der ermittelten Typen zuzuordnen (Abbildung 6-1).

Die zu erstellende Typologie soll ermöglichen, für die ermittelten FFS-Typen spezifische Anforderungsprofile an die Produktionsplanung und -steuerung und hier speziell an die Werkstattsteuerung formulieren zu können. Das spezielle Untersuchungsziel dieser Typologie ist somit, daß diese für eine weitergehende wissenschaftliche Untersuchung zur Bestimmung von Anforderungsprofilen an eine Werkstattsteuerung geeignet sein muß.

6.2   Ableitung relevanter Beschreibungsmerkmale

Die sinnvolle Bestimmung der relevanten Merkmale und deren Ausprägungsmöglichkeiten ist der nächste Schritt zur Typenbildung. Aus der Definition des Untersuchungsbereiches und des Untersuchungsziels ergibt sich die Forderung, daß diejenigen Merkmale ermittelt werden müssen,

- die typbildend für FFS sind und
- aus denen Anforderungen an die Werkstattsteuerung abzuleiten sind.

Daraus folgt, daß rein technologische FFS-spezifische Merkmale (z.B. Spindelleistungen) nicht zu berücksichtigen sind, da aus diesen nicht unmittelbar Anforderungen an die Werkstattsteuerung abgeleitet werden können.

Gemäß Anhang B1 müssen bei der Bestimmung der Merkmale Randbedingungen berücksichtigt werden. Wesentlich ist, daß die zu bildenden FFS-Typen minimal-

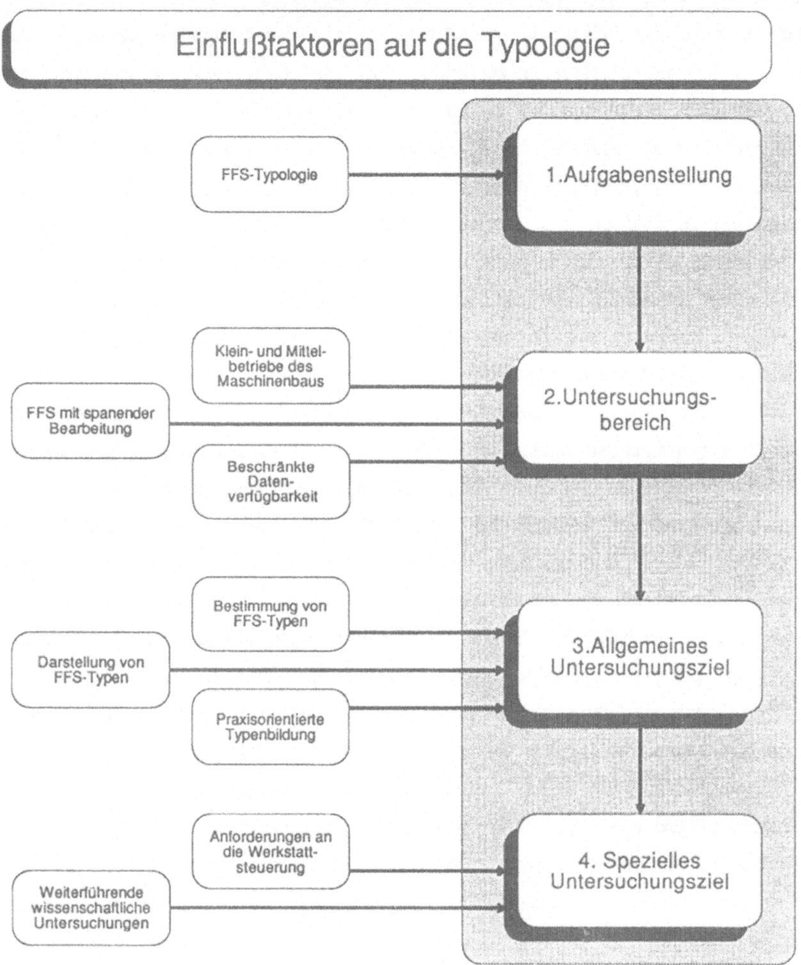

Abb. 6-1:   Einflußfaktoren auf den Untersuchungsbereich und das Untersuchungsziel der zu erstellenden Typologie

dimensionale Elementartypen darstellen sollen. Aus den Ergebnissen der Breiten-
untersuchung wird deutlich, daß eine Beschreibung der FFS-Anwendungsfälle mit
Hilfe von Elementarmerkmalen zu einer großen Anzahl von Merkmalen führen
muß. Aus diesem Grunde werden zur Beschreibung der FFS-Anwendungsfälle
komplexe Merkmale gewählt, anhand derer eine Beschreibung aller FFS-Anwendungsfälle trotz der notwendigen Reduzierung der beschreibenden Merkmale im

Sinne der Zielsetzung der zu erstellenden Typologie mit einer hinreichenden Detaillierung und Differenzierung erfolgen kann. Diese komplexen Merkmale sind so aus Elementarmerkmalen zu bilden, daß der Zusammenhang zwischen den Elementarmerkmalen und den komplexen Merkmalen erhalten bleibt und trotzdem das komplexe Merkmal für den Anwender mit einer Vorstellung verbunden werden kann. Komplexe Merkmale, deren Bezeichnungen und Merkmalsausprägungen nicht allgemein verständlich sind, führen zu einer geringen Akzeptanz bei den Anwendern der Typologie. Gerade im Rahmen dieser Arbeit ist darauf zu achten, daß die Anwender selbständig und ohne Unterstützung durch Dritte ihren FFS-Anwendungstyp ermitteln und so die daraus resultierenden Anforderungsprofile und Gestaltungsvorschläge ableiten können.

Bevor nun diese Merkmale eingehender dargestellt werden, ist auf die Wahl der Merkmalsausprägungen einzugehen. Zur besseren Assoziationsmöglichkeit werden für die komplexen Merkmale keine kardinalen Größen gewählt, sondern die Ausprägungsbereiche werden durch ordinale Skalierung der Art gering, mittel, hoch und sehr hoch beschrieben. Diese komplexen Merkmale werden anhand von jeweils zwei in der betrieblichen Praxis leicht zu ermittelnden Ausprägungen von Elementarmerkmalen beschrieben. Für die Elementarmerkmale werden partiell abstufbare Ausprägungsbereiche gewählt. Vielen Anwendern liegen die Ausprägungen der Merkmale nur als "von - bis" Angaben oder als geschätzte Durchschnittswerte vor. Genauere Daten sind vielfach nur mit einem hohen Erhebungsaufwand zu ermitteln. Da geringe Änderungen der Ausprägungen nur einen geringen Einfluß auf das Untersuchungsziel - Ermittlung von Anforderungsprofilen - haben, ist diese Merkmalsart für die vorliegende Problembeschreibung zu wählen.

Im Hinblick auf das spezielle Untersuchungsziel (die Ableitung von Anforderungsprofilen an die Werkstattsteuerung) erfolgt die Festlegung der Grenzen der Merkmalsausprägungen sowohl der elementaren als auch der komplexen Merkmale in Anlehnung an GROSSE-OETRINGHAUS (1974, S.53) pragmatisch. Es wird dabei für die vorliegende Aufgabenstellung das deduktiv-definitorische Vorgehen gemäß Anhang B1 zur Bestimmung der Merkmalsausprägungsbereiche angewendet.

Ausgehend von der Methodik gemäß Anhang B1 und den bisherigen Erkenntnissen sowie den Erfahrungen aus den Betriebsuntersuchungen erfolgt für die vorliegende Problemstellung die Ableitung der folgenden vier komplexen Merkmale:

1. Komplexität des Maschinenparks,
2. Komplexität der Bearbeitungsaufgabe,

3. Homogenität des Arbeitsvorrates und

4. Homogenität der Fertigung.

1. "Komplexität des Maschinenparks"

Die in der Praxis eingesetzten FFS unterscheiden sich gemäß Kapitel 2 einerseits durch ihre Struktur (ersetzend, ergänzend oder kombiniert) und andererseits durch die Größe der Systeme. Beide Kriterien stellen für die PPS und speziell für die Werkstattsteuerung wichtige Anforderungen dar. Bei ergänzender Systemstruktur sind im Rahmen der Reihenfolgeplanung systeminterne Abläufe zu berücksichtigen, wobei bei voll ersetzender Struktur von einer einstufigen Fertigung ausgegangen werden kann.

Durch das Elementarmerkmal "Anzahl unterschiedlicher Maschinentypen im FFS" erfolgt eine Detaillierung über die reine Strukturangabe hinaus. Der Umfang der ergänzenden Struktur wird so erfaßt. Bei der Bestimmung der Merkmalsausprägungen der Elementarmerkmale werden nur diejenigen Maschinentypen eines FFS erfaßt, für die werkstückspezifische NC-Programme benötigt werden. Erfolgt auf einer Maschine eine werkstückunabhängige Bearbeitung, d.h. ist die Bearbeitung für unterschiedliche Werkstücke immer gleich, so wird diese Maschine nicht als ein separater Maschinentyp berücksichtigt. Ein Beispiel für eine Maschine, die meist ohne werkstückspezifische NC-Programme arbeitet, ist eine Waschmaschine mit einem festen Waschzyklus. Eine hohe "Anzahl unterschiedlicher Maschinentypen im FFS" führt zu einem hohen Aufwand für die Reihenfolgeplanung und die Durchlaufterminierung, da die systeminternen Zusammenhänge einer mehrstufigen Fertigung berücksichtigt werden müssen. Das Elementarmerkmal "Anzahl der Werkzeugmaschinen im FFS" berücksichtigt den Aufwand für die Kapazitätsabstimmung und die Durchlaufterminierung. Die Elementarmerkmale mit ihren Ausprägungsbereichen zeigt Abbildung 6-2.

Die Merkmalsausprägung des komplexen Merkmals "Komplexität des Maschinenparks" wird anhand der Abbildung 6-3 ermittelt.

Abbildung 6-3 stellt eine Eintrefferentscheidungstabelle in Anlehnung an DIN 66241 dar. Die Elementarmerkmale stellen die Bedingungen und die Wahl der Ausprägung des komplexen Merkmals die auszuführende Aktion dar. Die Regeln R1, R2 und ELSE bestimmen die entsprechenden Aktionen. Die Regel R1 besagt, daß bei einer hohen Anzahl unterschiedlicher Maschinentypen die Komplexität des

Komplexes Merkmal: "Komplexität des Maschinenparks"		
Anzahl unterschiedlicher Maschinentypen im FFS	gering 1	mittel 2 - 3	hoch ≥ 4
Gesamtanzahl der Maschinen im FFS	gering 2	mittel 3 - 4	hoch ≥ 5

Abb. 6-2:   Elementarmerkmale des komplexen Merkmals "Komplexität des Maschinenparks"

		R 1	R 2	ELSE
B1	Anzahl unterschiedlicher Maschinentypen im FFS	hoch	mittel gering	
B2	Gesamtanzahl der Maschinen im FFS		hoch	
A	Komplexität des Maschinenparks	hoch	hoch	gering

Abb. 6-3:   Entscheidungstabelle zur Ermittlung der Merkmalsausprägung des Merkmals "Komplexität des Maschinenparks"

Maschinenparks als hoch einzuschätzen ist. Die Entscheidungstabelle muß von links nach rechts gelesen werden, d.h. die Regeln sind solange von R1 ausgehend anzuwenden, bis eine Regel mit der entsprechenden Aktion erfüllt ist. Trifft keine Regel R1...Rm zu, gilt die ELSE-Regel. Dieses Vorgehen zur Interpretation einer Entscheidungstabelle ist für alle im Rahmen dieser Arbeit erstellten Entscheidungstabellen anzuwenden.

2. "Komplexität der Bearbeitungsaufgabe"

Bestimmend für die Komplexität der Bearbeitungsaufgabe ist zum einen die Anzahl der Werkzeuge pro Aufspannung und zum anderen die Anzahl der Aufspannungen pro Werkstück. Bei der Anzahl der Werkzeuge pro Aufspannung werden alle zur Bearbeitung eines Werkstücks in einer Aufspannung eingesetzten Werkzeuge, inklusive Schwesterwerkzeuge, berücksichtigt. Ungeplante Reservewerkzeuge etc. zählen jedoch nicht. Dabei steigt der Aufwand für die Verfügbarkeitsprüfungen vor der Werkstattauftragsfreigabe mit einer zunehmenden Anzahl der Werkzeuge pro Aufspannung.

Komplexes Merkmal: "Komplexität der Bearbeitungsaufgabe"		
Anzahl der Werkzeuge/ Aufspannung	gering ≤ 20	mittel $21 - 50$	hoch ≥ 51
Anzahl der Aufspannungen/ Werkstück	gering 1	mittel $2 - 3$	hoch ≥ 4

		R 1	R 2	R 3	R 4	R 5	ELSE
B1	Anzahl der Werkzeuge/ Auspannung	hoch	mittel gering	mittel gering	hoch	mittel	
B2	Anzahl der Aufspannungen/ Werkstück	hoch mittel	hoch	mittel	gering	gering	
A	Komplexität der Bearbeitungsaufgabe	hoch	hoch	mittel	mittel	mittel	gering

<u>Abb. 6-4</u>: Elementarmerkmale und Entscheidungstabelle des komplexen Merkmals "Komplexität der Bearbeitungsaufgabe"

Die Anzahl der Aufspannungen pro Werkstück beeinflußt entscheidend den Aufwand für die Reihenfolgeplanung und die Arbeitsverteilung sowie die Häufigkeit der Verfügbarkeitsanalysen. Darüber hinaus wird damit der Umfang der überwachenden PPS-Funktionen sowie der NC-Programmbereitstellung beeinflußt. Abbildung 6-4 zeigt die Elementarmerkmale mit ihren Ausprägungsbereichen sowie die Entscheidungstabelle für das komplexe Merkmal.

3. "Homogenität des Arbeitsvorrates"

Die Homogenität des Arbeitsvorrates eines FFS ist gekennzeichnet durch die Anzahl der Palettenspiele pro Auftrag und die Bearbeitungsdauer eines Palettenspiels. Die Anzahl der Palettenspiele pro Auftrag errechnet sich nach folgender Formel:

$$\frac{\text{Anzahl der Palettenspiele}}{\text{Auftrag}} = \frac{\text{Losgröße X Anzahl der Aufspannungen pro Werkstück}}{\text{Anzahl der Werkstücke pro Werkstückträger}}$$

Dabei gilt für die Losgröße die Definition in Anlehnung an VDI u.a. (1983, S.156): "Die Losgröße ist die der Werkstattsteuerung vorgegebene, nach bedarfsbezogenen, kapazitiven und/oder wirtschaftlichen Gesichtspunkten ermittelte Menge an Teilen, die gefertigt werden soll. Entscheidend ist hier die Stückzahl auf Werkstatt-ebene". Wie die FFS-Anwendungsfälle zeigen, schwankt die Losgröße stark. Da für die Planung und Steuerung eines FFS die Lose auf Palettenspiele pro Werkstatt-aufträge aufgelöst werden müssen, ist die Anzahl der Palettenspiele pro Werkstatt-auftrag entscheidend für den Aufwand für die Reihenfolgeplanung und Arbeitsver-teilung. Das Problem des Aufwandes für die Verfügbarkeitsprüfungen (Material, Werkzeuge, Vorrichtungen und Werkstückträger) reduziert sich mit zunehmender Losgröße. Bei großen Losgrößen reduziert sich weiterhin die Belastung des Personals, da seltener neue Vorrichtungen aufgerüstet werden müssen. Durch die Berücksichtigung der Anzahl der Werkstücke pro Werkstückträger wird den unter-schiedlichen Strategien der Anwender Rechnung getragen. Durch Mehrfachaufspan-nungen können z.B. die Bearbeitungsdauern eines Palettenspiels verlängert, Vorrich-tungen eingespart oder eine satzweise Fertigung unterschiedlicher Werkstücke z.B. Werkstücke einer Baueinheit realisiert werden.

Die Bearbeitungsdauer ist somit ein Maß für die Ausführungshäufigkeit bei der Reihenfolgeplanung und der Arbeitsverteilung. Als Bearbeitungsdauer eines Palettenspiels wird die Zeitdauer definiert, die ablaufbedingt zur Bearbeitung der auf einen Werkstückträger gespannten Werkstücke einer Aufspannung benötigt wird. Sie errechnet sich aus der Summe der Eingriffszeiten vom Einschleusen in das FFS bis zum Ausschleusen aus dem FFS.

Die Homogenität des Arbeitsvorrates wirkt sich auf den Personaleinsatz zum Auf- und Abspannen der Werkstücke, auf die Laufdauer des Systems bei bediener-losem Abschaltbetrieb und die Ermittlung des optimalen Teilemixes aus. Zudem hat sie einen Einfluß auf die Zahl der vorzunehmenden Verfügbarkeitsprüfungen und die Zahl der Einsteuerungsvorgänge von Werkstattaufträgen für das FFS. Abbildung 6-5 zeigt die Elementarmerkmale mit ihren Ausprägungsbereichen sowie die Entscheidungstabelle für das komplexe Merkmal "Homogenität des Arbeitsvor-rates".

4. "Homogenität der Fertigung"

Die Homogenität der Fertigung wird entscheidend durch die Anzahl der unter-schiedlichen Werkstücke und der Wiederholhäufigkeit der Werkstattaufträge pro Jahr beeinflußt. Die Anzahl der unterschiedlichen Werkstücke, die auf dem FFS

39

Komplexes Merkmal: "Homogenität des Arbeitsvorrates"			
Anzahl der Palettenspiele pro Auftrag	gering ≤ 25	mittel 26 -100	hoch 101 - 200	sehr hoch ≥ 201
Bearbeitungsdauer/ Palettenspiel [min]	kurz ≤ 15	mittel 16 - 30	lang 31 - 60	sehr lang ≥ 61

		R 1	R 2	R 3	R 4
B1	Anzahl der Palettenspiele pro Auftrag	sehr hoch	sehr hoch	hoch	mittel
B2	Bearbeitungsdauer/ Palettenspiel	sehr lang	lang mittel	sehr lang lang	sehr lang
A	Homogenität des Arbeitsvorrates	sehr hoch	hoch	hoch	hoch

		R 5	R 6	R 7	R 8	ELSE
B1	Anzahl der Palettenspiele pro Auftrag	sehr hoch	hoch	mittel	gering	
B2	Bearbeitungsdauer/ Palettenspiel	kurz	mittel kurz	lang mittel	sehr lang lang	
A	Homogenität des Arbeitsvorrates	mittel	mittel	mittel	mittel	gering

Abb. 6-5:   Elementarmerkmale und Entscheidungstabelle des komplexen Merkmals "Homogenität des Arbeitsvorrates"

gefertigt werden, d.h. das Werkstückspektrum des FFS, läßt sich über die Ident-Nummern (Teile-Nummern, Artikel-Nummern) ermitteln. Die Wiederholhäufigkeit pro Jahr gibt an, wie oft im Laufe eines Jahres für Werkstücke einer Ident-Nummer Werkstattaufträge ausgelöst werden. Ein Werkstück geringer Wiederholhäufigkeit muß quasi wie ein Neuteil behandelt werden, da nicht davon ausgegangen werden kann, daß die benötigten Fertigungshilfsmittel vorhanden bzw. einsatzbereit sind. Hingegen kann für ein Werkstück mit hoher Wiederholhäufigkeit der Planungsaufwand unter Umständen reduziert werden, da es in solchen Fällen als sinnvoll erachtet werden kann, daß ständig sämtliche Fertigungshilfsmittel im oder am System bereit stehen.

Komplexes Merkmal: "Homogenität der Fertigung"				

Anzahl unterschiedlicher Werkstücke	sehr gering	gering	mittel	hoch	sehr hoch
	≤ 10	11 - 50	51 - 100	101 - 200	≥ 201

Wiederhohlhäufigkeit/ Jahr	gering	mittel	hoch	sehr hoch
	≤ 6	7 - 12	13 - 24	≥ 25

		R 1	R 2	R 3	R 4	R 5	ELSE
B1	Anzahl unterschiedlicher Werkstücke	mittel gering sehr gering	gering sehr gering	hoch	hoch mittel	mittel gering sehr gering	
B2	Wiederhohlhäufigkeit/ Jahr	sehr hoch	hoch	sehr hoch	hoch	mittel	
A	Homogenität der Fertigung	hoch	hoch	mittel	mittel	mittel	gering

Abb. 6-6:   Elementarmerkmale und Entscheidungstabelle des komplexen Merkmals "Homogenität in der Fertigung"

Durch das Kriterium "Homogenität der Fertigung" wird der Planungsaufwand für die Reihenfolgeplanung, Festlegung des optimalen Teilemixes sowie für die Verfügbarkeitsprüfungen berücksichtigt. Weiterhin können Aussagen über das zu verwaltende Datenvolumen und die Datenbereitstellung getroffen werden (homogen bedeutet hier geringes Datenvolumen und einfachere Datenbereitstellung). Abbildung 6-6 zeigt die Elementarmerkmale mit ihren Ausprägungsbereichen sowie die Entscheidungstabelle für das komplexe Merkmal.

Die Typenbildung erfolgt anhand der vorgestellten vier komplexen Merkmale, die sich jeweils aus zwei zugeordneten Elementarmerkmalen bestimmen lassen. Die typbildenden komplexen Merkmale werden in einem morphologischen Kasten zusammengefaßt. Die Wahl dieser Darstellungsform erfolgt im Hinblick auf den sich anschließenden Typenbildungsprozeß und aufgrund der guten Übersichtlichkeit der Darstellung.

6.3   Bildung von FFS-Typen

Nach der Definition des Untersuchungsbereiches, der Zielsetzung und der Bestimmung der zur Beschreibung der FFS-Anwendungsfälle geeigneten Merkmale sowie deren Merkmalsausprägungen sind die grundlegenden Voraussetzungen zur Auswahl eines Verfahrens zur Typenbildung gegeben.

6.3.1 Bestimmung der geeigneten Verfahren zur Typenbildung

Die Methode der sachlogischen Herleitung wird im Anhang B2 beschrieben. Sie wird für die Herleitung von FFS-Typen im Sinne der vorliegenden Aufgabenstellung gewählt, da die Gesamtanzahl der installierten FFS z.Z. noch eine unzureichende statistische Grundgesamtheit darstellt und die, für die statistische Herleitung sonst benötigten, Daten von FFS-Anwendungsfällen nur unzureichend vorhanden bzw. ermittelbar sind. Im Rahmen dieser Arbeit wird in Anlehnung an den von TIETZ (1960) beschriebenen Ansatz die Typenbildung in drei Stufen durchgeführt:

1. Konstruktion von Typen mit Hilfe der sachlogischen Herleitung.
2. Überprüfung der konstruierten Typen mit Hilfe der im Rahmen der Breitenerhebung erfaßten realen Anwendungsfälle.
3. Optimierung durch multivariate Statistik.

Auf gängige statistische Verfahren zur Typenbildung sei auf Anhang B2 verwiesen. Insbesondere wird die Diskriminanzanalyse als das geeignete Verfahren für die Stufe 3 beschrieben. Ausgehend von einem Extremtyp erfolgt die Konstruktion der Typen durch schrittweise Variation von Merkmalsausprägungen. Dabei wird nach jeder Konstruktion eines neuen Typs überprüft, ob dieser entstandene Typ praxisrelevant ist. Diese Überprüfung erfolgt vor dem Hintergrund der Erfahrungen und des Wissens des Typologieerstellers. Wird ein konstruierter Typ als unrealistisch eingeschätzt, wird er verworfen, andernfalls festgehalten und eine neue Variation der Merkmalsausprägungen konstruiert. Bei der Bewertung der Praxisrelevanz ist darauf zu achten, daß im Zweifelsfalle eher ein konstruierter Typ zugelassen wird, als daß er verworfen wird.

Eine endgültige Überprüfung der Typologie kann nur durch die Erfassung einer ausreichenden Anzahl von realen Anwendungsfällen und dem anschließenden Vergleich mit den konstruierten Typen erfolgen. Dies ist Teil der zweiten Stufe. Die Erfassung von realen Anwendungsfällen ermöglicht außer der Existenzprüfung eine Optimierung der Typologie. Mit Hilfe der multivariaten Statistik können die, den konstruierten Typen zugeordneten, realen Anwendungsfälle auf optimale Zuordnung hin überprüft werden (Stufe 3). So lassen sich die Merkmalsausprägungsbereiche der Typen entsprechend detaillieren. Die Stufen 2 und 3 werden parallel ausgeführt und deshalb zusammengefaßt dargestellt.

Das beschriebene dreistufige Vorgehen zur Typenbildung entspricht in hohem Maße den Erfordernissen der vorliegenden Aufgabenstellung und erfüllt die in Anhang B1 aufgestellten Anforderungen an eine Typologie. Durch die konsequente Überprüfung der Praxisrelevanz jedes einzelnen konstruierten Typs und die Verwerfung der nicht praxisrelevanten Fälle kann mit der Methode der sachlogischen Herleitung auf direktem Wege eine praxisorientierte Typologie erstellt werden. Durch das systematische Vorgehen bei der Konstruktion der Typen ist eine gute Durchschaubarkeit des Typenbildungsprozesses gewährleistet. Die Optimierung und Überprüfung der ermittelten Typologie mit Hilfe der multivariaten Statistik führt zu einer Absicherung der Aussagen.

6.3.2 Sachlogische Herleitung der FFS-Typen

In der sich nun anschließenden Phase der Erstellung einer Typologie werden aus den vier komplexen Merkmalen mittels sachlogischer Herleitung FFS-Typen gebildet, aus denen sich Anforderungsprofile an eine PPS entwickeln lassen.

Wie bereits erläutert, existiert das Merkmal Komplexität des Maschinenparks bei der Betrachtung von FFS nur mit zwei Merkmalsausprägungen. Alle in der Realität vorkommenden FFS-Anwendungsfälle können entweder der einen oder der anderen Merkmalsausprägung zugeordnet werden. Aus diesem Grunde erfolgt zunächst eine Differenzierung der FFS-Anwendungsfälle in FFS mit "geringer" Komplexität des Maschinenparks und in FFS mit "hoher" Komplexität des Maschinenparks. Das Merkmal Komplexität des Maschinenparks dient damit als Leitmerkmal (GROSSE-OETRINGHAUS 1974, S.62).

Ausgangspunkt für die sachlogische Herleitung der FFS-Typen ist der konstruierte Typ mit der niedrigsten Anforderung an die PPS. Seine charakteristische Merkmalsausprägungskombination besteht neben der geringen Komplexität des Maschinenparks aus der geringen Komplexität der Bearbeitungsaufgabe, der sehr hohen Komplexität des Arbeitsvorrates und der hohen Homogenität der Fertigung.

Durch schrittweise Variation der typbildenden Merkmalsausprägungen der komplexen Merkmale werden weitere mögliche Typen konstruiert. Die sachlogische Herleitung wird mit der Konstruktion des zweiten Extremtyps abgeschlossen. Nach der Konstruktion eines neuen FFS-Typ muß eine Überprüfung des konstruierten

Typs auf Praxisrelevanz erfolgen. Dazu bringt der Typologieersteller seinen Erfahrungshorizont ein. In dem vorliegenden Fall wurde diese durch intensives Literaturstudium beschriebener Anwendungsfälle, diversen Expertengesprächen und Betriebsuntersuchungen aufgebaut. Da bei der angeführten Vorgehensweise eine ganze Reihe von Typen verworfen werden und nur einige wenige als praxisrelevante FFS-Typen in die Typologie aufgenommen werden, soll im folgenden nur die Entwicklung der praxisrelevanten FFS-Typen mit dem Verfahren der sachlogischen Herleitung skizziert werden. Eine genaue Beschreibung der FFS-Typen erfolgt in Kapitel 6.4.

Der erste konstruierte Fall, dessen Existenz in der betrieblichen Praxis nachgewiesen werden kann, wird als FFS-Typ I bezeichnet. Charakteristisch für diesen FFS-Typ ist eine geringe Komplexität des Maschinenparks, eine mittlere Komplexität der Bearbeitungsaufgabe, eine hohe Homogenität des Arbeitsvorrates sowie eine hohe Homogenität der Fertigung.

Durch Variation der Merkmalsausprägungen der Merkmale Homogenität des Arbeitsvorrates von "hoch" nach "mittel" und Homogenität der Fertigung von "hoch" nach "gering" entsteht Typ II. Typ III erhält man durch Veränderung der Merkmalsausprägung des Merkmals Komplexität der Bearbeitungsaufgabe von "mittel" nach "hoch". Mit der Bildung des Typ III ist die sachlogische Herleitung für die Gruppe der FFS mit geringer Komplexität des Maschinenparks abgeschlossen.

Ausgehend von Typ I wird durch Variation der Merkmalsausprägung des Leitmerkmals Komplexität des Maschinenparks von "gering" nach "hoch" die Typenbildung fortgesetzt. Der daraus entstehende Typ IV ist mit Ausnahme des Leitmerkmals genau so gekennzeichnet wie Typ I. Der letzte praxisrelevante Fall wird als FFS-Typ V bezeichnet. Dieser Typ ergibt sich aus Typ IV durch die Verschiebung der Merkmalsausprägung des Merkmals Homogenität des Arbeitsvorrates von "hoch" nach "mittel" und der Merkmalsausprägung des Merkmals Homogenität der Fertigung von "hoch" nach "gering".

Das Ergebnis der Stufe 1 sind somit fünf, eindeutig voneinander abzugrenzende minimaldimensionale Elementartypen von FFS. Gekennzeichnet sind diese Typen durch eine Merkmalsausprägungskombination der vier typbildenden Merkmale. Diese werden im folgenden Hauptmerkmalsausprägungen genannt. Der Ablauf der sachlogischen Herleitung ist in Abbildung 6-7 skizziert. Die verworfenen konstruierten FFS-Typen sind entsprechend gekennzeichnet. Zur besseren Übersicht sind in

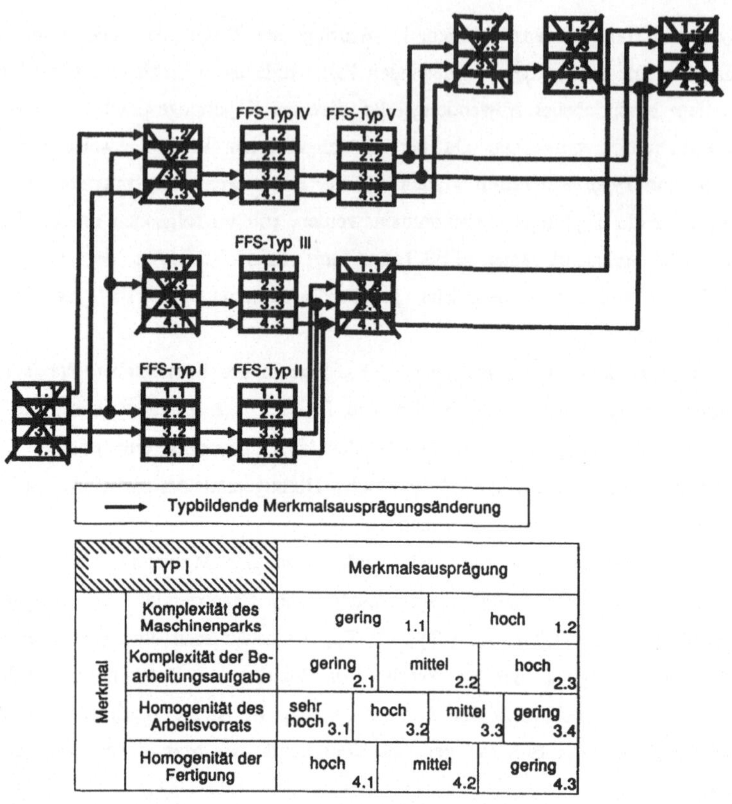

TYP I		Merkmalsausprägung			
Merkmal	Komplexität des Maschinenparks	gering 1.1		hoch 1.2	
	Komplexität der Bearbeitungsaufgabe	gering 2.1	mittel 2.2	hoch 2.3	
	Homogenität des Arbeitsvorrats	sehr hoch 3.1	hoch 3.2	mittel 3.3	gering 3.4
	Homogenität der Fertigung	hoch 4.1	mittel 4.2	gering 4.3	

<u>Abb. 6-7:</u>   Sachlogische Herleitung derr FFS-Typen

der Darstellung der sachlogischen Herleitung die Merkmalsausprägungen der einzelnen Merkmale mit Kennzahlen versehen.

6.3.3 Verifizierung des Ergebnisses mit Hilfe der schriftlichen Breitenerhebung und der multivariaten Statistik

Zur Verifizierung werden für die 60 FFS-Anwendungsfälle, die in der Breitenerhebung (Kapitel 4) erfaßt wurden, die Merkmalsausprägungen der Elementarmerkmale und daraus die typbildenden komplexen Merkmale bestimmt. Anhand der so ermittelten anwendungsfallspezifischen Merkmalsausprägungskombinationen erfolgt eine Zuordnung zu den abgeleiteten FFS-Typen. Für den Fall, daß die Merkmalsausprägungen eines FFS-Anwendungsfalles nicht exakt mit den Hauptmerkmalsausprägungen eines der fünf FFS-Typen übereinstimmen, wird dieser FFS-Anwendungsfall demjenigen FFS-Typ zugeordnet, mit dem die größtmögliche Übereinstimmung zu erzielen ist. Die so ermittelte Zuordnung der Anwendungsfälle stellt die, für die Durchführung der Diskriminanzanalyse notwendige, Anfangspartition für die Verifizierung dar.

Die Verifizierung des Ergebnisses der sachlogisch hergeleiteten FFS-Typen erfolgt mit Hilfe der Diskriminanzanalyse. Die Diskriminanzanalyse ist im Rahmen dieser Arbeit dazu geeignet, eine Gewichtung der typbildenden Kombinationen der Merkmalsausprägungen so durchzuführen, daß eine bestmögliche Trennung der Typen erfolgt. Darüber hinaus kann die Zuordung von noch nicht oder falsch einsortierten Anwendungsfällen zu den richtigen FSS-Typen erfolgen. Voraussetzung für den Einsatz der Diskriminenzanalyse ist die Existenz einer Anfangspartition. Die theoretischen Grundlagen der Diskriminanzanalyse sind in Anhang B2 beschrieben. Im folgenden soll nur das Vorgehen und das Ergebnis für die vorliegende Aufgabenstellung erläutert werden.

Die im vorangegangenen Kapitel formulierte Bedingung, daß anhand des Leitmerkmales grundsätzlich eine Aufteilung der FFS-Anwendungsfälle in solche mit "geringer" Komplexität des Maschinenparks und in solche mit "hoher" Komplexität des Maschinenparks erfolgen soll, ist auch bei der Diskriminanzanalyse zu berücksichtigen. Deshalb wird zunächst eine Diskriminanzanalyse für die Typen I, II und III durchgeführt und anschließend eine Diskriminanzanalyse für die Typen IV und V. Die für die Diskriminanzanalyse einzugebende Datenmatrix beinhaltet für jeden einzelnen FFS-Anwendungsfall neben der Kennzeichnung des Anwendungsfalles die Merkmalsausprägungen aller vier komplexen Merkmale und die vorgegebene Zuordnung zu einem der fünf FFS-Typen.

Diskriminanzanalyse für die Typen I, II und III

Zunächst wird die Diskriminanzanalyse mit der vorgegebenen ersten Partition gestartet, d.h. mit der beschriebenen Zuordnung der FFS-Anwendungsfälle zu den sachlogisch hergeleiteten FFS-Typen. In dem vorliegenden Falle sind dies 35 FFS, die aufgrund des Leitmerkmals eindeutig in die Gruppe der FFS mit geringer Komplexität des Maschinenparks eingeordnet werden können. Aufgrund der sachlogischen Herleitung werden jeweils 15 FFS den Typen I und II sowie 5 FFS dem Typ III zugeordnet. Die Diskriminanzanalyse liefert für die erste Partition das im Anhang B3 dargestellte Ergebnis. Es wurden zwei der 35 hier betrachteten Anwendungsfälle einem von der Anfangspartition abweichenden FFS-Typ zugeordnet. Bei diesen beiden Anwendungsfällen handelt es sich um Zweifelsfälle, bei denen sich keine eindeutige Zuordnung zu einem der sachlogisch hergeleiteten FFS-Typen ergab und die dann den FFS-Typen mit den höheren Anforderungen zugeordnet worden sind. Die Abbildung B3-2 zeigt die sogenannte "Klassifizierungsmatrix" für die erste Partition. Sie gibt die "Trefferquote" der eingegebenen ersten Partition wieder. Es wurden in der ersten Partition 94,3% der FFS-Anwendungsfälle richtig eingeordnet. Aus der Matrix ist auch zu entnehmen, wie hoch die Zuordnungsgenauigkeit für die einzelnen Typen ist. Für Typ II beträgt die Zahl der richtig zugeordneten FFS-Anwendungsfälle 13 (86,7%), während 2 (13,3%) der FFS-Anwendungsfälle aufgrund der Diskriminanzanalyse dem Typ I zugeordnet werden müssen. Für die Typen I und III ergibt sich eine eindeutig richtige Typzugehörigkeit.

Die von der Diskriminanzanalyse vorgegebene Typzugehörigkeit der FFS-Anwendungsfälle wird in der Datenmatrix entsprechend geändert. Man erhält eine zweite Partition. Mit der zweiten Partition wird die Diskriminanzanalyse erneut gestartet. Wie aus Abbildung B3-3 zu entnehmen ist, sind jetzt alle FFS-Anwendungsfälle optimal zugeordnet.

Die höchste Klassifizierungswahrscheinlichkeit P(g/Y) nimmt für alle FFS-Anwendungsfälle den Wert "1" oder einen Wert mit nur sehr geringen Abweichungen von "1" an. Es liegt also eine eindeutige Zuordnung der FFS-Anwendungsfälle zu den entsprechenden Typen vor. Die zweite Partition ist somit als "optimal" zu bezeichnen. Auch die Klassifizierungsmatrix (Abbildung B3-4) weist ein entsprechendes optimales Bild auf. Es ergibt sich somit die Verteilung von 17 FFS-Anwendungsfälle auf den Typ I, 13 FFS-Anwendungsfälle auf den Typ II und 5 FFS-Anwendungsfälle auf den Typ III.

<u>Diskriminanzanalyse für die Typen IV und V</u>

Die Diskriminanzanalyse für die Typen IV und V wird analog der Diskriminanzanalyse für die Typen I, II und III durchgeführt. Das Resultat der 25 FFS-Anwendungsfälle, die aufgrund der Merkmalsausprägung "hoch" des Leitmerkmals "Komplexität des Maschinenparks" den FFS-Typen IV und V zugeordnet wurden, zeigt die Abbildung B3-5.

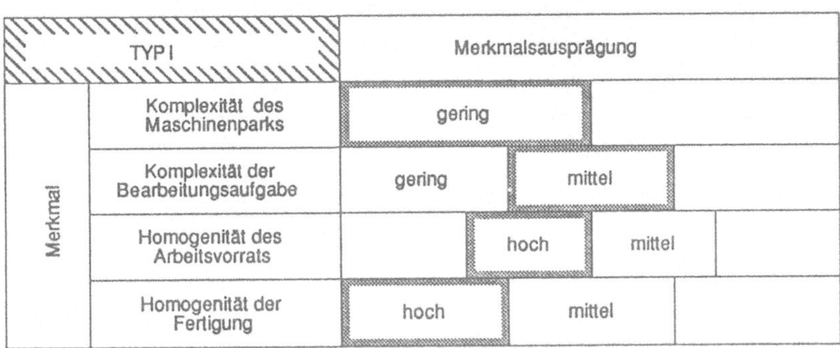

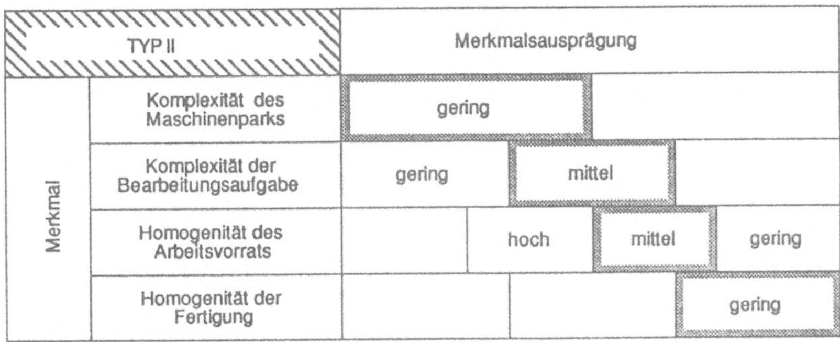

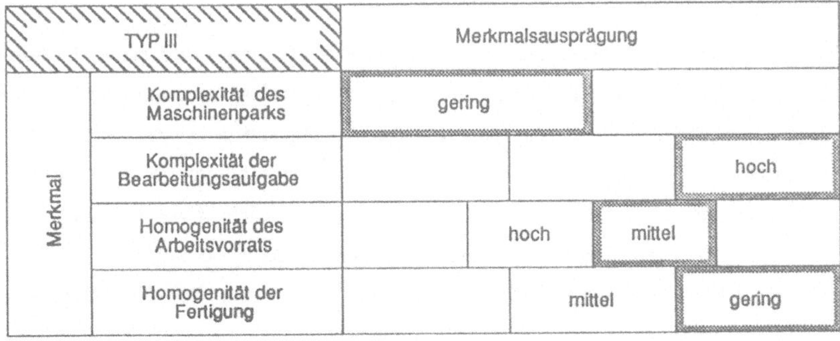

Abb. 6-8a: Darstellung der ermittelten FFS-Typen

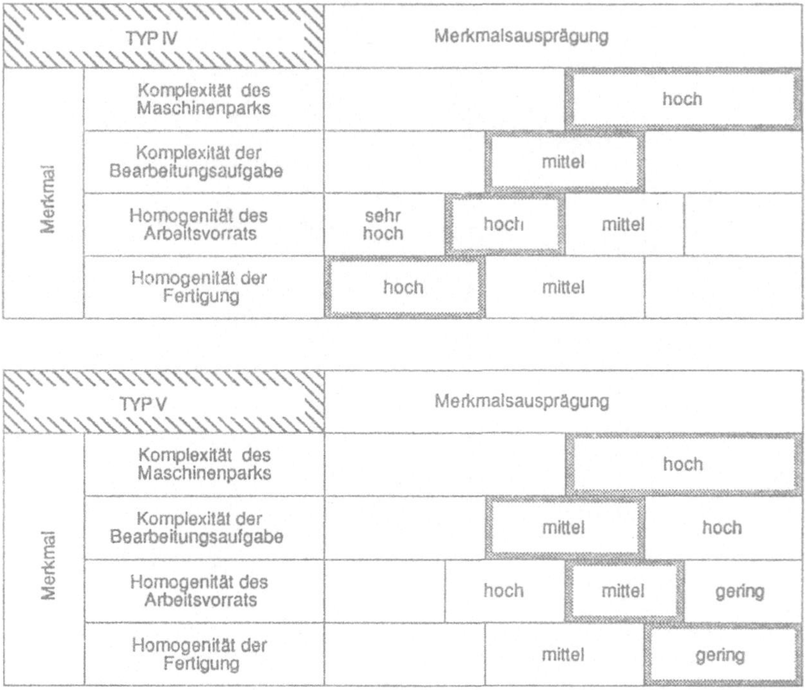

TYP IV	Merkmalsausprägung			
Komplexität des Maschinenparks				hoch
Komplexität der Bearbeitungsaufgabe			mittel	
Homogenität des Arbeitsvorrats	sehr hoch	hoch	mittel	
Homogenität der Fertigung	hoch	mittel		

Merkmal

TYP V	Merkmalsausprägung			
Komplexität des Maschinenparks				hoch
Komplexität der Bearbeitungsaufgabe			mittel	hoch
Homogenität des Arbeitsvorrats		hoch	mittel	gering
Homogenität der Fertigung			mittel	gering

Merkmal

<u>Abb. 6-8b</u>:   Darstellung der ermittelten FFS-Typen

Die Diskriminanzanalyse brachte somit keine Verbesserung der ersten Partition. Alle FFS-Anwendungsfälle wurden aufgrund des Ergebnisse der sachlogischen Herleitung den richtigen Typen zugeordnet. Auch die angegebene Klassifizierungswahrscheinlichkeit $P(g/Y)$ liegt bei "1" oder nur sehr gering darunter, so daß bereits die erste Partition der Typen IV und V als "optimal" bezeichnet werden kann. Dies wird auch durch die Klassifikationsmatrix (Abbildung B3-6) bestätigt.

Die Diskriminanzanalyse bestätigt durch die hohen ermittelten Klassifizierungswahrscheinlichkeiten einerseits und die geringe Anzahl umgruppierter Anwendungsfälle andererseits die Güte und Relevanz der sachlogisch hergeleiteten FFS-Typen. Darüber hinaus liefert sie eine optimale Partition der 60 FFS-Anwendungsfälle zu den durch sachlogische Herleitung ermittelten fünf FFS-Typen. Abbildung 6-8 stellt die fünf FFS-Typen im Überblick dar. Dabei sind die typbildenden Merkmalsausprägungen (umrandet = Hauptmerkmalsausprägungen) ergänzt worden durch die Merkmalsausprägungen, die bei den untersuchten Anwendungsfällen der speziellen FFS-Typen abweichend aufgetreten sind. Der prozentuale Anteil dieser Abweichungen liegt meist unter 10%. Sie gelten für einen Anwender der Typologie ebenfalls als zulässige Ausprägung.

6.4 Darstellung der ermittelten FFS-Anwendungstypen

Es wurden fünf FFS-Anwendungstypen sachlogisch ermittelt und durch eine Diskriminanzanalyse auf der Basis der 60 erfaßten FFS-Anwendungsfälle überprüft. Die sachlogisch hergeleiteten und durch die Diskriminanzanalyse bestätigten FFS-Typen wurden im folgenden vorgestellt. Jeder FFS-Typ zeichnet sich dabei durch eine ihm eigene Kombination der typbildenden Merkmale aus.

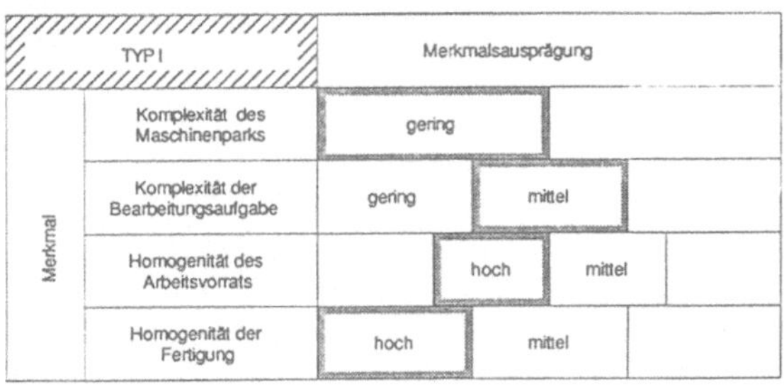

<u>Abb. 6-9</u>:   Darstellung des FFS-Typs I

Der **Typ I** (Abbildung 6-9) wird charakterisiert durch die geringe Komplexität des Maschinenparks und die hohe Homogenität der Fertigung. Bei den FFS diesen Typs handelt es sich um kleinere Systeme mit im Durchschnitt 3 Werkzeugmaschinen. In den meisten Fällen erfolgt die Bearbeitung einstufig auf sich ersetzenden Bearbeitungszentren. Das auf diesen FFS gefertigte Werkstückspektrum ist stark eingegrenzt. Es werden nur wenige unterschiedliche Werkstücke mit einer relativ hohen Losgröße und einer hohen Wiederholhäufigkeit pro Jahr der Werkstattaufträge gefertigt. Die oben beschriebenen "typischen" Merkmalsausprägungen verbunden mit einer hohen Homogenität des Arbeitsvorrates haben zur Folge, daß das zu verwaltende Datenvolumen und die Häufigkeit der Planungsvorgänge gering sind und deshalb für die Auftragsabwicklung die geringsten Anforderungen an die

PPS stellen. Aufgrund der leichteren organisatorischen Beherrschbarkeit eignet sich dieser FFS-Typ zum Einstieg in die FFS-Technologie. Mit ihrer Installation werden in vielen Fällen erste Erfahrungen im Umgang mit dieser Technologie gesammelt.

In deutlicher Abgrenzung zu Typ I wird auf den FFS des **Typs II** ein inhomogenes Auftragsspektrum gefertigt. Bezeichnend dafür ist in erster Linie die geringe Homogenität der Fertigung (Abbildung 6-10). Es werden wesentlich mehr unterschiedliche Werkstüke in sehr kleinen Losgrößen gefertigt als auf den FFS des FFS-Typs I. Es handelt sich hierbei wie bei Typ I um kleinere FFS mit durchschnittlich 2 - 3 Maschinen, meist mit einstufiger Bearbeitung auf sich ersetzenden Bearbeitungszentren. Das zu verwaltende Datenvolumen für die umfassende Beschreibung der benötigten Werkstücke, Werkzeuge, Vorrichtungen, NC-Programme usw. ist aus den oben genannten Gründen groß. Durch die inhomogene Fertigung müssen häufiger Planungs- und Steuerungsvorgänge ausgeführt werden.

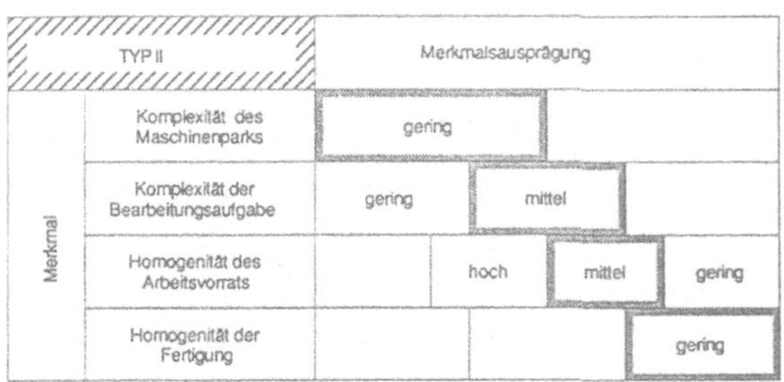

<u>Abb. 6-10</u>:   Darstellung des FFS-Typ II

Der **Typ III** (Abbildung 6-11) zeichnet sich zusätzlich durch eine hohe Komplexität der Bearbeitungsaufgabe aus. Es handelt sich bei diesem Typ ebenfalls umKlein-FFS mit durchschnittlich 2 - 3 Werkzeugmaschinen. Je nach Fertigungsphilosophie ist die Struktur der FFS durch sich ersetzende und/oder ergänzende Bearbeitungszentren geprägt. Es ist sowohl eine einstufige als auch eine mehrstufige Fertigung möglich. Der Planungs- und Steuerungsaufwand ist aufgrund der sehr komplexen Bearbeitung (große Anzahl der Werkzeuge pro Aufspannung und große Anzahl der Aufspannungen zur Fertigbearbeitung) nochmals erhöht. Die hohe Komplexität der Bearbeitungsaufgabe führt zu häufigen Werkzeugwechseln, einer hohen Zahl der Transportvorgänge und vielen Umspannvorgängen.

Eine hohe Komplexität des Maschinenparks in Verbindung mit einer hohen Homogenität der Fertigung kennzeichnet den **Typ IV** (Abbildung 6-12). Im

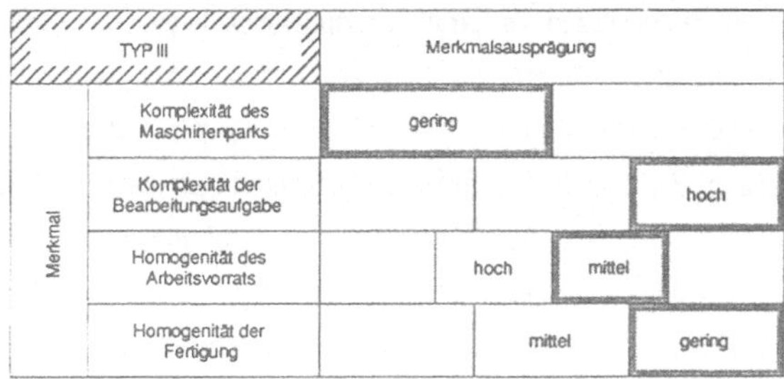

Abb. 6-11:   Darstellung des FFS-Typs III

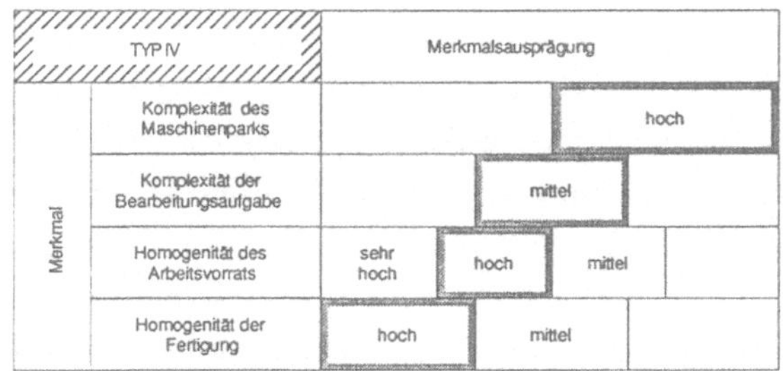

Abb. 6-12:   Darstellung des FFS-Typs IV

Vergleich zu den Typen I, II und III ist die Zahl der im FFS eingesetzten Maschinen wesentlich größer. Der Durchschnitt liegt bei ca. 9 Maschinen, wobei meist unterschiedliche Maschinentypen zum Einsatz kommen. Es finden sowohl einstufige als auch mehrstufige Bearbeitungen statt. Durch die Fertigung eines geringen Teilespektrums, das mit einer hohen Wiederholhäufigkeit gefertigt wird, ergibt sich die hohe Homogenität der Fertigung. Die hohe bis sehr hohe Homogenität des Arbeitsvorrates resultiert zum einen aus sehr großen Losgrößen und der damit verbundenen hohen Anzahl an Palettenspielen pro Auftrag und zum anderen aus den langen Bearbeitungszeiten der Palettenspiele. Die hohe Komplexität des Maschinenparks führt zu einem erhöhten Planungsaufwand bei der Maschinenbelegung.

Die FFS des Typs IV werden vor allem in der Großserienfertigung eingesetzt (z.B. Automobilindustrie). Ziel des Einsatzes dieses FFS-Typs ist neben einer wirtschaftlichen Variantenfertigung vor allem die Sicherung der langfristigen Flexibilität. Bei Verbesserungen und Änderungen der zu fertigenden Produktfamilie wird so eine schnelle Aufnahme dieser Produktion ohne allzu großen Aufwand gewährleistet. Bei den bisher eingesetzten "starren" Produktionsanlagen der Großserienfertigung (z.B. Transferstraßen) führen auch schon geringe Änderungen des Werkstückspektrums oft zu einer kompletten Umstrukturierung der Anlage.

Typ V (Abbildung 6-13) stellt die größten Anforderungen an die PPS. Charakteristisch ist die hohe Komplexität des Maschinenparks verbunden mit einer geringen Homogenität der Fertigung. Bei den FFS diesen Typs handelt es sich um sehr komplexe FFS mit im Durchschnitt 7 Werkzeugmaschinen in unterschiedlichen Ausführungsformen. Die Bearbeitung erfolgt sowohl einstufig als auch mehrstufig. Eine hohe Zahl unterschiedlicher Werkstücke, die mit einer geringen Wiederholhäufigkeit gefertigt werden, führt zu einer geringen Homogenität der Fertigung. Es werden sowohl große als auch kleine Losgrößen gefertigt. Die oben beschriebenen Merkmalsausprägungen sind die Ursache für einen sehr hohen Planungs- und Steuerungsaufwand bei der Werkstattauftragsabwicklung mit FFS diesen Typs. Der Typ V stellt erhebliche Anforderungen an die organisatorische Integration in den betrieblichen Informationsfluß der PPS. Das große Spektrum der zu fertigenden Werkstattaufträge (Einzelteile bis hin zur Serienfertigung) mit komplexen Zusammenhängen (mehrstufige Fertigung auf vielen Maschinentypen) erfordert eine hohe Flexibilität und einen großen Aufwand für die Werkstattsteuerung.

TYP V	Merkmalsausprägung		
Komplexität des Maschinenparks			hoch
Komplexität der Bearbeitungsaufgabe		mittel	hoch
Homogenität des Arbeitsvorrats	hoch	mittel	gering
Homogenität der Fertigung		mittel	gering

Abb. 6-13:   Darstellung des FFS-Typs V

Zur weiteren Charakterisierung der FFS-Anwendungstypen können aufgrund der durchgeführten Breitenerhebung sogenannte typbeschreibende Merkmale herangezogen werden (vgl. Anhang B1). Die Verwendung dieser typbeschreibenden Merkmale ermöglicht es, die typspezifisch zu formulierenden Anforderungen weiter zu detaillieren und so zu aussagekräftigen Gestaltungsvorschlägen als Ergebnis zu gelangen.

Typbeschreibendes Merkmal "Werkzeuge im FFS"

Die Anzahl der zu verwaltenden Werkzeuge eines FFS hat Auswirkungen auf das zu verwaltende Datenvolumen und den Aufwand zur Durchführung der Verfügbarkeitsprüfungen. Aus Abbildung 6-14 ist zu entnehmen, daß die Anzahl der zu verwaltenden Werkzeuge nicht nur von der Anzahl der Werkzeugmaschinen im FFS abhängig ist. Es ist zu erkennen, daß sowohl bei den FFS mit geringer Komplexität des Maschinenparks als auch bei den FFS mit einer hohen Komplexität des Maschinenparks bei den FFS-Typen eine höhere Anzahl von Werkzeugen zu verwalten ist, die eine geringe Homogenität der Fertigung besitzen.

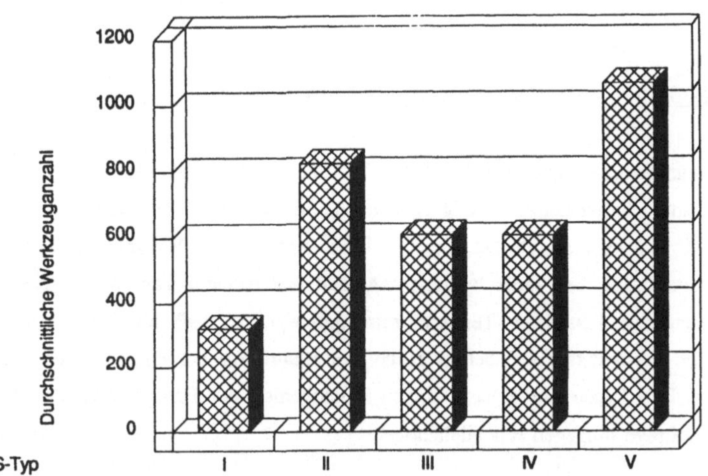

Abb. 6-14:   Anzahl der zu verwaltenden Werkzeuge der FFS-Typen

Typbeschreibendes Merkmal "Eilaufträge"

Eilaufträge (Abbilung 6-15) stellen ein Problemfeld für die Werkstattsteuerung dar (vgl. HACKSTEIN 1989, S.231). Sie werden sehr kurzfristig und häufig unter Umgehung der vorgelagerten Planungsfunktionen des PPS-Systems ausgelöst. In der Regel führt die daraus resultierende Neu- bzw. Umplanung zu Terminverzügen und zu Rückstellungen der bereits eingeplanten fest terminierten Werkstattaufträge. Schon bei einer geringen Häufigkeit führen sie zu erheblichen Störungen des

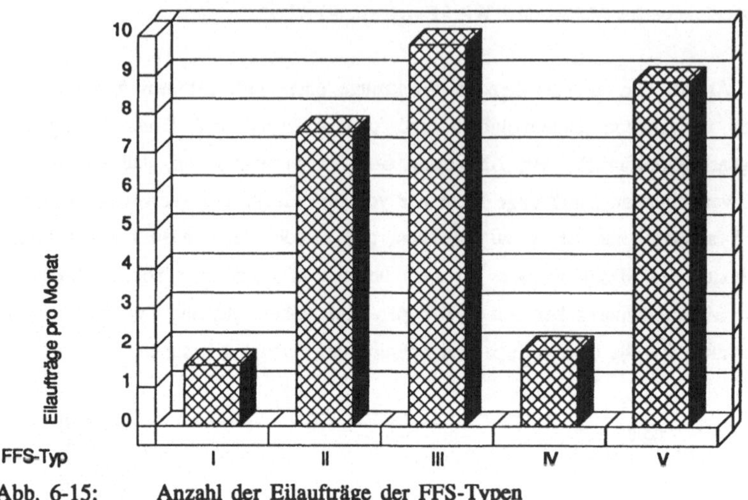

<u>Abb. 6-15</u>:   Anzahl der Eilaufträge der FFS-Typen

Fertigungsablaufes (vgl. FÖRSTER/HIRT 1988, S.58). Bei den FFS mit einer hohen Homogenität der Fertigung ist auch die Anzahl der Eilaufträge gering (FFS-Typen I und IV). Durch die ohnehin hohe Anzahl der Wiederholhäufigkeit der Werkstattaufträge bei einer geringen Anzahl unterschiedlicher Werkstücke wird permanent das komplette Teilespektrum gefertigt, so daß kurzfristig aus dem laufenden Fertigungsprozeß heraus eilige Kundenaufträge befriedigt werden können. Bei den FFS-Typen mit einer geringen Homogenität der Fertigung ist die Anzahl der Eilaufträge hingegen erheblich höher.

Typbeschreibendes Merkmal "Einfahraufträge"

Voraussetzung für einen weitgehend bedienerarmen oder bedienerlosen Automatikbetrieb eines FFS ist, daß alle Komponenten zur Bearbeitung der Aufträge, z.B. NC-Programme, Werkzeuge, Rohteile ausgetestet d.h. "eingefahren" sind. Einfahraufträge (Abbildung 6-16) können vorliegen, wenn ein "neues" Werkstück zu fertigen ist, aber auch wenn Änderungen an einer Komponente (z.B. NC-Programm oder Vorrichtung) durchgeführt werden oder wenn eine neue Materialbelieferung (z.B. Gußrohling => Kernversatz) zur Bearbeitung ansteht. Das Austesten bzw. Einfahren solcher Aufträge erfordert die Kontrolle bzw. das manuelle Eingreifen des Bedienpersonals. Die Programmlaufzeit des NC-Programms verlängert sich, wenn nur mit reduzierten Vorschüben in der Einfahrzeit bearbeitet werden kann

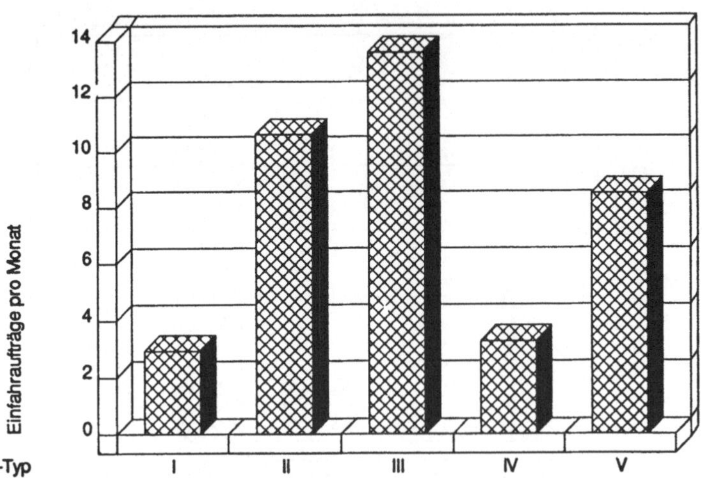

<u>Abb. 6-16</u>:   Anzahl der Einfahraufträge bei den FFS-Typen

und eventuell Änderungen vorgenommen werden müssen. Aus den oben genannten Gründen müssen Einfahraufträge im Rahmen der Einplanung von Werkstattaufträgen separat berücksichtigt werden. Bei den FFS-Typen, mit denen nur wenige unterschiedliche Teile gefertigt werden, ist auch eine geringe Anzahl von Einfahraufträgen zu verzeichnen. Bei den inhomogenen FFS-Typen II, III und V ist aufgrund des häufig wechselnden Teilespektrums eine wesentlich höhere Anzahl von Einfahraufträgen abzuwickeln.

Typbeschreibendes Merkmal "Losgröße"

Bei der Analyse der Losgröße läßt sich ein deutlicher Unterschied zwischen den FFS-Typen mit einer hohen Homogenität der Fertigung (FFS-Typen I und IV) und den FFS-Typen mit einer geringen Homogenität herausarbeiten. Aus der Abbildung 6-17 ist zu erkennen, daß bei den "homogenen" FFS-Typen deutlich höhere Losgrößen gefertigt werden, als bei den "inhomogenen" FFS-Typen. Die sehr hohe durchschnittliche Losgröße des FFS-Typs IV charakterisiert diesen Typ noch einmal deutlich als Großserienfertiger.

Die vorgestellten fünf minimaldimensionalen FFS-Anwendungstypen, die sachlogisch hergeleitet und empirisch verifiziert wurden, ermöglichen es dem Anwender, seinen FFS-Anwendungsfall eindeutig einem FFS-Anwendungstyp zuzuordnen. Zur Unterstützung oder in Zweifelsfällen können die vier typbeschreibenden Merkmale

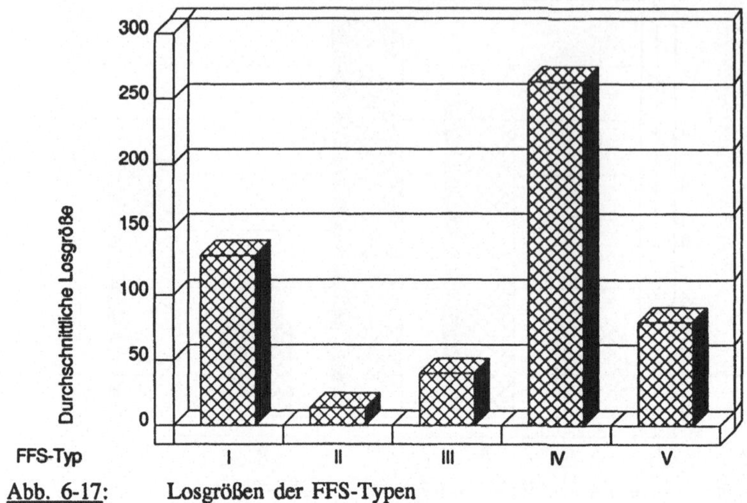

<u>Abb. 6-17</u>:   Losgrößen der FFS-Typen

mit zu dieser Zuordnung herangezogen werden. Die vorgestellte Typologie bildet
die empirische Grundlage für die typspezifische Ermittlung von Anforderungsprofilen und Gestaltungsvorschlägen an die PPS.

7. Ableitung von Anforderungen an die Gestaltung einer FFS-gerechten PPS

Als Voraussetzung für die optimale Gestaltung einer FFS-gerechten PPS sind zunächst Anforderungen zu formulieren. Diese Anforderungen müssen auch die Randbedingungen des FFS-Einsatzes berücksichtigen, z.B. die Gegebenheiten des FFS-Einsatzes in einer überwiegend konventionellen Fertigung. Sie ergeben sich einerseits aus den auftretenden Problemen beim Einsatz von FFS, wie sie im Rahmen der schriftlichen Breitenerhebung erfaßt wurden, andererseits aus diversen FFS-Anwenderkontakten, Betriebsuntersuchungen, Expertengesprächen und vor dem Horizont bereits vorhandenen Wissens (vgl. FÖRSTER/HIRT 1988). Durch die Berücksichtigung dieser Quellen kann eine hohe Praxisrelevanz erreicht werden.

Es werden einerseits Anforderungen beschrieben, die für alle FFS gleichermaßen zutreffend sind. Diese nicht anwendungstyp-spezifischen Anforderungen bilden quasi das Gerüst für die Gestaltung der FFS-gerechten PPS. Andererseits sind eine Reihe von Anforderungen in ihrem Gewicht bzw. ihrer Bedeutung von FFS-Typ zu FFS-Typ unterschiedlich. Die Kriterien, die die Ausprägung der Anforderungen und die Auswirkungen beeinflussen, werden verbal erläutert und detailliert dargestellt.

7.1 Technisch-organisatorische Anforderungen

7.1.1 Anforderungen an die Gestaltung des fertigungstechnischen Umfeldes

Die Analyse der Probleme beim Einsatz von FFS zeigt, daß ein reibungsloser und optimaler Ablauf der Abwicklung von Werkstattaufträgen mit FFS ohne die entsprechende Gestaltung des fertigungstechnischen Umfeldes nicht möglich ist. Um Gestaltungsvorschläge formulieren zu können, muß in einem ersten Schritt festgelegt werden, welchen Anforderungen genügt werden muß. Es sind Anforderungen abzuleiten, die über die Systemgrenzen des FFS hinausgehen und die Arbeitsabläufe in den betreffenden Bereichen des Unternehmens nachhaltig beeinflussen.

Die Auswahl des FFS-geeigneten Teilespektrums unter Berücksichtigung konstruktiver und werkstofftechnischer Anforderungen ist die Grundlage für einen erfolgreichen Einsatz des FFS. Eine automatisierungsgerechte Konstruktion ist bereits im Vorfeld der Werkstattauftragsabwicklung Voraussetzung, um den

Planungs- und Steuerungsaufwand zu minimieren. Durch Standardisierung (z.B. von Bohrungen, Gewinden und Spannflächen) kann die Zahl der zur Bearbeitung notwendigen Werkzeuge und Vorrichtungen gesenkt werden.

Die automatisierungsgerechte Konstruktion sollte es ermöglichen, daß die Komplettbearbeitung der meist komplexen, qualitativ hochwertigen Werkstücke in möglichst wenigen Aufspannungen weitgehend im FFS erfolgen kann. Dadurch können Rüst-, Spann- und Transportvorgänge vermieden und so die Durchlaufzeit verkürzt werden. Wenn die Komplettbearbeitung nicht möglich ist, ist langfristig zu überlegen, ob nicht entsprechende Maschinen (z.B. zum Entgraten oder Polieren) mit dem FFS in eine Fertigungsinsel integriert werden. Die FFS-gerechte Werkstoffauswahl hilft, eine Reihe von technisch bedingten Störungen zu vermeiden. Werkstoffe mit einer günstigen Spanbildung führen seltener zu Maschinenstillständen und sind für den bedienerlosen Betrieb zu bevorzugen.

Die Optimierung prozeßtechnischer Kenndaten (z.B. Schnitt- und Vorschubgeschwindigkeit) unterliegt bei FFS anderen Gesichtspunkten als bei der konventionellen Fertigung. Die Sicherung einer hohen Verfügbarkeit der Anlage steht dabei im Vordergrund. Für den bedienerlosen Automatikbetrieb ist ein störungsfreier Ablauf des Fertigungsprozesses einer schnellen, jedoch störungsanfälligeren Bearbeitung vorzuziehen. Ein Beispiel hierfür ist die günstigere Spanbildung und die geringere Gefahr eines Werkzeugbruchs bei niedrigeren Schnitt- und Vorschubgeschwindigkeiten.

Für eine anforderungsgerechte Bereitstellung von Paletten und Vorrichtungen ist nicht nur der Zeitpunkt der Bereitstellung und die Anzahl dieser Fertigungsmittel optimal zu bestimmen. Auch die Frage, ob die Vorrichtungen aus Baukastensystemen auftragsspezifisch zusammengebaut werden oder ob Spezialvorrichtungen anzufertigen sind, ist in Abhängigkeit von der Homogenität des Arbeitsvorrates und der Homogenität der Fertigung zu klären.

Zur Versorgung des FFS mit Werkzeugen ist ein entsprechendes "Tool-Management" notwendig, um Stillstandszeiten aufgrund von Werkzeugmangel zu minimieren. Die bedarfsgerechte Bereitstellung umfaßt neben den direkt benötigten Werkzeugen auch eine ausreichende Anzahl von Schwesterwerkzeugen für die Werkzeuge, die häufig im Einsatz sind. Bei größeren Losgrößen und geforderten minimalen Durchlaufzeiten kann es sinnvoll sein, gleiche Werkstücke parallel im FFS auf unterschiedlichen Werkzeugmaschinen zu fertigen. Dies setzt die Anschaffung eines

"Schwesterwerkzeugsatzes" für alle benötigten Werkzeuge dieser Werkstücke zur Erhaltung dieses hohen Flexibilitätsniveaus voraus.

Eine flexible und entsprechend qualifizierte Instandhaltungsabteilung ist ein wesentlicher Faktor zur Sicherstellung einer hohen Verfügbarkeit und Flexibilität des FFS. Dazu gehört neben der Gewährleistung eines Bereitschaftsdienstes für alle Schichten, in denen das FFS betrieben wird, auch die Fähigkeit zur flexiblen Leistung von Wartungs- und Instandhaltungsarbeiten zu den Zeiten, in denen das FFS stillsteht. Als Beispiel sei hier die Durchführung routinemäßiger Inspektionen an Brückentagen oder an Wochenenden genannt.

Eine hohe Verfügbarkeit und Auslastung des FFS ist nur durch einen möglichst störungsarmen Betrieb möglich. Ein störungsfreier Betrieb von FFS ist aufgrund der komplexen Struktur von FFS Wunschdenken und nicht realisierbar. Da auch in Zukunft mit dem Auftreten von Störungen zu rechnen ist, kommt der frühzeitigen Störungserkennung, dem schnellen Beheben von eingetretenen Störungen und der Umgehung gestörter FFS-Komponenten eine hohe Bedeutung zu. Ein systematisches und routinemäßiges Vorgehen, sowohl bei der Analyse aufgetretener Störungen als auch bei der EDV-technischen Realisierung funktionsfähiger Notstrategien zur kurzfristigen Begegnung von Störungen, stellt eine wesentliche Voraussetzung dar, um den durch Störungen eintretenden Nutzungsausfall möglichst gering zu halten.

Grundsätzlich ist festzuhalten, daß jede Störung des Fertigungsablaufes einer zentralen Stelle, in der Regel dem Systemrechner des FFS, gemeldet werden und auch angezeigt werden muß. Die Anzeige erfolgt in der Regel auf dem Bildschirm des Bedienterminals. Kann eine Störung nicht innerhalb einer bestimmten Frist behoben werden, ist auf der einen Seite mit problematischen Terminverzügen zu rechnen, auf der anderen Seite müssen Umplanungen von Aufträgen auf andere Produktionseinrichtungen (z.B. FFS oder konventionelle Bearbeitung) vorgenommen werden. Damit die Einlastung der umzuplanenden Aufträge möglichst frühzeitig vorgenommen werden kann, ist eine rechtzeitige Störungsmeldung an die mit der Kapazitätsabstimmung (grob) beauftragten Bereiche vorzunehmen.

Die durch die Maschinendatenerfassung erhobenen Störungsdaten müssen zu einer kontinuierlichen Erstellung von Störungsprotokollen führen. Nur so kann sichergestellt werden, daß alle im FFS aufgetretenen Störungen erfaßt und analysiert werden (vgl. BRANKAMP/PAUL 1986, S.297ff.). Die regelmäßige Auswertung der Störungsprotokolle kann durch das Diagnosesystem erfolgen oder unterstützt werden. Systematisch wiederkehrende Fehler lassen sich frühzeitig erkennen. Durch geeignete Maßnahmen können sie entweder verhindert werden oder aber die daraus resultierenden Schäden minimiert werden. Beispielsweise kann bei der Überschreitung vorgegebener Verschleißmarken (z.B. der Führungsbahnen) rechtzeitig die Instandhaltungsabteilung informiert werden. Diese kann daraufhin die notwendigen Maßnahmen zeitgerecht so planen, daß die notwendigen Aktivitäten in Perioden fallen, in denen das FFS ohnehin planmäßig stillsteht (z.B. an Wochenenden oder Brückentagen). Abbildung 7-1 faßt die Anforderungen zusammen.

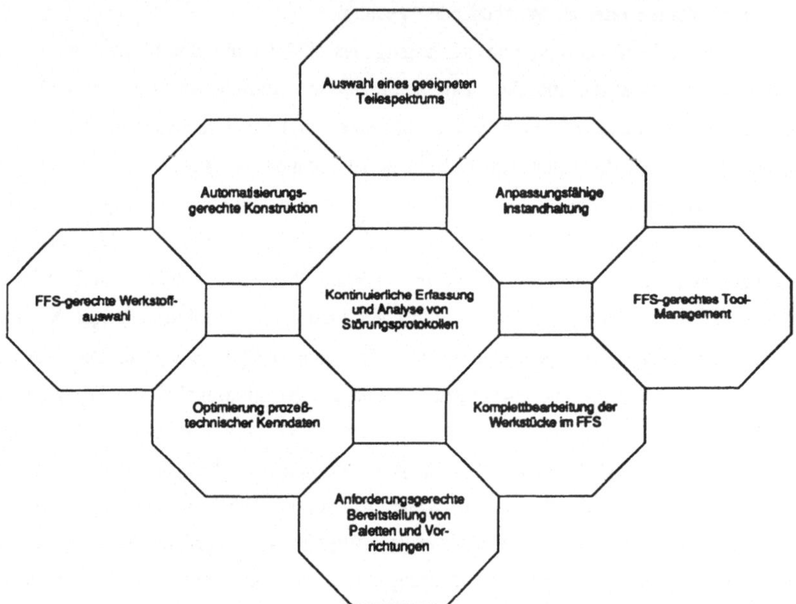

Abb. 7-1: Anforderungen an die Gestaltung des fertigungstechnischen Umfeldes von FFS

7.1.2 Anforderungen an die Gestaltung des bedienerlosen Automatikbetriebes

Durch Nutzung des bedienerlosen Automatikbetriebes ergibt sich die Möglichkeit, Werkstücke in einem Zeitraum zu fertigen, in dem kein Personal zur Überwachung und Bedienung anwesend ist. Solche Nutzungspotentiale sind der Pausenbetrieb, der bedienerlose Nachtschichtbetrieb und der Abschaltbetrieb z.B. an den

Wochenenden. Zur Durchführung des bedienerlosen Automatikbetriebes sind Anforderungen zu beachten, die zur erfolgreichen Nutzung dieses Kapazitätspotentials entscheidend beitragen.

Grundsätzlich sollen nur erfahrungsgemäß "unkritische" Teile für den bedienerlosen Automatikbetrieb vorgesehen werden. Das Kriterium "unkritisch" bezieht sich dabei z.B. auf die Zerspanungsbedingungen, die Transportabläufe und die Qualitätsanforderungen.

Bei der Einplanung der Werkstattaufträge für den bedienerlosen Automatikbetrieb ist zu beachten, daß keine manuellen Tätigkeiten ausgeführt werden können, da das Personal für diese Tätigkeiten nicht vorhanden ist. Dazu gehört auch, daß während des Automatikbetriebes nicht kurzfristig Einfahr- oder Eilaufträge abgewickelt werden können. Die einzuplanenden Aufträge sind (z.B. anhand der NC-Programme) daraufhin zu überprüfen, ob im Verlauf des Fertigungsprozesses

- manuelles Umspannen,
- manuelles Messen mit anschließender Eingabe von Korrekturdaten oder
- manuelle Ver- und Entsorgung von Fertigungsmitteln oder Fertigungshilfsmitteln

erfolgen muß. Diese Kriterien schränken das mögliche Teilespektrum für den bedienerlosen Automatikbetrieb ein. Da z.B. keine manuellen Meßstops durchgeführt werden können, ist bei der Auswahl des Werkstückspektrums für den bedienerlosen Automatikbetrieb das Qualitätsniveau zu beachten.

Der Einsatz automatisch abrufbarer Alternativarbeitsgänge und Notstrategien ermöglicht bei Störungen einzelner FFS-Komponenten das automatische Weiterlaufen der ungestörten Systemkomponenten. Beispiele geeigneter Notstrategien sind das Verlagern von Aufträgen auf andere Werkzeugmaschinen bei Störung einer Werkzeugmaschine (bei FFS mit sich ersetzender Systemstruktur) oder das automatische Abbrechen nicht bearbeitbarer Aufträge (z.B. bei Werkzeugbruch) sowie Starten und Durchführen anderer, mit den vorhandenen Ressourcen durchführbarer, Aufträge. Dies bedingt die systemseitige Verwaltung von Alternativarbeitsgängen und Notstrategien.

Zur Vermeidung eines Werkzeugmangels während des bedienerlosen Automatikbetriebs ist die Sicherstellung ausreichender Standzeiten der eingesetzten Werkzeuge erforderlich. Bei Bedarf ist ein ausreichender Vorrat an Schwesterwerkzeugen vorzusehen.

Der Arbeitsvorrat des FFS muß den Anforderungen des bedienerlosen Automatikbetriebes genügen. Es ist darauf zu achten, daß bei der Planung der Aufträge für den bedienerlosen Automatikbetrieb möglichst wenig Auftragswechsel und die damit verbundenen störungsanfälligen Vorgänge wie Austausch der Werkzeugsätze anfallen. Zudem muß eine ausreichende Kapazität an Bearbeitungszeit zur Verfügung gestellt werden, d.h. es müssen genügend Werkstücke mit einer der Kapazität des FFS entsprechenden Bearbeitungszeit vorgespannt werden. Dabei eignen sich sogenannte "Langläufer", d.h. Werkstücke mit einer sehr langen Bearbeitungszeit besonders für einen bedienerlosen Automatikbetrieb. Die zur Verfügung gestellte Kapazität an aufgespannten Werkstücken sollte nach Möglichkeit sogar über den Zeitraum des bedienerlosen Automatikbetriebes hinausreichen. So kann das FFS weiterlaufen, während das Personal der nächsten bedienten Schicht damit beschäftigt ist, die fertig bearbeiteten Werkstücke abzuspannen und neue Werkstücke in das FFS einzuschleusen.

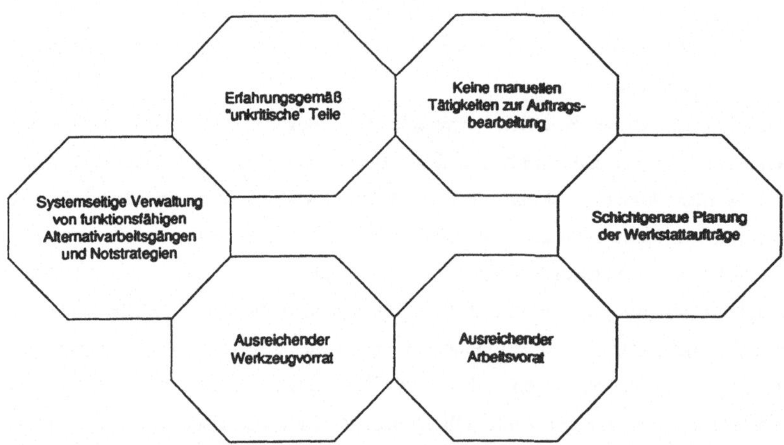

<u>Abb. 7-2:</u>   Anforderungen an die Gestaltung des bedienerlosen Automatikbetriebes

Die genannten Anforderungen verdeutlichen die Notwendigkeit einer schichtgenauen Planung der Werkstattaufträge für das FFS (vgl. FÖRSTER/HIRT 1988, S.76). Diese hat sich an den Anforderungen, die durch den bedienerlosen Automatikbetrieb gestellt werden, zu orientieren. Es sollen alle Aufträge, die ein manuelles Eingreifen erfordern oder die für einen bedienerlosen Betrieb kritisch sind, in die bedienten Schichten des FFS eingeplant werden. In Abbildung 7-2 sind die

Anforderungen zusammengestellt, die sich aus dem bedienerlosen Automatikbetrieb von FFS ergeben.

7.2 Funktionale Anforderungen an die Planung und Steuerung von FFS

Grundlage für die weitgehende Integration des FFS in den betrieblichen Informationsfluß der PPS ist die Schaffung eines entsprechenden PPS-Konzeptes. In diesem Kapitel sollen einige grundlegenden Anforderungen zusammengestellt werden, die bei der Konzeption der PPS und hier besonders beim Aufbau der Werkstattsteuerung berücksichtigt werden müssen, um die Möglichkeiten der flexiblen Automatisierung nutzen zu können.

7.2.1 Anforderungen an ein PPS-Konzept für die flexible Fertigung

Das durch FFS gegebene Flexibilitätspotential ist dadurch gekennzeichnet, daß bei entsprechenden Randbedingungen mit nur geringem technischen Aufwand schnell Auftragswechsel vorgenommen werden können. Es besteht z.B. die Möglichkeit, ohne großen Produktivitätsverlust Eilaufträge zu fertigen. Um dieses Potential ausnutzen zu können, ist die PPS so zu gestalten, daß nur kurze Reaktionszeiten zur Durchsetzung von Werkstattaufträgen anfallen. Kurze Reaktionszeiten sind auch bei der Verarbeitung von Störungen notwendig, um die Folgewirkungen möglichst gering zu halten.

Bei der Werkstattauftragsabwicklung mit FFS handelt es sich um einen diskontinuierlichen Prozeß. Die Planung und Steuerung solcher Prozesse hängt entscheidend von ihrer Überschaubarkeit ab (vgl. MERTINS 1987, S.10). Daraus resultiert, daß das Informationsangebot an die an der Planung und Steuerung beteiligten Stellen dem dort anzutreffenden Informationsbedarf entsprechen muß. Aus Gründen der Überschaubarkeit ist dabei ein möglichst geringer Umfang des Informationsangebots mit einer hohen Qualität der Informationen anzustreben. Die zur Verfügung gestellten Informationen müssen aufbereitet einen entsprechenden Detaillierungsgrad besitzen und dem aktuellen Stand entsprechen (Abbildung 7-3).

Bei der Planung und Steuerung der Werkstattaufträge ist ein ausreichender Spielraum für manuelle Eingriffe vorzusehen. So muß dem FFS-Personal die Möglichkeit gegeben werden, ein Werkstück kurzfristig in das FFS einzuschleusen. Dies ist z.B. erforderlich, wenn bei einer Qualitätskontrolle des gespannten

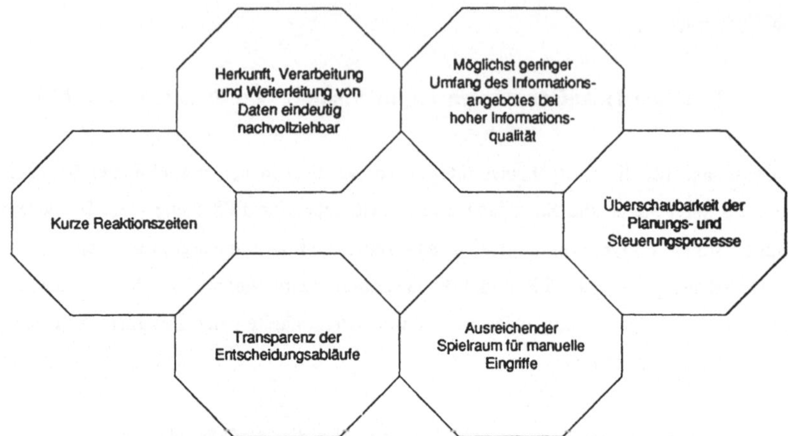

Abb. 7-3:   Anforderungen an ein PPS-Konzept für die flexible Automatisierung

Werkstückes Abweichungen festgestellt werden, die nach Eingabe von Korrekturwerten durch kurzfristiges Bearbeiten behoben werden können, oder wenn Eilaufträge zu fertigen sind.

Das PPS-Konzept muß so aufgebaut sein, daß die Herkunft der Daten, die Verarbeitung und die Weiterleitung eindeutig nachvollziehbar ist. Nur so ist bei auftretenden Fehlern eine Korrektur an der Fehlerquelle möglich. Die Transparenz von Entscheidungsabläufen ist ein weiterer Gesichtspunkt bei der Gestaltung des PPS-Konzeptes. Getroffene Entscheidungen, z.B. über die Freigabe von Werkstattaufträgen müssen eindeutig zurückverfolgt werden können. Ein anonymer Ablauf des Entscheidungsprozesses ist weitgehend zu vermeiden.

7.2.2 Anforderungen an den Funktionskomplex "Planung von Werkstattaufträgen"

Es ist sinnvoll, den Funktionskomplex "Planung von Werkstattaufträgen" in mehrere Teilfunktionen zu gliedern, deren Ausführung für eine reibungslose Auftragsabwicklung notwendig ist. Zunächst ist eine Auswahl der in der Fertigung benötigten Werkstattaufträge im Hinblick auf die Termineinhaltung vorzunehmen. Dazu muß eine Reihenfolge der Werkstattaufträge nach bestimmten Kriterien gebildet werden. Diese Kriterien beziehen sich in der Regel auf die in der zentralen PPS festgelegten Terminanforderungen (frühester Starttermin oder spätester Fertigstellungstermin). Der Aufwand bei dieser Reihenfolgeplanung (grob) ist abhängig von der Anzahl der zu berücksichtigenden Werkstattaufträge pro Zeiteinheit und damit von der Homogenität der Fertigung.

Bei der Planung der Werkstattaufträge soll außer den Terminanforderungen auch die Auftragssituation der vor- und nachgelagerten Bereichen berücksichtigt werden. Dies gibt die Möglichkeit, frühzeitig auf bereits bearbeitete Werkstattaufträge des Vorgängerarbeitsplatzes zu reagieren. So können z.B. aufwendige Umrüstvorgänge vermieden werden, wenn rechtzeitig Aufträge bekannt werden, die die zu diesem Zeitpunkt gerüstete Palette benötigen. Bei Kapazitätsengpässen eines nachgelagerten Arbeitsplatzes kann die Bearbeitung eines Werkstattauftrags zurückgestellt und erst ein anderer nicht über diesen Folgearbeitsplatz laufender Werkstattauftrag gefertigt werden. So kann die Wertschöpfung am Werkstück möglichst spät erfolgen.

Für die Verteilung der Aufträge auf die einzelnen FFS muß eine Kapazitätsabstimmung (grob) stattfinden. Dabei soll festgestellt werden, inwieweit die FFS innerhalb des Planungszeitraums mit Aufträgen belegt sind und neue Werkstattaufträge eingelastet werden können. Dies ist erforderlich, um eine gleichmäßige Auslastung der einzelnen Kostenstellen (FFS und konventionelle Bearbeitungsstationen) zu erreichen und um frühzeitig Maßnahmen bei Kapazitäts- bzw. Terminproblemen ergreifen zu können. Der Aufwand hierfür ist von der Anzahl der in der Fertigung vorhandenen Kostenstellen und der Anzahl der Werkstattaufträge abhängig.

Zur Vermeidung von Maschinenstillständen aufgrund von Werkstückmangel ist vor der Übergabe eines Werkstattauftrags an ein FFS eine buchmäßige Materialverfügbarkeitsprüfung sinnvoll. Anhand der Materialdaten kann überprüft werden, ob das erforderliche Material im Lager vorhanden ist, oder ob die Lieferung rechtzeitig erfolgen kann. Mit der Anzahl der zu verplanenden Werkstattaufträge steigt der Aufwand für die Verfügbarkeitsprüfung.

Neben dem Material sollen auch die Fertigungshilfsmittel (FHM) auf ihre Verfügbarkeit hin überprüft werden. Dabei ist anhand von entsprechenden Unterlagen die prinzipielle Existenz und der prognostizierte derzeitige Verweilort der betreffenden FHM festzustellen. Der Aufwand ist zum einen von der Anzahl der Werkstattaufträge und zum anderen von der Anzahl der Aufspannungen und den dazu benötigten FHM abhängig. Somit steigt hierbei der Aufwand mit höherer

Komplexität der Bearbeitungsaufgabe und geringerer Homogenität des Arbeitsvorrats.

Ein Werkstattauftrag als Planungseinheit für eine Reihenfolgeplanung im Rahmen der Werkstattsteuerung von FFS besitzt einen unzureichenden Detaillierungsgrad. Aufgrund des technisch möglichen rüstzeitfreien Auftragswechsels kann es sinnvoll sein, einen Werkstattauftrag von mehreren FFS abwickeln zu lassen, um z.B. die Durchlaufzeit entsprechend zu kürzen. Aus diesem Grund ist nach der Vergabe eines Werkstattauftrages an einen Leitstand eine Aufsplittung in Systemaufträge sinnvoll und diese bei konsequenter Weiterführung des Gedankens in Maschinenaufträge notwendig. Die Aufsplittung in Maschinenaufträge wird zudem für das Bilden des Auftragmixes benötigt (vgl. FÖRSTER/HIRT 1988, S.73f.).

Ein Maschinenauftrag umfaßt alle relevanten Daten für die Bearbeitung einer Aufspannung der Werkstücke eines Werkstückträgers auf einer Werkzeugmaschine. Dabei ist die Berücksichtigung von kombinierten Aufspannungen (Aufspannungen mit mehreren Werkstücken, die unterschiedlich bearbeitet werden) und der Anzahl der Werkstücke pro Palette notwendig. Der Aufwand für das Splitten von Werkstattaufträgen in Maschinenaufträge (im folgenden Maschinenauftragsbildung genannt) steigt zum einen mit der Zahl der zu planenden Werkstattaufträge pro Zeit und zum anderen mit der Anzahl der Aufspannungen pro Werkstück und der Anzahl der Bearbeitungen pro Aufspannung. Auch hier haben die Merkmale Homogenität des Arbeitsvorrats und die Komplexität der Bearbeitungsaufgabe Einfluß (Abbildung 7-4).

Die optimale Auslastung des FFS erfordert nicht nur die buchmäßige Verfügbarkeitsprüfung der Fertigungshilfsmittel, sondern auch die Berücksichtigung der Belegungszeiten der einzelnen Fertigungshilfsmittel. Dazu sind Listen oder Dateien zu führen, aus denen die Reservierungszeiten durch bereits geplante Maschinenaufträge hervorgehen, so daß Maschinenstillstände aufgrund von Doppelbelegungen der FHM vermieden werden. Diese Methode erübrigt eine in der Fachliteratur oft geforderte Simulation des Fertigungsablaufs. Bei Werkzeugen sind Angaben über die Reststandzeiten notwendig, die nach jedem Einsatz zu aktualisieren sind. Dadurch ist es möglich, Werkzeuge mit abgelaufener Standzeit rechtzeitig gegen neue Werkzeuge auszutauschen bzw. eine Bestückung mit neuen Schneidplatten zu veranlassen (vgl. BRANKAMP/BONGARTZ 1985, S.176f.). Die dadurch anfallenden Werkzeugausfallzeiten sind im Rahmen der Planung wie Belegungszeiten zu berücksichtigen. Der Aufwand für die Aktualisierung der Daten steigt mit der

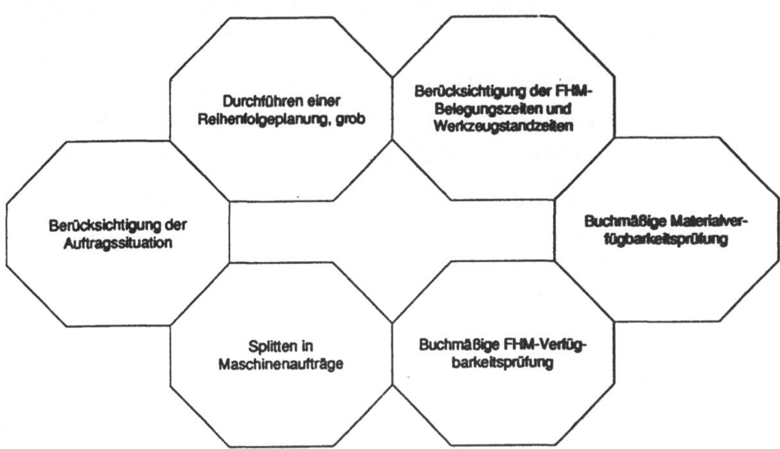

<u>Abb. 7-4:</u>   Anforderungen an den Funktionskomplex "Planung von Werkstattaufträgen"

Anzahl der Maschinenaufträge pro Zeit (Homogenität des Arbeitsvorrats) und der Anzahl der benötigten FHM pro Maschinenauftrag (Komplexität der Bearbeitungsaufgabe).

Die Planung der Maschinenauftragsreihenfolge erfordert Kriterien, nach denen der jeweils nächste Maschinenauftrag für eine Werkzeugmaschine ausgesucht wird. Dabei muß die Möglichkeit gegeben sein, diese Prioritätskriterien anwendungsspezifisch auszuwählen. Während z.B. für die Serienfertiger das Kriterium "maximale Maschinenauslastung" oberste Priorität haben kann, kann für andere Anwender die "Termineinhaltung" oder die "satzweise Fertigung" wichtiger sein. Für wiederum andere Anwender kann das Kriterium "geringe Anzahl an Werkzeugwechseln" die höchste Priorität besitzen, da Kapazitätsengpässe bei der Werkzeugwechseleinheit oft Ursache für Maschinenstillstände sind. Um diesen unterschiedlichen Zielsetzungen gerecht werden zu können, sollen die einzelnen Maschinenaufträge aufgrund der Prioritätskriterien gegeneinander gewichtet werden. Da oft nur eine Kombination der oben beispielhaft genannten Prioritätskriterien zu einem anwendungsfallspezifischen Optimum führt, ist die Möglichkeit zur Kombination und Gewichtung der Prioritätskriterien erforderlich. Da bei den FFS-Typen mit inhomogener Fertigung die Werkstattaufträge ständig wechseln, ist hier die Reihenfolgeplanung nach Prioritätskriterien besonders wichtig (Typ II, III, IV), während bei den

FFS-Typen mit Serienfertigungscharakter häufig auf Erfahrungswerte zurückgegriffen werden kann.

Bei der Maschinenauftragsplanung soll die Schichteignung der Maschinenaufträge berücksichtigt werden. Dies ist besonders dann sinnvoll, wenn die einzelnen Schichten unterschiedliche Personalkapazitäten und -qualifikationen aufweisen. Aufspannungen, die sich z.B. durch lange Bearbeitungszeiten auszeichnen, können so für bedienerarme bzw. bedienerlose Schichten vorgesehen werden. Einfahraufträge verlangen den Einsatz von Personal mit NC-Programmierkenntnissen, so daß notwendige Korrekturen und Optimierungen an den NC-Programmen vorgenommen werden können. Diese Maschinenaufträge dürfen nur für Schichten verplant werden, in denen das entsprechend qualifizierte Personal anwesend ist. Da die Anzahl der Einfahraufträge pro Zeit bei FFS-Typen mit geringer Homogenität der Fertigung hoch ist, ist die Berücksichtigung der Schichteignung bei den FFS-Typen II, III und V besonders wichtig. Aber auch bei den FFS-Typen I und IV sollte die Möglichkeit zur schichtgenauen Planung gegeben sein, da bei diesen FFS-Typen der bedienerlose/-arme Automatikbetrieb nur so sinnvoll realisiert werden kann.

Die Spann- und Rüstzeiten für die einzelnen Aufspannungen sollen bei der Planung der Maschinenaufträge ebenfalls berücksichtigt werden. Besonders lange Spann- oder Rüstzeiten können zu Maschinenstillständen führen, wenn z.B. die Bearbeitungen der vorangehenden Maschinenaufträge eher abgeschlossen sind als das Aufspannen der folgenden Werkstücke. Deshalb soll in solchen Fällen zunächst ein Arbeitsvorrat im FFS geschaffen werden, um genügend Zeit für die folgenden Spanntätigkeiten zu gewährleisten. Bei Inbetriebnahme eines FFS bzw. nach einer bedienerlosen Schicht sollten zur schnellen Auslastung des FFS zunächst die Aufträge mit den kürzesten Spann- und Rüstzeiten zur Bearbeitung kommen. Da die FFS-Typen I und IV aufgrund ihres homogenen Arbeitsvorrats zur bedienerlosen Schicht geeignet sind, ist dies für sie besonders wichtig.

7.2.3 Anforderungen an den Funktionskomplex "Steuerung von Werkstattaufträgen"

Die Steuerung der Werkstattaufträge erfordert eine zeitgerechte Bereitstellung von Material, Fertigungshilfsmitteln (FHM) und NC-Programmen. Dazu sollen Meldungen an das FFS-Personal erfolgen, um die notwendigen Vorbereitungen, z.B. Montage eines Werkzeugs, einzuleiten. Der Aufwand für die Materialbereitstellung nimmt mit der Anzahl der unterschiedlichen Werkstattaufträge/Zeit und weniger mit der Losgröße zu, da die Rohteile in den meisten Fällen losweise zur Verfügung stehen. So ist bei einer geringen Homogenität des Arbeitsvorrats ein höherer Aufwand notwendig als bei einer hohen Ausprägung dieses Merkmals.

Die Zahl der Anweisungen zur FHM-Bereitstellung nimmt mit der Komplexität der Bearbeitungsaufgaben und der Abnahme der Homogenität des Arbeitsvorrats zu, weil damit die Anzahl der benötigten Werkzeuge und Vorrichtungen pro Werkstück und Zeiteinheit ansteigt. Weiterhin erhöht sich der Aufwand mit der Anzahl der Einfahraufträge. Da diese Aufträge zum ersten Mal im FFS zur Bearbeitung kommen, müssen in vielen Fällen neue Werkzeuge und Vorrichtungen montiert werden.

Zur Steuerung von Werkstattaufträgen sind Anweisungen an Transportsystem, Werkzeugwesen und NC-Programmverwaltung zu erteilen. Die Häufigkeit der Anweisungen für das Transportsystem steht in direktem Zusammenhang mit der Anzahl der aktiven Maschinenaufträge im FFS. Mit höherer Komplexität der Bearbeitungsaufgabe und geringerer Homogenität des Arbeitsvorrats nimmt der Aufwand hierfür zu. Das Werkzeugwesen und die NC-Programmverwaltung wird mit einer höheren Anzahl der unterschiedlichen Werkstücke, die auf dem FFS gefertigt werden, stärker beansprucht. Das bedeutet, daß bei geringerer Homogenität des Arbeitsvorrats und der Fertigung die Anzahl der Anweisungen steigt.

Zur Fortschrittserfassung sollen die Maschinen- und Betriebsdaten aufgenommen und an die Systemsteuerung weitergegeben werden. Die Systemsteuerung soll diese Daten auswerten und die weiteren Maßnahmen ergreifen. Dazu gehört auch die Standzeitüberwachung der Werkzeuge, die bei abgelaufener Standzeit ausgewechselt bzw. mit neuen Schneidplatten bestückt werden müssen. Die Auftragsfertigmeldungen sollen an die oberen Ebenen weitergegeben werden. Die Anzahl der zu verarbeitenden Meldungen ist direkt abhängig von der Anzahl der Palettenspiele/Zeit, da mit jedem Palettenwechsel Fertigmeldungen bzw. Aktualisierungen der Standzeiten erfolgen müssen. Bei einer geringen Homogenität des Arbeitsvorrates sind also viele Daten zu verarbeiten.

Zur Vermeidung von Maschinen- bzw. Systemstillständen aufgrund von Werkstattauftragsmangel sollen Meldungen an die zentrale PPS erfolgen, wenn der Auftragsvorrat für das FFS ein vom Anwender festzulegendes Kapazitätsniveau unterschreitet. Die zentrale PPS soll diese Meldungen verarbeiten und neue Werkstattaufträge für das FFS einlasten.

Sinnvoll ist es, die Fertigungshilfsmitteldaten bei jeder Rückmeldung aus dem System zu aktualisieren. So sind z.B. Verschiebungen bei den Belegungszeiten aufgrund von störungsbedingten Verzögerungen in den entsprechenden Dateien einzutragen, um für die FHM-Verfügbarkeitsprüfung aktuelle Daten heranziehen zu können. Der Aufwand hierfür ergibt sich aus den gleichen Gründen wie bei der Fortschrittserfassung; die Homogenität des Arbeitsvorrats ist ausschlaggebend für die Frequenz, mit der die FHM-Daten aktualisiert werden.

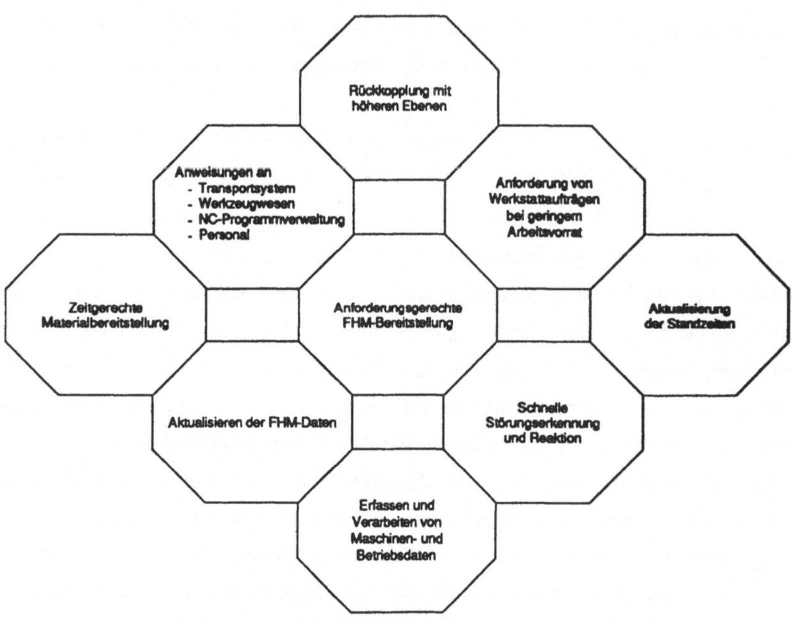

Abb. 7-5:   Anforderungen an den Funktionskomplex "Steuerung von Werkstattaufträgen"

Weiterhin ist es sinnvoll, Störungen zu erkennen und Meldungen an die entsprechenden Instanzen weiterzugeben, die dann gemäß einem geschlossenen Regelkreis in den Fertigungsablauf eingreifen. Das FFS-Personal ist sofort zu verständigen, damit es zur Störungsbehebung gegebenenfalls die notwendigen Maßnahmen ergreifen kann. Bei schweren Störungen sind Rückkopplungen mit den übergeordneten Ebenen sinnvoll. Dazu sind Planungsabweichungen bei Überschreitung gewisser Grenzen in Form von Störungsdaten weiterzugegeben (Abbildung 7-5).

7.3   Informationstechnische Anforderungen

7.3.1   Anforderungen an die EDV-technische Realisierung

Die rechnerunterstützte PPS für FFS erfordert die elektronische Bereitstellung aller notwendigen Daten, wie Arbeitsplan, Fertigungshilfsmitteldaten, NC-Programme und Materialverfügbarkeiten. Dabei sind diese Daten EDV-gerecht aufzuarbeiten, d.h. sie sind so zu strukturieren, daß im Rahmen der Verarbeitung möglichst wenig Zugriffe auf unterschiedliche Dateien für eine vollständige Informationserfassung durchzuführen sind. Dies gilt nicht nur für sequentielle Dateien, sondern umfaßt auch die logischen Dateien z.B. in einer Datenbank. So sollten z.B. im Arbeitsplan die benötigten Vorrichtungen und NC-Programme geführt werden. Außerdem ist darauf zu achten, daß die Anzahl der redundant abgespeicherten Daten möglichst gering ist. Die benötigte Speicherka-pazität kann auf diese Weise reduziert werden und im Falle von Änderungen kann die Aktualisierung der Daten mit geringstem Aufwand erfolgen. Für die redundanten Datenbestände müssen organisatorische Maßnahmen getroffen werden, die eine Aktualisierung aller dieser Daten gewährleisten. Da die oben erwähnten Daten auf unterschiedlichen Systemen verarbeitet und aufbereitet werden, ist ein Informationsaustausch zwischen den einzelnen Systemen erforderlich. So können z.B. die einzelnen PPS-Funktionen auf mehrere Rechner unterschiedlicher Hierarchiestufen verteilt sein, wobei die anfallenden Zwischenergebnisse untereinander ausgetauscht werden müssen. Ebenso sind die Steuerungsbefehle an die ausführenden Komponenten (Transportsystem, Werkzeugwesen, DNC-Rechner etc.) weiterzugeben. Umgekehrt muß die PPS zur Regelung der Fertigungsabläufe Rückmeldungen und Störungssignale empfangen und verarbeiten können.

Zur Verplanung der Werkstattaufträge auf die entsprechenden Kostenstellen müssen alle für die Auftragsabwicklung notwendigen Kapazitäten bekannt sein. Hier sind Personal, Maschinen, Rüst- und Spannplätze, Werkzeugversorgungs- und Werkstücktransportsysteme zu nennen. Für die Planung müssen die notwendigen Daten in Form von Dateien vorliegen. Die Daten sind auf Datenträgern bereitzustellen, die dem entsprechendem EDV-System zeitgerecht zugänglich sein müssen.

Im Bereich der Werkstattsteuerung muß eine schnelle Übertragung und Verarbeitung der anfallenden Daten und Signale durch die jeweiligen Komponenten erfolgen, da dies oft zeitkritische Problemfälle betrifft. Im Bereich der Produktionsplanung erfolgen die Planungsvorgänge größtenteils in Zeitintervallen periodisch. Die Notwendigkeit zur direkten Übertragung und Verarbeitung besteht deshalb nicht. Allerdings ist die Reaktionsgeschwindigkeit bei Rückmeldungen aus den unteren Ebenen eingeschränkt, wenn kein direkter Durchgriff besteht.

Störungssignale sollten unverzüglich an die übergeordneten Ebenen weitergegeben werden. Zur Störungsbehebung bzw. zur Vermeidung größerer Schäden sind für Notstrategien entsprechende Programmodule bereitzustellen, die je nach Störungsart Reaktionen auslösen. So können z.B. Meldungen an das Personal erfolgen, das gegebenenfalls zur Fehlerbehebung eingreifen kann.

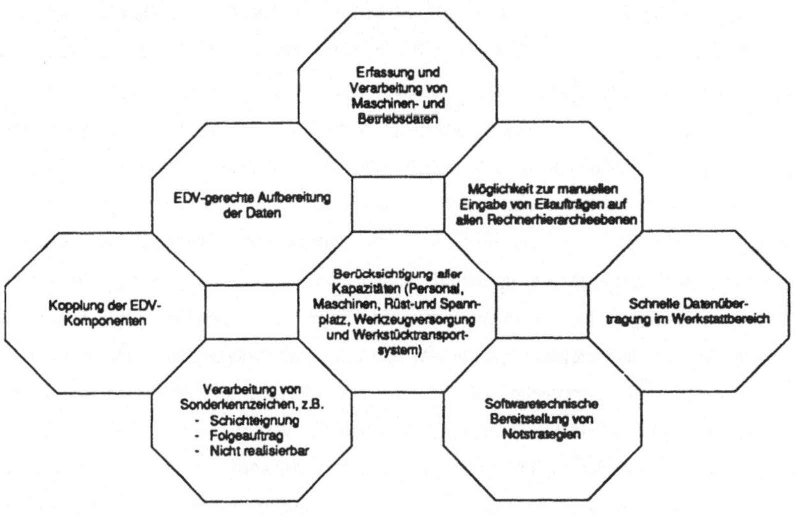

<u>Abb. 7-6:</u>   Anforderungen an die EDV-technische Realisierung

Das EDV-System muß außer den Maschinenstörungen auch außerplanmäßige Abläufe berücksichtigen können. Dazu gehören z.B. die in der Praxis häufig anzutreffenden Eilaufträge. Es muß möglich sein, die von der PPS berechnete Reihenfolge der Maschinenaufträge aufzulösen, Eilaufträge entsprechend zu plazieren und andere Aufträge umzuplanen. Diese Möglichkeiten sollten auf allen Ebenen der Rechnerhierarchie bestehen, um der Dringlichkeit dieser Vorgänge gerecht werden zu können. Eine Neuplanung der Auftragsreihenfolge für die entsprechende Maschine ist dazu in den meisten Fällen erforderlich.

Für die Verplanung der Maschinenaufträge muß die zu entwickelnde Software Angaben über Schichteignung oder Rüst- und Spannzeiten verarbeiten können. So ist es möglich, spezielle Eignungen bzw. Einschränkungen der Maschinenaufträge zu berücksichtigen. Es werden z.B. auf diese Weise Einfahraufträge nur für die Schichten verplant, in denen auch das zum Einfahren und zur Optimierung der NC-Programme notwendige Personal verfügbar ist.

Zur Betriebsdatenerfassung sind an den verschiedenen Arbeitsplätzen Einrichtungen vorzusehen, die den Werkern die Quittierung der abgeschlossenen Arbeitsgänge ermöglichen (z.B. am Spannplatz zur Quittierung des erfolgten Auf-/Abspannens). Analog dazu sind zur Maschinendatenerfassung und Störungserkennung Sensoren an entsprechenden Stellen des FFS anzubringen, die ihre Signale direkt dem EDV-System weitergeben. Abbildung 7-6 gibt zusammenfassend die Anforderungen an die EDV-technische Realisierung wieder.

7.3.2 Anforderungen an die Datenverwaltung/-verarbeitung

Die Auftragsabwicklung erfordert eine zeitgerechte Bereitstellung der für die jeweiligen PPS-Funktionen relevanten Daten. Die aus der konventionellen Fertigung bekannten Informationsquellen sind z.B.:

- Arbeitspläne,
- allgemeine FHM-Listen,
- NC-Kopfdaten und NC-Programme sowie
- Materialbestandsdaten.

Für den wirtschaftlichen Einsatz von FFS müssen diese Daten um weitere Informationen ergänzt werden. So ist die Angabe der erforderlichen Vorrichtungen für die einzelnen Aufspannungen notwendig. Ebenso müssen die notwendigen Werkzeuge für jeden Maschinenauftrag mit den jeweiligen Eingriffszeiten bekannt sein. Eine entsprechende Werkzeugliste kann innerhalb der NC-Kopfdaten geführt werden, da im NC-Wesen bei der Programmierung die Werkzeuge für die einzelnen Maschinenaufträge bekannt sind und ohne größeren Aufwand in den NC-Kopfdaten gespeichert werden können. Für die Kapazitätsabstimmung (grob) sind Angaben über die Systembelegungszeiten für einen Auftrag erforderlich. Die Systembelegungszeiten ergeben sich aus den Bearbeitungszeiten der einzelnen Aufspannungen, die für den jeweiligen Werkstattauftrag notwendig sind. Die Bearbeitungszeiten berechnen sich aus den Werkzeugeingriffszeiten und entspre-

chenden Zeitzuschlägen für Werkzeugwechsel, Palettenwechsel und Transportzeiten.
Bei Wiederholaufträgen können die Anwender auf Erfahrungswerte zurückgreifen.
Bei neuen Werkstattaufträgen müssen die Zeiten errechnet und gegebenenfalls nach
den ersten Durchläufen korrigiert werden.

Neben den oben angeführten Informationsquellen müssen weitere Datenbestände
geführt werden. Die im Kapitel 7.2.2 geforderten buchmäßigen Verfügbarkeitsprüfungen verlangen systemspezifische FHM-Listen, aus denen die aktuellen Verweil-
orte und Belegungszeiten der Vorrichtungen und bei Werkzeugen zusätzlich die
Reststandzeiten hervorgehen müssen. Weiterhin müssen für die Reihenfolgeplanung
Dateien vorhanden sein, in denen die verplanten Maschinenaufträge und die
aktuellen FFS-Kapazitäten eingetragen werden können. Diese Daten müssen zur
schnellen und reibungslosen Verarbeitung den betreffenden EDV-Komponenten in
Form von Dateien bzw. bei einer konventionellen Planung als Listen oder Tabellen
zur Verfügung stehen.

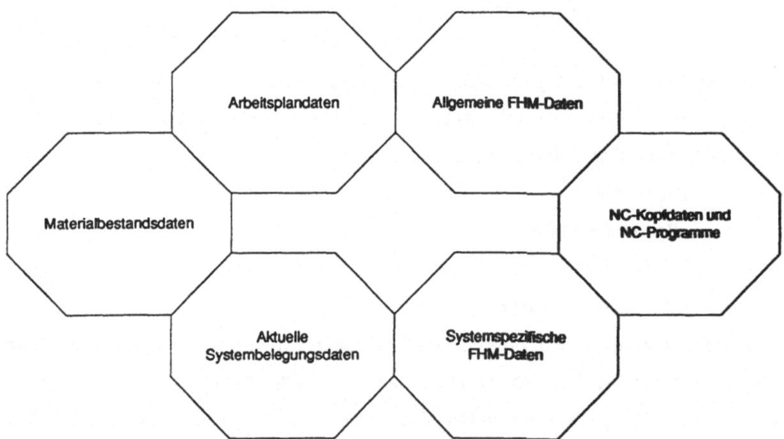

Abb. 7-7:   Erforderliche Daten in Form von Listen oder Dateien für die Auftragsabwicklung

Die für die Werkstattauftragsplanung und -steuerung notwendigen Datenbestände
sind in der Abbildung 7-7 dargestellt. Bei der Entwicklung eines Konzeptes zur
Auftragsabwicklung kann sich die Notwendigkeit weiterer Hilfsdateien ergeben.
Diese Hilfsdateien dienen in der Regel zur Zwischenspeicherung komprimierter
Daten, die für einzelne Funktionen zur beschleunigten Informationsbereitstellung
erforderlich sind.

Bei der Art und Weise, wie Daten übertragen und verarbeitet werden, ergeben sich Unterschiede. Bei der Datenübertragung unterscheidet man zwischen Online-, Offline- und Konventioneller Übertragung:

- Online

  Bei Online-Datenübertragung erfolgt eine direkte Eingabe in das EDV-System über eine gerätetechnische Kopplung (Datenleitung). Die Datenübertragung kann zu beliebigen Zeitpunkten erfolgen.

- Offline

  Die Datenübertragung wird ohne gerätetechnische Kopplung jedoch mittels eines maschinenlesbaren Datenträgers (z.B. Diskette, Magnetband) realisiert.

- Konventionell

  Die Datenübertragung erfolgt ohne Verwendung einer gerätetechnischen Kopplung oder eines maschinenlesbaren Datenträgers.

Besteht eine Online-Verbindung, so können die EDV-Komponenten aufgrund der direkten Verbindung zu jeder Zeit auf die entsprechenden Dateien zugreifen. Damit ein Informationsaustausch über Online-Verbindungen zwischen den Rechnern stattfinden kann, müssen die EDV-Komponenten über ein elektronisches Netzwerk verbunden sein. Bei einer Offlineverbindung müssen die Daten durch externe Datenträger zur richtigen Zeit für den Rechner zugänglich gemacht werden, wie es z.B. beim Laden eines NC-Programms per Lochstreifen der Fall ist.

Die Wahl der Datenübertragungsart richtet sich nach folgenden Kriterien:

- Reaktionszeit

  Dies ist die Zeitspanne zwischen der Entstehung eines Datums und der Reaktion, die sich nach Auswertung der Daten ergibt.

- Datenvolumen

  Das Datenvolumen berücksichtigt die Menge der Daten, die Datenstruktur und die Datenlänge, die bei Ausführung einer Funktion übertragen und verarbeitet werden.

- Ausführungshäufigkeit

  Die Ausführungshäufigkeit sagt aus, wie oft eine Funktion ausgeführt werden muß.

Bei kurzen Reaktionszeiten müssen die Daten schnell bereitgestellt werden. Die Datenübertragung muß also ebenfalls schnell erfolgen, was eine Offline- bzw. konventionelle Übertragung ausschließt. Wenn aber mittlere oder lange Reaktionszeiten ausreichen, kann die Offline-Übertragung bzw. konventionelle Übertragung ausreichend sein.

Bei sehr großen Datenmengen kann im Falle der Offline-Datenübertragung die begrenzte Speicherkapazität der Datenträger (z.B. Diskette) zu Problemen führen. Übersteigt das Datenvolumen die Trägerkapazität, kann eine Online-Übertragung erforderlich sein. Weiterhin sind Lese- und Schreibfunktionen auf externen Datenträgern, wie Disketten oder Magnetbänder, mit erhöhtem Zeitaufwand verbunden.

Mit der Ausführungshäufigkeit einer Funktion steigt die Zahl der Zugriffe auf die Daten, die im Rahmen dieser Funktionsausführung verarbeitet werden. Die Anforderungen an die Datenübertragung steigen mit einer Zunahme der Ausführungsfrequenz. Da die Offline-Datenübertragung in der Regel mit Personaleinsatz verbunden ist, kann es bei hohen Ausführungshäufigkeiten zu Engpässen kommen, in diesen Fällen ist die Online-Übertragung vorzuziehen. Bei redundant geführten Datenbeständen finden zu deren Aktualisierung mehrere Datenübertragungsvorgänge statt, wodurch der Personaleinsatz ebenfalls ansteigt. Darüber hinaus bestehen in solchen Fällen Probleme mit der Datenaktualität, da aufgrund der fehlenden Kopplung erst die entsprechend geänderten Daten auf einem Trägermedium gespeichert, transportiert und dann zur Aktualisierung der redundanten Daten eingelesen und verarbeitet werden können. Bei einer Online-Verbindung der Dateien zu allen verarbeitenden Komponenten kann, eine entsprechende Stabilität der Verbindung vorausgesetzt, auf Redundanz verzichtet werden. Dadurch entfällt die Aktualisierung der Datenbestände, dies ist mit einer Entlastung der EDV-Komponenten verbunden (Abbildung 7-8).

Bei der Datenverarbeitung ist die Zeitspanne entscheidend, die zwischen dem Zeitpunkt des Dateneingangs, also nach erfolgter Datenübertragung, und dem Ausgangsdatum, also der Reaktion nach Abschluß der Verarbeitungsfunktion vergehen darf. Dies hat einen direkten Einfluß auf die zu fordernde Rechenleistung. Der Begriff Leistung wird hier im klassischen Sinne als Arbeit pro Zeit eingesetzt, wobei Arbeit verstanden wird als die Ausführung einer bestimmten Funktion z.B. das Durchführen einer Reihenfolgeplanung. D.h., im Rahmen dieser Arbeit soll unter Rechenleistung nicht die Anzahl der pro Zeiteinheit ausgeführten Rechenoperationen verstanden werden, sondern die Nutzleistung der durchgeführten Verarbeitung. Der Aufwand für die Umsetzung der Rechenopertionen in hardwarespezifische Maschinenbefehle, der zum einen vom Betriebssystem und zum anderen von der Wahl der Programmiersprache abhängt, wird nicht berücksichtigt. Die Rechenleistung kann nicht quantifiziert werden, da die Over-Head-Prozesse je nach Anwendungsfall unterschiedliche Operationen benötigen. Die Rechenleistung wird mit hoch, mittel und gering bewertet, wobei eine geringe Rechenleistung auch durch eine konventionelle Datenverarbeitung, d.h. ohne EDV-Einsatz, erreicht werden kann.

steigend →			
Reaktionszeit	lang	mittel	kurz
Datenvolumen	gering	mittel	hoch
Ausführungshäufigkeit	gering	mittel	hoch

<u>Abb. 7-8</u>:   Kriterien zur Beurteilung der Anforderungen an die Datenübertragung

Die erforderliche Rechenleistung hängt zum einen von den oben beschriebenen Kriterien Reaktionszeit, Datenvolumen und Ausführungshäufigkeit ab. Zum anderen hat auch der Verarbeitungsaufwand einen Einfluß hierauf. Der Verarbeitungsaufwand ergibt sich aus der Anzahl der rein funktional notwendigen Rechenoperationen, die bei der Ausführung einer Funktion erforderlich sind. Da mit dem Verarbeitungsaufwand die Anzahl der auszuführenden Rechenoperationen steigt, muß auch die Rechenleistung der EDV-Komponenten höher eingestuft werden, um die einzelnen Funktionen in vertretbaren Zeitspannen ausführen zu können. Ein geringer Verarbeitungsaufwand entspricht wenigen Operationen, die zum Teil konventionell (manuell) durchgeführt werden können; ein hoher Verarbeitungsaufwand erfordert aufgrund der hohen Anzahl der Rechenschritte EDV-Einsatz.

Bei kurzen Reaktionszeiten müssen die für eine Funktionsausführung erforderlichen Rechenopertationen möglichst schnell erfolgen. Dies erfordert hohe Rechenleistungen bei den ausführenden EDV-Komponenten. Sind die Reaktionszeiten dagegen lang, kann die Datenverarbeitung abhängig vom Datenvolumen, Verarbeitungsaufwand und Ausführungshäufigkeit ohne EDV-Unterstützung konventionell erfolgen.

Geringe Datenvolumina können in vertretbarer Zeit manuell also ohne EDV-Unterstützung verarbeitet werden. Mittlere und hohe Datenvolumina erfordern allerdings eine elektronische Verarbeitung. Dabei steigen die Anforderungen an die Rechenleistung mit der Menge der zu verarbeitenden Daten. Um hohe Datenvolumina in vertretbaren Zeitspannen zu bewältigen, müssen leistungsstarke EDV-Komponenten eingesetzt werden.

steigend →

Verarbeitungs-aufwand	gering	mittel	hoch
Reaktionszeit	lang	mittel	kurz
Datenvolumen	gering	mittel	hoch
Ausführungs-häufigkeit	gering	mittel	hoch

Abb. 7-9:   Kriterien zur Beurteilung der Anforderungen an die erforderliche Rechenleistung

Die Ausführungshäufigkeit muß ebenfalls bei der Bewertung der erforderlichen Rechenleistung berücksichtigt werden. Während bei geringer Ausführungshäufigkeit ein EDV-Einsatz nicht unbedingt notwendig ist, muß die Funktionsausführung bei mittlerer bzw. hoher Ausführungshäufigkeit maschinell erfolgen, um in vertretbarer Zeit z.B. einen Planungsvorgang durchführen zu können. Je höher die Ausführungshäufigkeit ist, desto höher muß auch die Rechenleistung der EDV-Komponenten sein, damit diese einen Programmablauf schnell bewältigen und danach andere Aufgaben ausführen können.

Abbildung 7-9 zeigt die Kriterien zur Beurteilung der Anforderungen an die erforderliche Rechenleistung. Die Anforderungen steigen mit Ausprägungen der Kriterien von links nach rechts.

7.4   Anforderungen an die Arbeitsorganisation und den Personaleinsatz

Die bei der Auftragsabwicklung mit FFS anfallenden Tätigkeiten bestimmen in entscheidendem Maße die Gestaltung der Arbeitsorganisation im Bereich des FFS. Da diese Tätigkeiten je nach FFS-Anwendungsfall unterschiedlich ausfallen, resultieren daraus unterschiedliche Anforderungen an die Gestaltung der Arbeitsorganisation und den Personaleinsatz. Die durchzuführenden Arbeiten im Bereich des FFS wurden in Anlehung an HEEG (o.J., S.72ff.) und FIX-STERZ (1986, S.375) festgelegt. Zur Bestimmung des typspezifischen Anforderungsprofils an die Arbeitsorganisation werden drei Größen definiert:

- Häufigkeit (H) der Ausführung

  Mit der Häufigkeit der Ausführung wird erfaßt, wie oft eine anfallende Tätigkeit innerhalb eines Zeitintervalls ausgeführt werden muß.

- Aufwand (A) zur Ausführung

  Der Zeitaufwand, der zur Durchführung der Tätigkeit erforderlich ist, hat direkten Einfluß auf die gebundene Personalkapazität des Bedienpersonals.

- Erforderliche Fachkompetenz (K) des FFS-Personals

  Zur fachlich richtigen Durchführung der Tätigkeiten wird je nach FFS-Anwendungstyp ein unterschiedlich hohes Qualifikationsniveau benötigt. Mit der Bewertung der erforderlichen Fachkompetenz des FFS-Personals wird diese Anforderung berücksichtigt.

Bei FFS ist vom FFS-Personal aufgrund kurzfristiger terminlicher oder kapazitiver Veränderungen oder wenn benötigtes Material nicht verfügbar ist, ein selbständiges Disponieren von Werkstattaufträgen vorzunehmen. Die Häufigkeit der Dispositionsvorgänge wird dabei umso höher, je mehr Eilaufträge einzulasten sind und je häufiger ein Auftragswechsel vorzunehmen ist. Dies geschieht häufiger bei einem großen zu fertigenden Auftragsspektrum mit geringen Losgrößen und geringen Wiederholhäufigkeiten pro Jahr. Dies ist bei den FFS-Typen II, III und V der Fall (o). Der Aufwand für die Dispositionsvorgänge steigt mit der Anzahl der zu verplanenden Werkzeugmaschinen, also mit der Systemgröße, und der Anzahl der unterschiedlichen zu fertigenden Werkstücke. Aus diesem Grunde ist bei dem FFS-Typ V eine hoher (●) Aufwand zur Durchführung der Dispositionstätigkeiten zu verzeichnen. Die optimale Auslastung eines FFS hängt stark von einer situationsangepaßten Disposition der Werkstattaufträge ab. Die notwendige Fachkompetenz zur Berücksichtigung aller Einflußfaktoren im Rahmen der Disposition ist abhängig von der Größe des Werkstückspektrums und der Komplexität der Bearbeitungsaufgabe. Deshalb ist mit Ausnahme des FFS-Typs I (-) bei allen anderen FFS-Typen mindestens eine mittlere (o) Fachkompetenz zu fordern.

Die Überwachung des FFS umfaßt die regelmäßige Kontrolle des Fertigungsablaufes sowie die kurzfristige Auswertung der Störungsmeldungen zur Einleitung von Sofortmaßnahmen (z.B. Auftragsstop bei mangelndem Qualitätsniveau). Die Intensität der Überwachung des FFS ist abhängig von der Komplexität des Maschinenparks. Aus diesem Grunde ist auch die Häufigkeit und der Aufwand für die Überwachung bei den FFS-Typen IV und V hoch (●). Die erforderliche Fachkompetenz für die Überwachungstätigkeit und hierbei besonders für das frühzeitige Erkennen von Störungen und Abweichungen vom Planzustand ist bei allen FFS-Typen hoch (●), um Nutzungsausfälle des FFS zu vermeiden.

Wartungs- und Reparaturarbeiten werden vom FFS-Personal in einem entsprechenden Rahmen selbst ausgeführt. Die Häufigkeit dieser Arbeiten steigt mit wachsender Systemgröße. Der Aufwand ist generell als gering (-) einzustufen, da bei gravierenden Instandhaltungsarbeiten in der Regel eine spezialisierte Instandhaltungsabteilung eingeschaltet werden muß. Um im Störungsfalle kurzfristig die entsprechenden Instandsetzer (Elektroniker, Schlosser etc.) benachrichtigen zu können und somit die eventuellen Ausfallzeiten bei Störungen zu minimieren, sollte eine mittlere (o) Fachkompetenz für alle FFS-Typen vorausgesetzt werden. Die erforderliche Fachkompetenz muß bei den FFS-Typen IV und V als hoch (●) angesetzt werden, da im Vergleich zu den anderen FFS-Typen umfangreichere Kenntnisse über die unterschiedlichen Maschinentypen gefordert werden.

Maßnahmen zur Qualitätssicherung wie das Messen und eventuell die Eingabe von Korrekturwerten, treten umso häufiger auf, je komplexer die Bearbeitungsaufgabe ist und je häufiger das Werkstückspektrum wechselt. Dabei ist zu beachten, daß bei einer Zunahme der Anzahl von Werkzeugmaschinen auch ein häufigeres Überprüfen der geforderten Qualität notwendig wird (o). Bei den FFS-Typen I und IV sind bei der Serienfertigung statistische Methoden zur Durchführung der Qualitätskontrolle einsetzbar, so daß die Häufigkeit der Durchführung gering (-) ist. Der Aufwand für die durchzuführenden Maßnahmen verkürzt sich bei der Serienfertigung (FFS-Typen I und IV) dadurch, daß werkstückspezifische Meßvorrichtungen eingesetzt werden können. Bei kleineren Losgrößen und einem großen Teilespektrum ist die Kontrolle der Qualitätsvorgaben wesentlich aufwendiger (●). Grundsätzlich ist vom FFS-Personal eine hohe Fachkompetenz in Bezug auf die Qualitätssicherung zu fordern (●).

Die Anzahl der Einfahraufträge (vgl. Kapitel 6.4) bestimmt die Häufigkeit der Inanspruchnahme des FFS-Personals zum Einfahren neuer Aufträge. Bei den FFS-Typen I und IV ist die Einfahrhäufigkeit neuer Werkstattaufträge gering (-). Der Aufwand zum Einfahren der NC-Programme korreliert mit der Lauflänge der NC-

Programme im eingefahrenen Zustand (Bearbeitungszeit einer Aufspannung pro Maschine). Die erforderliche Fachkompetenz des FFS-Personals ist aufgrund der vorzunehmenden Änderungen und Optimierungen des NC-Programmes bei den FFS-Typen II und III hoch (●). Bei den FFS-Typen I und IV ist hingegen nur eine geringe (-) Fachkompetenz ausreichend, da für die geringe Zahl der Einfahraufträge das Hinzuziehen von Fachpersonal aus anderen Abteilungen (z.B. Programmierabteilung) vorzusehen ist.

Die Tätigkeiten zur Voreinstellung und Bereitstellung von Werkzeugen sind bei kleinen Losgrößen häufiger vorzunehmen. Bei einer hohen Anzahl unterschiedlicher zu fertigender Werkstücke müssen bei einem Auftragswechsel in der Regel ein Großteil der Werkzeugsätze ausgetauscht werden. Aus diesem Grunde ist bei den FFS-Typen II, III und V die Häufigkeit des Austausches von Werkzeugen mit mittel (o) einzuschätzen. Bei den FFS-Typen I und IV ist hingegen nur mit einer geringen Häufigkeit (-) dieser Tätigkeit zu rechnen. Der Grund hierfür ist das homogene Werkstückspektrum. Bei diesen FFS-Typen ist vielfach auch kein zentrales Werkzeuglager anzutreffen. Die benötigten Werkzeuge befinden sich ausschließlich in dem maschinennahen Werkzeugmagazin. Die Tätigkeit des FFS-Personals beschränkt sich auf das Austauschen von Werkzeugen, deren Standzeit abgelaufen ist. Der Aufwand zur Werkzeugversorgung ist bei den FFS-Typen II und III hoch einzuschätzen (●). Die Fachkompetenz ist in erster Linie durch ein anforderungsgerechtes Voreinstellen und eine korrekte Werkzeugeinschleusung in das FFS gekennzeichnet. Sie ist bei allen FFS-Typen gleichermaßen zu fordern (o).

Das Auf- und Abspannen von Werkstücken ist eine Tätigkeit, die eine große Aufmerksamkeit des FFS-Personals in Anspruch nimmt. Die Häufigkeit der Spannvorgänge richtet sich zum einen nach der Anzahl der pro Zeiteinheit (z.B. pro Schicht) zu fertigenden Werkstücke. Diese ist bei größeren FFS aufgrund der höheren Maschinenkapazitäten höher als bei kleinen FFS (FFS-Typen IV und V: ●). Zum anderen ist zusätzlich zu beachten, daß bei einer höheren Komplexität der Bearbeitungsaufgabe eine entsprechend große Anzahl von Umspannvorgängen vorzunehmen ist (FFS-Typ III: ●). Aufgrund der langen Bearbeitungszeiten (im Durchschnitt 85 Minuten pro Palettenspiel) ist die Häufigkeit des Auf- und Abspannens beim FFS-Typ II gering (-). Der Aufwand für die Spannvorgänge und die dazu erforderliche Fachkompetenz des FFS-Personals ist bei einer routinemäßigen Abwicklung dieser Tätigkeit, wie sie z.B. bei den hohen Losgrößen und einem homogenen Teilespektrum der Typen I und IV anzutreffen ist, als gering (-)

einzustufen, da bei diesen FFS-Typen ein entsprechender Aufwand bei der Konstruktion und Anwendung von werkstückspezifischen Sondervorrichtungen gerechtfertigt ist. Das häufig wechselnde Teilespektrum und die, aufgrund der häufig unterschiedlichen Maschinentypen im FFS, zu beherrschenden Spannvorgänge bei FFS-Typ V bedingen sowohl einen hohen Aufwand als auch eine hohe Fachkompetenz des FFS-Personals (●).

Eine Tätigkeit, die typspezifisch zu unterschiedlichen Anforderungen an die Arbeitsorganisation führt, ist das Rüsten bzw. Umrüsten von Paletten und Vorrichtungen. Vor allem ein häufig wechselndes Auftragsspektrum bedingt eine hohe Häufigkeit auszuführender Rüstvorgänge (●). Der Aufwand für das Rüsten einer Vorrichtung ist im allgemeinen hoch einzuschätzen (●). Bei den FFS-Typen I und IV fällt ein etwas geringerer Aufwand an (o), da aufgrund des geringen Teilespektrums bei der Verwendung von Sondervorrichtungen eine Verkürzung der Rüstzeiten zu erzielen ist. Aufgrund der hohen Anforderungen an die Genauigkeit muß eine entsprechend hohe (●) Fachkompetenz gefordert werden. In Abbildung 7-10 sind die beschriebenen Anforderungen zusammengefaßt.

Aus den beschriebenen Tätigkeiten läßt sich ableiten, daß ein hohes Qualifikationsniveau des FFS-Personals zu fordern ist. Dieses ist gekennzeichnet durch

- ein hohes Verantwortungsbewußtsein in Bezug auf
  * Qualität,
  * Sicherheit und
  * Termintreue;
- das Vorhandensein dispositiver Fähigkeiten zur Optimierung von Auftragsabwicklungsabläufen auf FFS-Ebene, was die Kenntnis der über- und nachgeordneten Planungs- und Steuerungsstrukturen einschließt;
- die Befähigung zum multifunktionalen Arbeiten
  * bei mehreren unterschiedlichen Bearbeitungsverfahren,
  * an verschiedenen Maschinen und Handhabungsgeräten,
  * an unterschiedlichen Arbeitsplätzen (Job Rotation),
  * zur eventuellen Ausführung fachfremder Tätigkeiten (z.B. Programmieren) und
  * zur Durchführung erforderlicher qualitätssichernder Maßnahmen;
- die Bereitschaft und Fähigkeit zu weiterführenden Qualifizierungsmaßnahmen;
- eine ausreichende Kenntnis im Umgang mit EDV-Einrichtungen und

- die Fähigkeit zum frühzeitigen Erkennen und selbständigen Beheben von Störungen.

Tätigkeiten	Kriterium	FFS-Typen				
		I	II	III	IV	V
Disponieren von Aufträgen	H	-	○	○	-	○
	A	-	○	○	○	●
	K	-	●	●	○	●
Überwachung des FFS	H	○	○	○	●	●
	A	○	○	○	●	●
	K	●	●	●	●	●
Wartung und Reparatur	H	-	-	-	○	○
	A	-	-	-	-	-
	K	○	○	○	●	●
Qualitätssicherung	H	-	○	●	-	●
	A	○	●	●	○	●
	K	●	●	●	●	●
Aufträge einfahren	H	-	○	○	-	○
	A	○	●	●	○	○
	K	-	●	●	-	○
Werkzeugversorgung	H	-	○	○	-	○
	A	-	●	●	-	○
	K	○	○	○	○	○
Werkstücke auf- und abspannen	H	○	-	●	●	●
	A	-	○	○	-	●
	K	-	○	○	-	●
Paletten bzw. Vorrichtungen rüsten/umrüsten	H	-	●	●	-	○
	A	○	●	●	○	●
	K	●	●	●	●	●

H: Häufigkeit der Ausführung;   A: Aufwand zur Ausführung; K: Fachkompetenz des FFS-Personals

● hoch   ○ mittel   - gering

<u>Abb. 7-10:</u>   Anforderungsprofil an die Gestaltung der Arbeitsorganisation

8.   Nicht-anwendungstypspezifische Gestaltungsvorschläge

Im Kapitel 7 wurden die Anforderungen an die PPS bei dem Einsatz von FFS in der Produktion detailliert abgeleitet. Diese Anforderungen sowie die in Kapitel 5 formulierten Probleme stellen die Grundlage für den nächsten Arbeitsschritt, der konzeptionellen Gestaltung einer anforderungsgerechten EDV-unterstützten PPS dar (vgl. SCHNEIDER 1983, S.534).

8.1   Das dezentrale Konzept der Werkstattsteuerung

In der betrieblichen Praxis lassen sich bei der Werkstattauftragsabwicklung prinzipiell zwei unterschiedliche Ansätze feststellen. Das ist auf der einen Seite eine überwiegend zentrale Planung und Steuerung der Werkstattaufträge, auf der anderen Seite deren überwiegend dezentrale Planung und Steuerung (vgl. WIEN-DAHL 1983, S.238f.; STREIDTPFERDT 1979, S.211ff.).

Die Planungsphilosophie des zentralen Planungs- und Steuerungskonzeptes baut auf den folgenden Voraussetzungen auf (MERTINS 1985, S.80):

- Zu einem möglichst frühen Zeitpunkt kann das gesamte Produktionsprogramm bis in alle Einzelheiten aufgelöst und festgeschrieben werden.

- Der vollständige Fertigungsablauf mit allen Einzelgrößen kann durch einen Algorithmus abgebildet und durch Rechnerprogramme vorgeplant werden.

- Der diskontinuierliche Ablauf einer Stückfertigung wird durch detaillierte Vorgaben transparent.

Als Konsequenz dieser Philosophie werden die zur Auftragsabwicklung anfallenden Aufgaben von einem Zentralbereich (z.B. Arbeitsplanung) geplant und die Durchsetzung von einer zentralen Stelle überwacht. Für den Bereich der Werkstattsteuerung wird die zentrale Planung und Steuerung in der Regel von einem Leitstand vorgenommen (vgl. MANSKE/WOBBE-OHLENBURG 1985, S.400; Strack 1987, S.16). Für die Werkstattauftragsabwicklung mit FFS ist eine zentrale Planungs- und Steuerungskonzeption nicht zu empfehlen, da sie nicht den Anforderungen an ein PPS-Konzept gemäß Kapitel 7.2.1 entspricht. Gründe hierfür sind:

- Die in der Planungs- und Steuerungsphilosophie verankerte Voraussetzung, möglichst früh und möglichst vollständig den kompletten Fertigungsablauf festzuschreiben, erfordert eine lange Vorlaufphase zur Einplanung der Werkstattaufträge. Deshalb sind kurzfristige Änderungen der Auftragsreihenfolge, z.B. beim Auftreten von Eilaufträgen aufgrund kurzfristiger Kundenwünsche, nicht möglich.

- Durch den frühzeitig erreichten hohen Detaillierungsgrad wird schon zu Beginn des Werkstattauftragsabwicklungsprozesses ein großes Datenvolumen erreicht. Dieses ist während der gesamten Abwicklung der Werkstattaufträge mitzuführen. Dadurch wird die Übersichtlichkeit stark eingegrenzt, die nachfolgenden Bereiche werden mit einer Vielzahl, zum Teil redundanter, Daten überflutet. Zur Speicherung der Datenvielfalt ist eine große zentrale Speicherkapazität und zur Übertragung ein Medium mit entsprechend großer Übertragungsleistung erforderlich.

- Der Dispositions- und Entscheidungsspielraum des Personals auf der Werkstattebene ist sehr stark eingeschränkt. Selbständige Entscheidungen beim Eintreten unvorhergesehener Ereignisse (z.B. Zurückstellen bzw. Vorziehen von Aufträgen bei Werkzeugmangel) sind nicht möglich, da sie mit dem Planungs- und Steuerungsalgorithmus nicht nachgebildet werden können.

- Das zentrale Konzept bedingt sehr lange Reaktionszeiten von der Planung der Werkstattaufträge bis hin zu deren Durchsetzung auf dem FFS. Die Folge davon ist, daß z.B. bei Störung eines FFS die Aufträge nicht kurzfristig auf andere Produktionseinrichtungen (z.B. ein weiteres FFS) umgeplant werden können. Der entstehende Auftragsstau führt zu Terminverzügen und blockiert zusätzlich neu einzusteuernde Aufträge.

Werkstattsteuerungen, die nach dem zentralen Konzept ausgelegt sind, arbeiten quasi wie eine Steuerungskette. Von der zentralen Planung werden Sollwertvorgaben, hier Werkstattaufträge mit genauer Terminierung und Festlegung der Arbeitsvorgangsfolgen, entwickelt und an die Fertigung weitergegeben. Die während des Fertigungsprozesses auftretenden Störungen verhindern die planmäßige Durchsetzung der Werkstattaufträge (vgl. MERTINS 1987, S.11). Durch die fehlende Rückkopplung bei der Steuerungskette werden diese Störungen im weiteren Planungsprozeß unzureichend berücksichtigt.

In der betrieblichen Realität muß das Auftreten von Störungen quasi als Normalzustand angesehen werden. Um kurzfristig auf die sich, durch das Auftreten von Störungen, ändernden Randbedingungen reagieren zu können, ist die PPS als Regelkreis aufzubauen (HACKSTEIN 1989, S.249). Kennzeichnend für die regelungstechnische Interpretation der PPS ist die Installation von Rückkopplungen, mit der die durch das Auftreten von Störungen eingetretenen Abweichungen der

Sollwertvorgaben kompensiert werden (DIN 19226, S.3; FÖLLINGER 1980, S.37ff.).

Bei der Werkstattauftragsabwicklung mit FFS treten eine Vielzahl von Störungen auf, die unvorhergesehen den Produktionsprozess beeinflussen. Die Werkstattsteuerung ist deshalb als Mehrgrößenregelung auszulegen (FÖRSTER 1988, S.59ff.). Die effektive Verkürzung der Reaktionszeiten läßt sich nur durch die Installation mehrerer voneinander abhängiger, miteinander vermaschter Regelkreise erreichen. Diese Regelkreise müssen auf unterschiedlichen Verantwortungs- und Informationsbereichen sowohl bereichsbezogen als auch bereichsübergreifend installiert werden (vgl. FOCKE/MENSEL 1988, S.413).

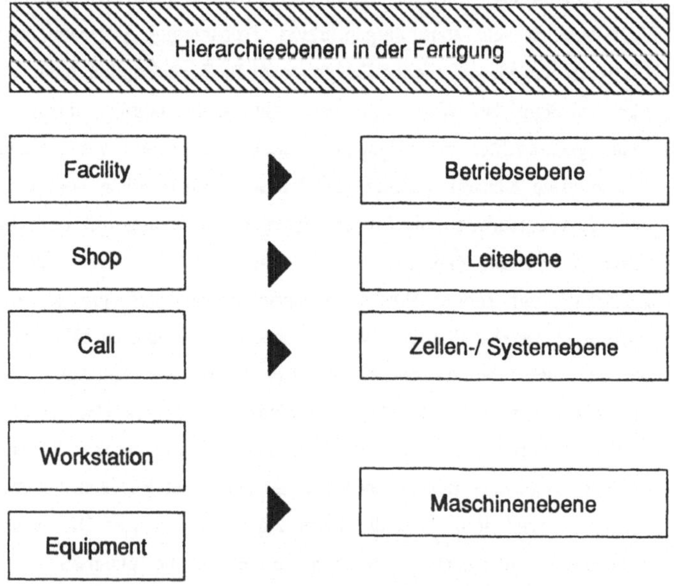

<u>Abb. 8-1</u>: Definition des vierstufigen Hierarchiekonzeptes auf der Grundlage der "AMRF Control Levels" (JONES/MCLEAN 1986, S.17)

Der Aufbau von Regelkreisen mit kurzen Reaktionszeiten und die aufgestellten Forderungen nach Überschaubarkeit der Planungs- und Steuerungsprozesse sowie der eindeutigen Nachvollziehbarkeit der Herkunft und Weiterleitung von Daten führt zur Auslegung der PPS als ein dezentral aufgebautes, hierarchisches Regelsystem (vgl. JONES/MCLEAN 1986, S.16f.; KRALLMANN 1986, S.5). Grundlage für das im Rahmen dieser Arbeit aufzubauende hierarchische Konzept der PPS

bildet die im Rahmen eines Forschungsprojektes in den USA (Automated Manufacturing Research Facility - AMRF) definierte "five level control hierarchy" (JO-
NES/MCLEAN 1986). Die im AMFR-Konzept entwickelten Ebenen Workstation
und Equipment werden im Rahmen dieser Arbeit zu einer Ebene - der Maschinen-
ebene - zusammengefaßt. Der Grund liegt darin, daß prozeßtechnische Aspekte wie
z.B. die Maschinensteuerung selbst nicht Bestandteil der Werkstattsteuerung sind
und somit nicht in deren Gestaltung einbezogen werden. Es entsteht eine vierstu-
fige hierarchische Ordnung, die in ähnlicher Form auch von RÜHLE (1985),
HAMMER (1986) und COURANT/STRUCKS (1987) vorgeschlagen wird (Abbildung 8-1).

Das dezentrale hierarchische Konzept ist vom Aufbau her mit einer Baum-
struktur zu vergleichen. So können der Betriebsebene mehrere Leitebenen unter-
stellt sein oder den einzelnen Leitebenen mehrere Systemebenen (z.B. mehrere
FFS). Das dezentrale hierarchische Konzept wird so ausgelegt, daß neben flexiblen
Fertigungskonzepten (FFS und FFZ) auch herkömmliche Maschinenkonzepte integriert werden können (Abbildung 8-2). Dies entspricht der Berücksichtigung der in
der betrieblichen Praxis oft anzutreffenden Hybridfertigung.

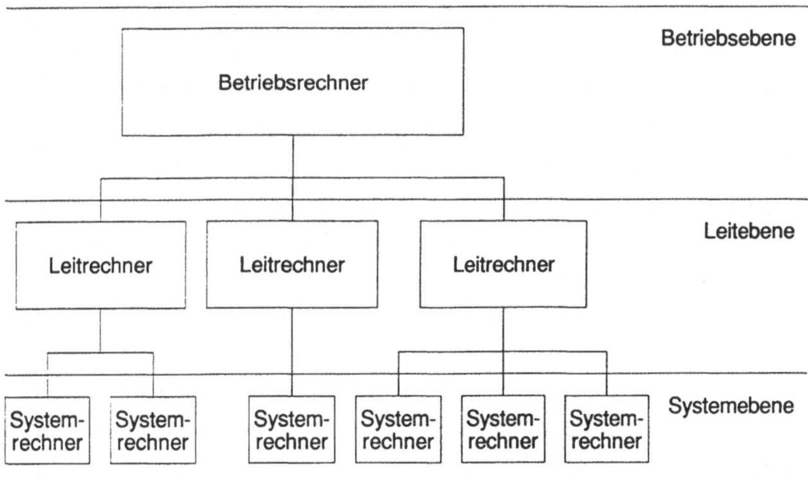

<u>Abb. 8-2:</u> Schematische Darstellung eines dezentralen hierarchischen Pla-
nungs- und Steuerungskonzeptes

Das AMRF-Konzept wurde vor dem Hintergrund entwickelt, eine strukturierte,
sinnvolle und schnelle Verarbeitung von Fertigungsdaten innerhalb eines Rechner-
verbundes zu erreichen. Die Einbindung des Menschen in die Entscheidungsabläufe

sowie die Nutzung seiner dispositiven Fähigkeiten finden keine Beachtung. Das im Rahmen dieser Arbeit zu entwickelnde Konzept soll auch diesen Forderungen sowie den Forderungen nach der Transparenz der Entscheidungsabläufe sowie ausreichenden Spielräumen für manuelle Eingriffe genügen (vgl. Kapitel 7.2.1).

Für den Aufbau einer arbeitsorganisatorischen Struktur der Werkstattauftragsabwicklung mit FFS ist der Ansatz eines dezentralen hierarchischen Systems entsprechend zu modifizieren. Durch Funktionsverteilung auf die einzelnen Mitarbeiter der verschiedenen Hierarchiebenen kann eine eindeutige Zuweisung von Kompetenzen gewährleistet werden. Die einzelnen Mitarbeiter werden mit einer definierten Entscheidungsautonomie ausgestattet. Jeder Mitarbeiter kann in dem ihm zugewiesenen Spielraum selbst Entscheidungen zur Optimierung der Werkstattauftragsabwicklung treffen und ist nicht auf die detaillierte Weisung des Vorgesetzten angewiesen. Auf der anderen Seite ist auch der Vorgesetzte davon entbunden, detaillierte Planungsvorgaben zu erstellen. Seine Kompetenzen und Fähigkeiten können anderweitig besser genutzt werden. Von dem Leitstand als dezentrale Realisierungsform des hierarchischen Systems auf der Leitebene werden z.B. Auftragsbündel nur unter der Angabe von Eckterminen (frühester Start- bzw. spätester Endtermin) an den FFS-Führer weitergegeben. Dieser kann innerhalb dieses Terminhorizontes frei nach den am FFS gegebenen Voraussetzungen (Verfügbarkeit von Rohmaterial, Maschinen, Vorrichtungen, Werkzeugen etc.) darüber entscheiden, in welcher Reihenfolge die Aufträge gefertigt werden sollen. Durch die Vorgabe von Auftragsbündeln ist der FFS-Führer auch in der Lage, kurzfristig bei auftretenden Störungen Änderungen vorzunehmen, um die Fertigstellung des kompletten Auftragsbündels zu gewährleisten. Es entsteht quasi ein Micro-Regelkreis im Kompetenzbereich des FFS-Führers. Nur bei der Gefahr mittel- oder langfristiger Terminverzüge erfolgt eine Meldung an die höhere Ebene. Auf der Leitebene bzw. auf der Betriebsebene kann dann frühzeitig für nachfolgende Aufträge nach anderen Möglichkeiten zur fristgerechten Fertigstellung gesucht werden (z.B. Verlagerung auf ein anderes FFS). Durch die Austattung der Mitarbeiter bis hin zum FFS-Führer bzw. FFS-Bediener mit einer ausreichenden Entscheidungsautonomie wird deren Erfahrungen im täglichen Arbeitsprozeß zur Optimierung der Auftragsabwicklung umfassend genutzt (vgl. DREYLING 1987, S.6). Dies kann darüber hinaus gewährleisten, daß die anfallenden Daten auch an den Stellen verarbeitet werden, wo sie anfallen bzw. benötigt werden (vgl. POLKE 1985, S.165). Der Informationsaustausch zwischen den Ebenen wird bei dem dezentralen hierarchischen Konzept, unter der Berücksichtigung einer ausreichenden Entscheidungsautonomie, auf das unbedingt notwendige Maß reduziert.

Zur Sicherung einer optimalen Mensch-Rechner-Funktionsverteilung sind bei der Erstellung der dezentralen hierarchischen PPS die arbeitsorganisatorischen und die EDV-technischen Aspekte gleichermaßen zu beachten.

8.2 Entwicklung eines Grobkonzeptes zur EDV-unterstützten Auftragsabwicklung

Gemäß dem dezentralen Hierarchiemodell verteilen sich die für die Werkstattauftragsabwicklung notwendigen PPS-Funktionen auf drei verschiedene Ebenen. Der Detaillierungsgrad der Planungsfunktionen nimmt dabei mit abnehmender Hierarchieebene, in der Reihenfolge Betriebsebene, Leitebene und Systemebene, zu. Innerhalb der Betriebsebene übernimmt die zentrale PPS die Produktionsplanung, die sich zum einen in die Hauptfunktionen Produktionsprogrammplanung, Mengenplanung und zum anderen in die Funktionen Durchlaufterminierung und Kapazitätsbedarfsermittlung und -abstimmung (grob) aufgliedert (vgl. Kapitel 2.3). Die Teilestammdaten dienen hierbei als Grundlage für die Material-, Werkzeug- und Vorrichtungsdisposition. Das Ergebnis der Produktionsplanung sind Werkstattaufträge, die in Form von Dateien, im folgenden Werkstattauftragspools (WA-Pool) genannt, den einzelnen Leitsystemen übergeben werden.

Aus den Werkstattauftragsdaten gehen die benötigten Informationen der Leitebene hervor. Diese Informationen werden in der Leitebene verarbeitet und durch die auf der Systemebene benötigten Daten ergänzt. Beim Datenfluß von den planenden zu den ausführenden Ebenen findet somit eine Detaillierung der Informationen statt. Umgekehrt erfolgt eine Informationsverdichtung beim Datenrückfluß von der Systemebene über die Leitebene zur Betriebsebene. D.h. die Informationen werden auf einer Ebene verarbeitet und verdichtet an die nächst höhere Ebene weitergegeben. Diese Rückkopplungen müssen je nach Anwendungsfall möglichst schnell erfolgen, um kurzfristig auf die aktuelle Fertigungssituation reagieren zu können.

Die Aufgabe des Leitstands ist es, die Werkstattaufträge seines Werkstattauftragspools auf die einzelnen Bearbeitungsstationen bzw. Kostenstellen zu verteilen. Grundsätzlich genügen die Funktionen der Leitebene zu der Planung von Werkstattaufträgen auf FFS oder konventionellen Fertigungseinrichtungen. Allerdings sind dabei die Anforderungen der FFS höher und decken die der konventionellen Fertigung mit ab. Deshalb soll hier nur noch auf FFS eingegangen werden. Der Leitstand hat darauf zu achten, daß die von der Produktionsplanung vorgegebenen Termine eingehalten werden. Außerdem sind bei der Einplanung Eilaufträge zu berücksichtigen. Diese können vom Betriebsrechner schon als solche deklariert sein oder das Leitstandpersonal kann sie dem Leitrechner direkt zur weiteren Planung übergeben. Einen Überblick über die Funktionsverteilung der PPS-Funktionen auf die vier Ebenen gibt Abbildung 8-3. Für die Leit- und Systemebene erfolgt eine weitere Detaillierung.

Auf der Leitebene wird eine buchmäßige Materialverfügbarkeitsprüfung durchgeführt. Dazu wird anhand der Materialdatei überprüft, ob das Material schon im Lager bereitsteht oder zur Bearbeitung rechtzeitig angeliefert wird. Dies vermeidet zum einen Maschinenstillstände aufgrund von Rohteilmangel, zum anderen vermindert sich dadurch die Zahl der zu berücksichtigenden Werkstattaufträge, dies führt zu einer Entlastung der Leit- und Systemrechner bei den Planungsvorgängen.

Zur Einplanung eines Werkstattauftrags ermittelt der Leitrechner die prinzipiell geeigneten FFS. Die notwendigen Informationen erhält er aus dem Arbeitsplan, z.B. durch ein entsprechendes Feld "geeignet für FFS x, y". Sind die einzelnen FFS für die Fertigung des Werkstattauftrags unterschiedlich geeignet, so versucht der Leitrechner den Werkstattauftrag an das am besten geeignete FFS zu vergeben. Dazu sortiert er die FFS gemäß der im Arbeitsplan vorgegebenen festen Rangreihe nach Eignung und überprüft der Reihe nach, ob das jeweilige FFS innerhalb des gegebenen Terminfensters noch freie Kapazitäten hat und die notwendigen Fertigungshilfsmittel vorhanden sind bzw. rechtzeitig bereitgestellt werden können. Erfüllt ein FFS diese Voraussetzungen, so werden die Auftragsdaten in dem entsprechenden Systemauftragspool (SA-Pool) gespeichert. Den Ablauf der PPS-Funktionen der Leitebene zeigt Abbildung 8-4.

Im SA-Pool stehen alle Systemaufträge, die für das FFS vorgesehen sind. Der Leitrechner füllt nach dem Prinzip der rollierenden Planung den SA-Pool in bestimmten Zeitintervallen mit Systemaufträgen auf, so daß dem Systemrechner immer ein bestimmter Auftragsvorrat zur Verfügung steht. Dabei ist vom Anwender festzulegen, in welchen Zeitabständen Werkstattaufträge an die SA-Pools weitergegeben werden und wie groß der Planungshorizont für die einzelnen FFS ist. Zum einen verhindert das die Überlastung der Systemrechner mit zu vielen Systemaufträgen, zum anderen stehen immer genügend Aufträge zur Verfügung, so daß eine optimale Auslastung der FFS mit Hilfe eines geeigneten Auftragsmixes

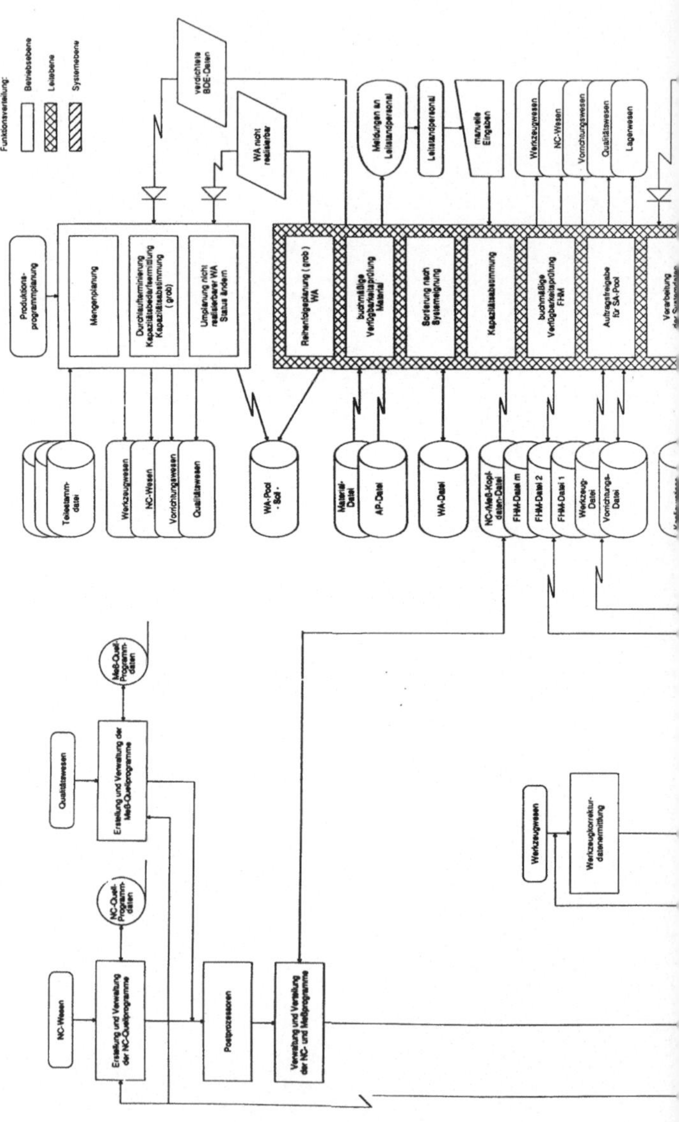

Abb. 8-3: Programmnetz gemäß DIN 66001 für eine integrierte Werkstattsteuerung beim Einsatz von FFS

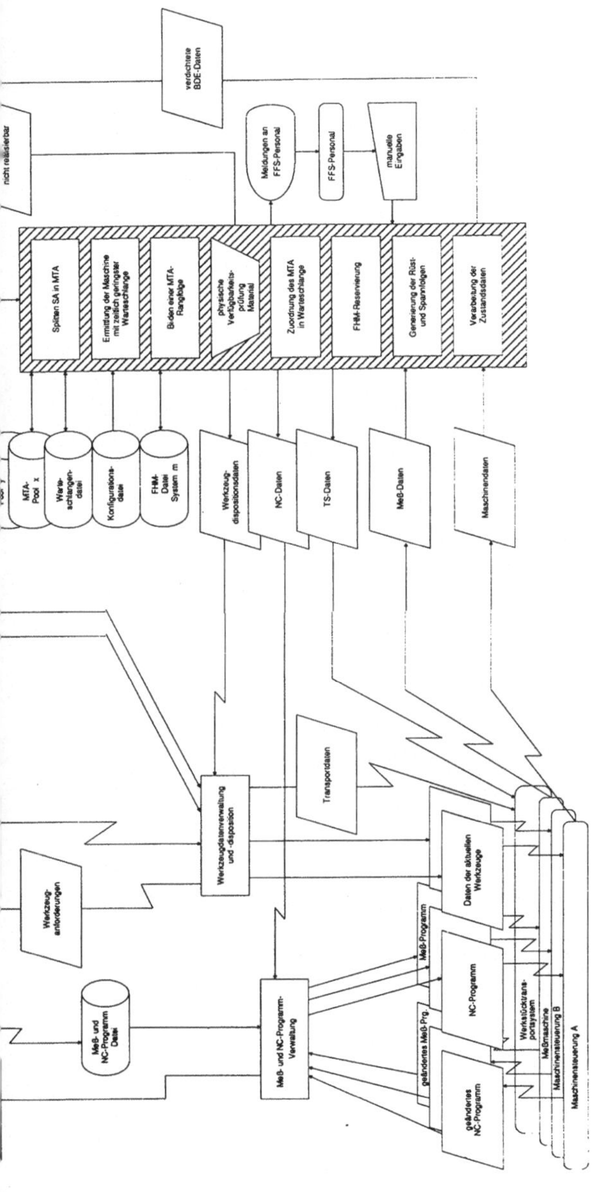
verdichtete BDE-Daten
nicht realisierbar
Meldungen an FFS-Personal
FFS-Personal
manuelle Eingaben
Splitten SA in MTA
Ermittlung der Maschine mit zeitlich geringster Warteschlange
Bilden einer MTA-Rangfolge
physische Verfügbarkeitsprüfung Material
Zuordnung des MTA in Warteschlange
FHM-Reservierung
Generierung der Rüst- und Spannfolgen
Verarbeitung der Zustandsdaten
MTA-Pool y
MTA-Pool x
Warteschlangendatei
Konfigurationsdatei
FHM-Datei System m
Werkzeugdispositionsdaten
NC-Daten
TS-Daten
Meß-Daten
Maschinendaten
Werkzeuganforderungen
Werkzeugdatenverwaltung und -disposition
Transportdaten
Meß- und NC-Programm Datei
Meß- und NC-Programm-Verwaltung
Meß-Programm
geändertes Meß-Prg.
Daten der aktuellen Werkzeuge
NC-Programm
geändertes NC-Programm
Werkstücktransportsystem
Meßmaschine
Maschinensteuerung B
Maschinensteuerung A

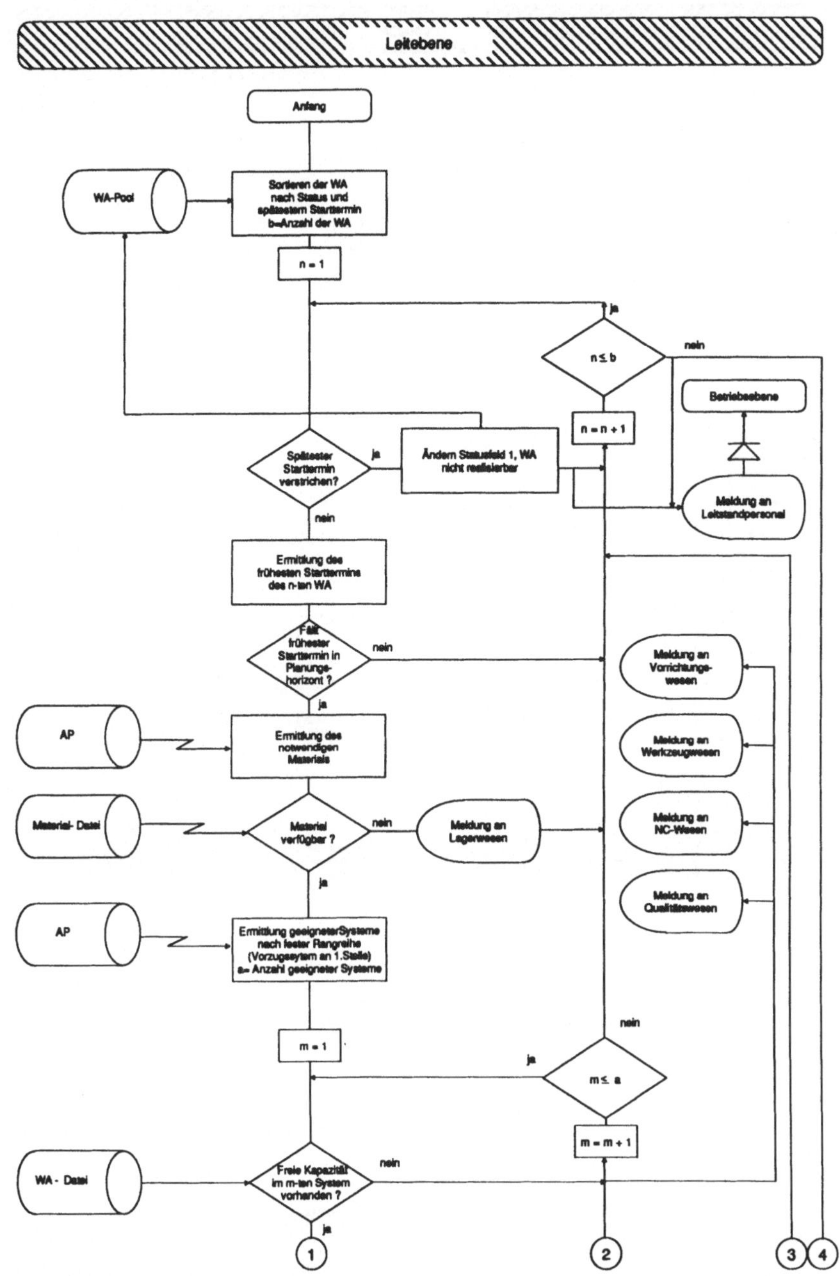

<u>Abb. 8-4a:</u>   Programmnetz gemäß DIN 66001 für die Funktionen der Leitebene

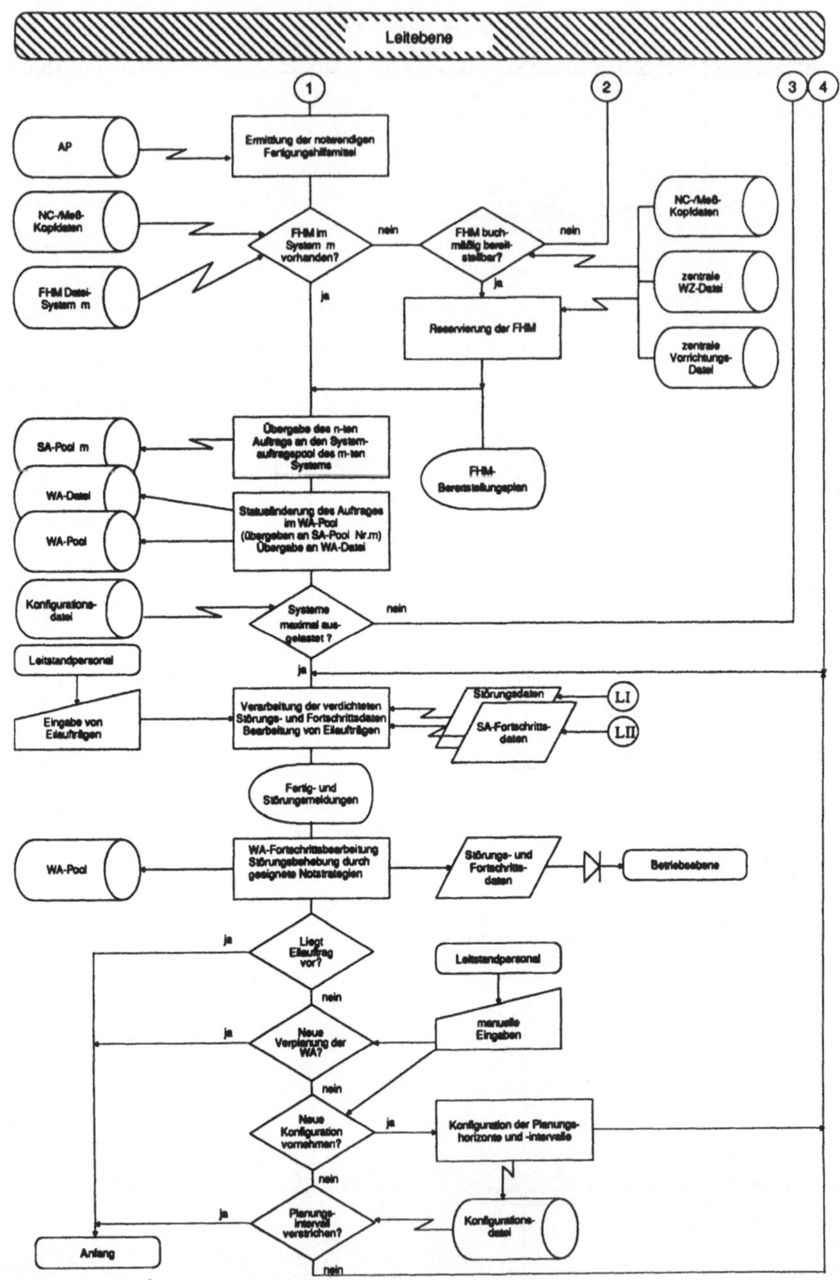

Abb. 8-4b: Programmnetz gemäß DIN 66001 für die Funktionen der Leitebene

erzielt werden kann.

Der Systemrechner hat die Aufgabe, die Systemaufträge in Maschinenaufträge zu splitten und auf die einzelnen Maschinen zu verteilen. Dabei sind Werkstückanzahl und Werkstückkombinationen pro Aufspannung zu berücksichtigen. Gerade bei Anwendern, die die satzweise Fertigung realisieren, werden Vorrichtungen verwendet, die die Kombination von unterschiedlichen Werkstücken in einer Aufspannung ermöglichen. So gelingt es, komplette Fertigungssätze montagegerecht ohne aufwendiges Zwischenspeichern der Einzelteile bereitzustellen.

In einem FFS können mehrere Maschinen des gleichen Typs existieren. Da es nicht sinnvoll ist, die Systemaufträge den einzelnen Maschinen zuzuordnen, ordnet man zunächst die Maschinenaufträge Maschinentypen zu und speichert diese Maschinentypaufträge in den Maschinentypauftragspools (MTA-Pool). Bei der weiteren Einplanung der Maschinentypaufträge findet zuerst die Maschine Berücksichtigung, die den geringsten Arbeitsvorrat aufweist, um ein Leerlaufen, d.h. Stillstandszeiten, zu vermeiden. Die bereits verplanten Maschinentypaufträge werden nach der Zuordnung zu Maschinenaufträgen in der maschinenspezifischen Warteschlangendatei abgelegt. Aus dieser Warteschlangendatei gehen die Auftragsreihenfolge und die Belegungszeiten hervor. Ein neu verplanter Maschinenauftrag wird immer an das Ende der Warteschlange gehängt. Ausnahmen bilden Eilaufträge, die je nach Dringlichkeit an jeder Stelle der Warteschlange eingeplant werden können, im Extremfall können sie bis zum Abbruch der laufenden Bearbeitung führen. Dies hat allerdings eine Neuplanung der Warteschlange ab der Stelle, an der der Eilauftrag eingeplant wurde, zur Folge.

Den Warteschlangen werden ein unteres und oberes Zeitniveau zugeordnet. Bei Unterschreiten des unteren Warteschlangenniveaus erfolgt eine Neueinplanung der dem FFS-Rechner im SA-Pool vorliegenden Maschinentypaufträge bis die Maschinen bis zu ihren oberen Warteschlangenniveau verplant sind. Diese Zeitniveaus können vom Anwender je nach Bedarf festgelegt werden. Je nach Anwendungsfall können die Niveaus zwischen zwei Stunden (minimal) und einigen Schichten (maximal) gewählt werden. Es ist zu beachten, daß die Maschinen immer genügend Arbeitsvorrat haben, um auch beim Auftreten kleinerer Störungen Stillstandszeiten zu vermeiden. Da die im EDV-System hinterlegten Zeitvorgaben (Transportzeit, Auf- und Abspannzeit, Werkzeugwechselzeit und Bearbeitungszeit) nur Richtwertcharakter besitzen, die aufgrund von Störungen, kurzen Wartezeiten oder einkalkulierten Sicherheitszeiten, über- oder unterschritten werden können, führt eine

Planung über einen längeren Zeitraum zu einer Planung, deren Unsicherheit um ein Vielfaches zunimmt. Das obere Warteschlangenniveau ist deshalb so zu wählen, daß ein ausreichender Arbeitsvorrat mit einer hinreichenden Zuverlässigkeit der Planung verplant wird. Ein zu großer Arbeitsvorrat führt zu häufigen Umplanungen, da die Sollvorgaben nicht mit der Istsituation übereinstimmen. Diese Umplanungen führen zu einer erheblichen Belastung des Systemrechners. Die Größe des verplanten Arbeitsvorrats ist in Abhängigkiet vom Anwendungsfall zu wählen.

Bei der Verplanung eines Maschinentypauftrags muß zunächst sichergestellt werden, ob die notwendigen FHM rechtzeitig bereitgestellt werden können. Der Bereitstellungszeitpunkt für die Vorrichtungen ergibt sich aus dem Termin, an dem die Maschine mit dem letzten Maschinenauftrag in der Warteschlange fertig wird, abzüglich der Zeit, die für das Aufrüsten der Vorrichtung, Aufspannen des Werkstücks und dem Transport notwendig ist. Bei Werkzeugen müssen die Zeiten für die Wechsel durch das Werkzeugtransportsystem berücksichtigt werden. Anhand der Belegungszeiten, die in der FHM-Datei vermerkt sind, wird überprüft, ob die FHM für den benötigten Zeitraum noch frei oder aber für andere Maschinenaufträge auf anderen Maschinen reserviert sind. Wenn nicht alle FHM für den Maschinentypauftrag bereitgestellt werden können, wird dieser Auftrag bei der folgenden Prioritätsermittlung nicht berücksichtigt.

Für das Auffüllen einer Warteschlange wird immer der Maschinentypauftrag gewählt, der sich aufgrund der aktuellen Situation im System am besten eignet. Zur Ermittlung dieses Auftrags dient ein Verfahren, das die in Frage kommenden Maschinentypaufträge nach bestimmten Prioritätskriterien bewertet. Die Auswertung erfolgt dabei an Hand einer Nutzwertanalyse. Die in Frage kommenden Prioritätsregeln und die genaue Vorgehensweise zur Ermittlung der Nutzwerte werden im folgenden Kapitel 8.3 beschrieben.

Der letzte Einplanungsschritt ist eine physische Materialverfügbarkeitsprüfung, nach deren positivem Ergebnis der Maschinentypauftrag an das Ende der Warteschlange gesetzt wird. Das Systempersonal erhält nach Beendigung der Einplanung einen Rüst- und Spannplan, worin die Reihenfolge der Tätigkeiten am Spannplatz aufgelistet ist.

Während der Auftragsabwicklung erfaßt der Systemrechner alle Daten, die zur Maschinenauftragsfortschritterfassung und Störungserkennung beitragen. Nach Erhalt einer Nachricht aus dem System unterscheidet der Rechner beim weiteren Vorgehen zwischen Störungsmeldungen und Auftragsfortschrittsmeldungen. Liegt eine

Störung vor, erfolgen die weiteren Schritte nach den dem Rechner vorgegebenen Notstrategien, die auf die unterschiedlichen Störungsursachen ausgerichtet sind. Er nimmt die notwendigen Eintragungen in den entsprechenden Dateien vor und gibt die Störungsmeldung an das Systempersonal weiter. Kann die Störung weder automatisch noch durch das Systempersonal behoben werden, erfolgt eine Meldung an den Leitrechner. Dieser überprüft laufend alle eingehenden Meldungen vom Systemrechner und vom Leitstandpersonal. Für die Störungsbehebung hält er die, auf die möglichen Störungsursachen (z.B. Maschinenschaden) ausgerichteten, Notstrategien bereit. Bei der weiteren Störungsbearbeitung kann das Leitstandpersonal einbezogen und gegebenenfalls eine Meldung an den Betriebsrechner geleitet werden.

Bei der Bearbeitung der Auftragsfortschrittsdaten nimmt der Systemrechner die entsprechenden Eintragungen in den Dateien vor. Dies können u.a. Änderungen der FHM-Datei sein, wie z.B. die neuen Reststandzeiten der zuletzt eingesetzten Werkzeuge. Dabei wird überprüft, ob die Standzeiten abgelaufen sind bzw. für den nächsten Auftrag ausreichen. Gegebenenfalls erfolgen dann die Anweisungen an Werkzeugtransportsystem und Personal zur Auslagerung, Neueinstellung und Einlagerung der betreffenden Werkzeuge. Ebenso gehen Informationen an das Werkzeugwesen zum Werkzeugwechsel von einem Maschinenmagazin zum anderen bzw. zum Werkzeuglager und umgekehrt vom Werkzeuglager zum Maschinenmagazin. Weiterhin erfolgt bei einer Fertigmeldung an einer Maschine oder des Spannplatzes eine Meldung an das Werkstücktransportsystem, das die entsprechenden Transporte durchführt. Nach einer Aufspannquittierung muß das Transportsystem die mit dem Werkstück bestückte Palette vom Spannplatz zur Maschine bzw. zu einem Zwischenlagerplatz befördern. Anschließend ist eine fertigbearbeitete Palette zum frei gewordenen Spannplatz zu transportieren. Meldet eine Maschinensteuerung das Ende einer Bearbeitung eines Werkstücks, muß das Transportsystem den Ausgangspuffer an der Maschine frei machen und die Palette entweder zum Spannplatz oder, wenn dieser besetzt ist, zu einem Zwischenlagerplatz bringen. Weiterhin kann der frei gewordene Maschineneingangspuffer mit der nächsten Palette besetzt werden. Analog dazu gibt der Systemrechner die für die Bearbeitung der folgenden Aufträge notwendigen Anweisungen an die NC-Verwaltung weiter. Dazu ist eine direkte Kopplung dieser Komponenten mit dem Systemrechner notwendig, da für die unverzügliche Bereitstellung der FHM und NC-Programme die Anweisungsdaten ohne Zeitverzögerung online übertragen werden müssen. Falls

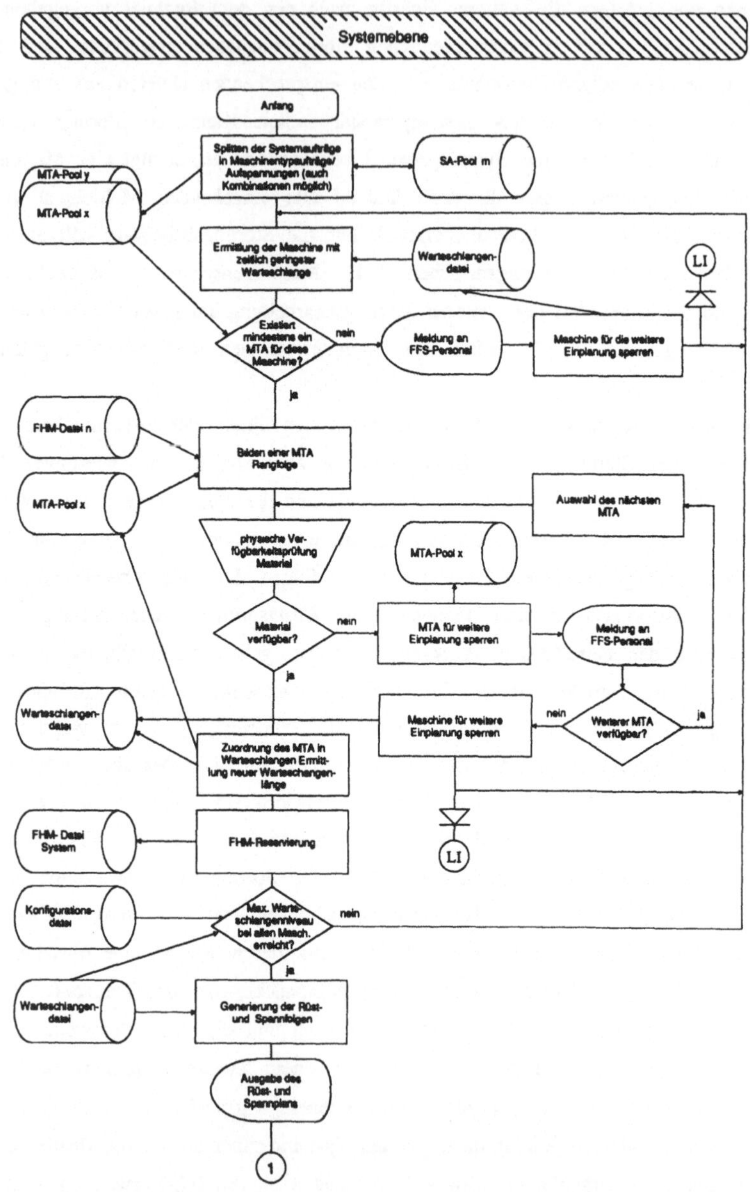

<u>Abb. 8-5a:</u>   Programmnetz gemäß DIN 66001 für die Funktion der Systemebene

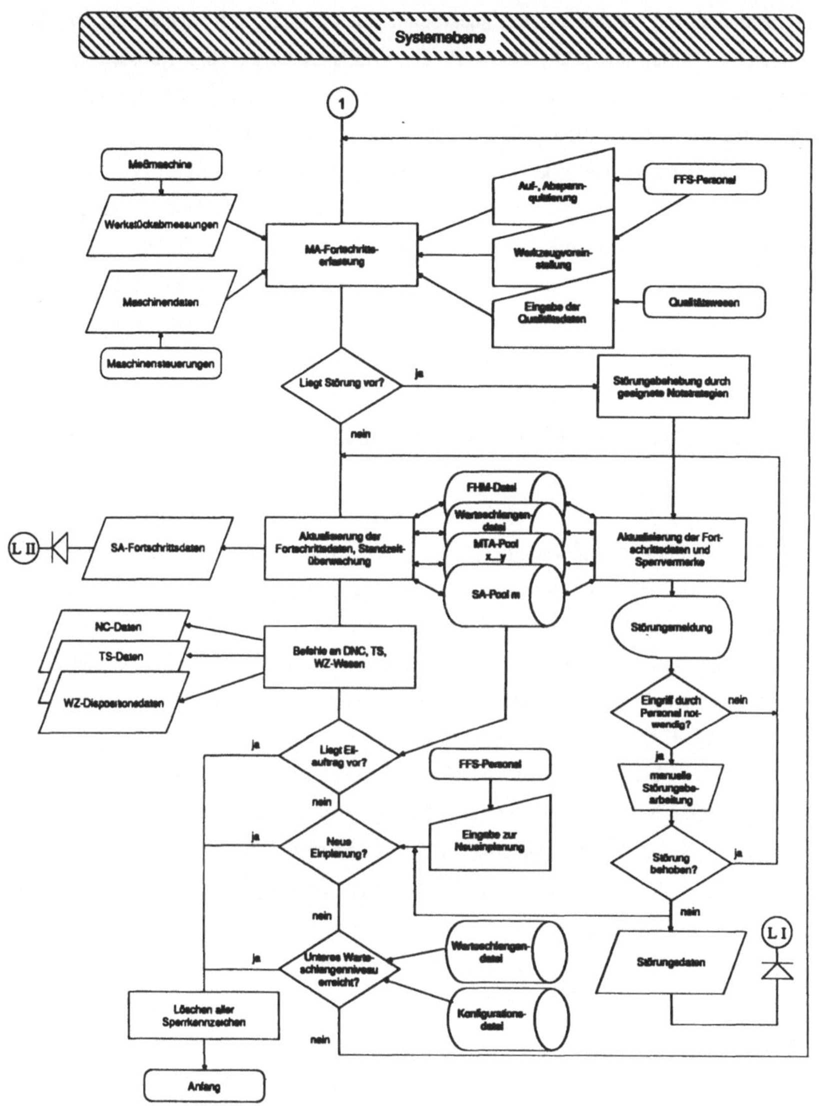

Abb. 8-5b: Programmnetz gemäß DIN 66001 für die Funktion der Systemebene

ein Systemauftrag komplett fertigbearbeitet ist, erfolgt eine Meldung an den Leitrechner. Dieser überprüft, ob damit ein Werkstattauftrag abgeschlossen ist und informiert gegebenenfalls den Betriebsrechner. In Abbildung 8-5 ist ein Programmnetz für den Funktionsablauf der Systemebene dargestellt.

Die anwendungsspezifische Konfiguration der Systeme erfolgt durch Parametersetzung. Dazu werden die veränderbaren Parameter in Tabellenform aufgelistet. Der Anwender hat dann die Möglichkeit, menügesteuert die Prioritätskriterien mit den entsprechenden Gewichtungen auszuwählen und die Planungsintervalle für die SA-Pools und Warteschlangendateien festzulegen. In Kapitel 8.4 wird eine Auswahl der hierfür vorgesehenen Bildschirmmasken vorgestellt.

8.3 Die Maschinenauftragsreihenfolgeplanung mit Hilfe von Prioritätsregeln

Wie in Kapitel 8.2 beschrieben, ist für das Auffüllen einer Maschinenwarteschlange immer der Maschinentypauftrag auszuwählen, der aufgrund der aktuellen Situation im System am besten geeignet ist. Zur Ermittlung dieses Maschinentypauftrags dient ein Verfahren, das die in Frage kommenden Maschinentypaufträge nach bestimmten Prioritätskriterien bewertet. Einfache allgemeine Prioritätskriterien sind z.B. (vgl. HACKSTEIN 1988, S.152ff.):

- KOZ: Der Auftrag mit der kürzesten Operationszeit erhält den Vorzug.

- FCFS: Bei der "First come - first served" - Regel werden die Aufträge nach der eingehenden Reihenfolge gefertigt.

- KRB: Der Auftrag mit der kleinsten restlichen Bearbeitungszeit bekommt die höchste Prioritätszahl.

- FFT: Der Auftrag mit dem frühesten Fertigstellungstermin, also mit der geringsten Schlupfzeit, erhält die höchste Prioritätszahl.

Für FFS führen diese Regeln nur in Ausnahmefällen zu befriedigenden Ergebnissen. Hier müssen weitere, speziell auf die Eigenschaften der FFS ausgerichtete Kriterien Berücksichtigung finden. Solche Kriterien sind insbesondere:

- Minimierung der Werkzeugwechsel

  Bei Überlastungen des Werkzeugtransportsystems durch zuviele Werkzeugwechsel kann es auch bei der Möglichkeit des hauptzeitparallelen Werkzeugwechsels zu Maschinenstillstandzeiten aufgrund fehlender

Werkzeuge kommen. Deshalb erhält der Auftrag hohe Priorität, für den die wenigsten Werkzeugwechsel erforderlich sind.

- Gerüstete Palette verfügbar

Da das Aufrüsten einer Palette mit der Vorrichtung aufgrund der notwendigen Justiervorgänge sehr zeitaufwendig ist, sollen möglichst gerüstete Paletten wiederverwendet werden. Deshalb erhalten die Aufträge, für die schon gerüstete Paletten existieren, hohe Priorität.

- Satzweise Fertigung

Zusammengehörende Werkstücke sollen bei der satzweisen Fertigung möglichst gleichzeitig für die Montage o.ä. zur Verfügung stehen. Um dies zu erreichen, bekommen alle Werkstücke, die zu dem Satz eines bereits in Bearbeitung befindlichen Bauteils gehören, hohe Priorität.

- Folgebearbeitung.

Ein Werkstück, das in einer Aufspannung an mehreren Maschinen bearbeitet werden muß, erhält im aufgespannten Zustand bei den folgenden Bearbeitungen hohe Priorität. Dies soll vermeidbare Ab- und Aufspannvorgänge verhindern, verkürzt die Durchlaufzeiten und sorgt für möglichst geringe Belegungszeiten der hierfür notwendigen Paletten und Vorrichtungen.

Bei der optimalen Einplanung der Maschinenaufträge kommt es oft zu Konflikten, da die Anwender in der Regel mehrere Ziele anstreben, die sich aber widersprechen können. Die satzweise Fertigung bringt z.B. aufgrund der häufig wechselnden Bearbeitungsgänge viele Werkzeugwechsel mit sich. Ein Anwender, der auf beide Kriterien (satzweise Fertigung und möglichst geringe Anzahl von Werkzeugwechsel) Wert legt, müßte hier auf ein Kriterium verzichten. Somit reicht die Bewertung nach nur einem Kriterium nicht aus.

Die Auswahl eines geeigneten Maschinenauftrags erfolgt also unter Berücksichtigung einer Vielzahl von Kriterien. Da die einzelnen Kriterien von unterschiedlicher Bedeutung sind, müssen diese bei der Maschinentypauftragsbewertung unterschiedlich berücksichtigt werden. Dazu bietet die Nutzwertanalyse die Möglichkeit an, die Kriterien gemäß ihrer Bedeutung zu gewichten. Gemäß SPIELER (1984, S.133) ist das Verfahren der Nutzwertanalyse geeignet, aus einer Vielzahl von Alternativen unter Berücksichtigung einer Vielzahl von Bewertungskriterien die anwendungsfallspezifisch günstigste Alternative auszuwählen. Das Verfahren der Nutzwertanalyse wurde ausführlich von ZANGEMEISTER (1976) und RINZA/

SCHMITZ (1977) vorgestellt und soll in bezug auf die vorliegende Verwendung mit Hilfe eines Beispiels kurz erläutert werden.

Zunächst wird ein Maschinentypauftrag nach einem Kriterium beurteilt. Wenn hierbei nur zwei Erfüllungsgrade möglich sind, überprüft das Programm, ob das Kriterium erfüllt wird (z.B. aufgerüstete Palette verfügbar), und vergibt entweder keinen Punkt oder die höchste Punktzahl. Sind bei einem Kriterium mehr als zwei Ausprägungen möglich, so erfolgt eine Skalierung der Erfüllungsgrade und dementsprechend eine Punktvergabe. So kann z.B. mit steigender Anzahl der erforderlichen Werkzeugwechsel die zu vergebende Punktzahl abnehmen, so daß Maschinentypaufträge ohne Werkzeugwechsel maximale Punktzahl und Maschinentypaufträge mit sehr vielen Werkzeugwechseln keinen Punkt erhalten. Die Skalierung der jeweiligen Erfüllungsgrade kann anwendungsspezifisch und auf die besonderen Randbedingungen abgestimmt vorgenommen werden (Abbildung 8-6).

Anzahl der erforderlichen Werkzeugwechsel	0	1-3	4-7	8-15	16-30	>30
Punktzahl	5	4	3	2	1	0

Abb. 8-6:   Beispiel für die Skalierung der Erfüllungsgrade bei dem Kriterium geringe Anzahl an Werkzeugwechsel

Die so erlangte Punktzahl wird mit dem Gewichtungsfaktor multipliziert und das Ergebnis in die Nutzwerttabelle eingetragen. Der Nutzwert eines Maschinentypauftrags ergibt sich aus der Summe aller so ermittelten Nutzwerte. Der Gewichtungsfaktor ist vom Anwender nach seinen subjektiven Vorstellungen zu bestimmen. Die Summe der Gewichtungsfaktoren zur vollständigen Beschreibung des Oberziels (Maschinenauftrag) sollte 100 betragen. Sollen einzelne Kriterien gar nicht berücksichtigt werden, so ist deren Gewichtungsfaktor Null zu setzen. Zur Vermeidung überflüssiger Rechneroperationen erfolgt vor der Bewertung eines Maschinenauftrags nach einem Prioritätskriterium eine Abfrage nach dem Gewichtungsfaktor. Ist dieser gleich Null, überspringt das Programm die Beurteilung nach diesem Kriterium und fährt mit dem nächsten fort (Abbildung 8-7). Nachdem die Nutzwerte aller Maschinenaufträge bestimmt worden sind, ermittelt es den Maschinentypauftrag mit dem höchsten Nutzwert und fährt mit der Verarbeitung fort.

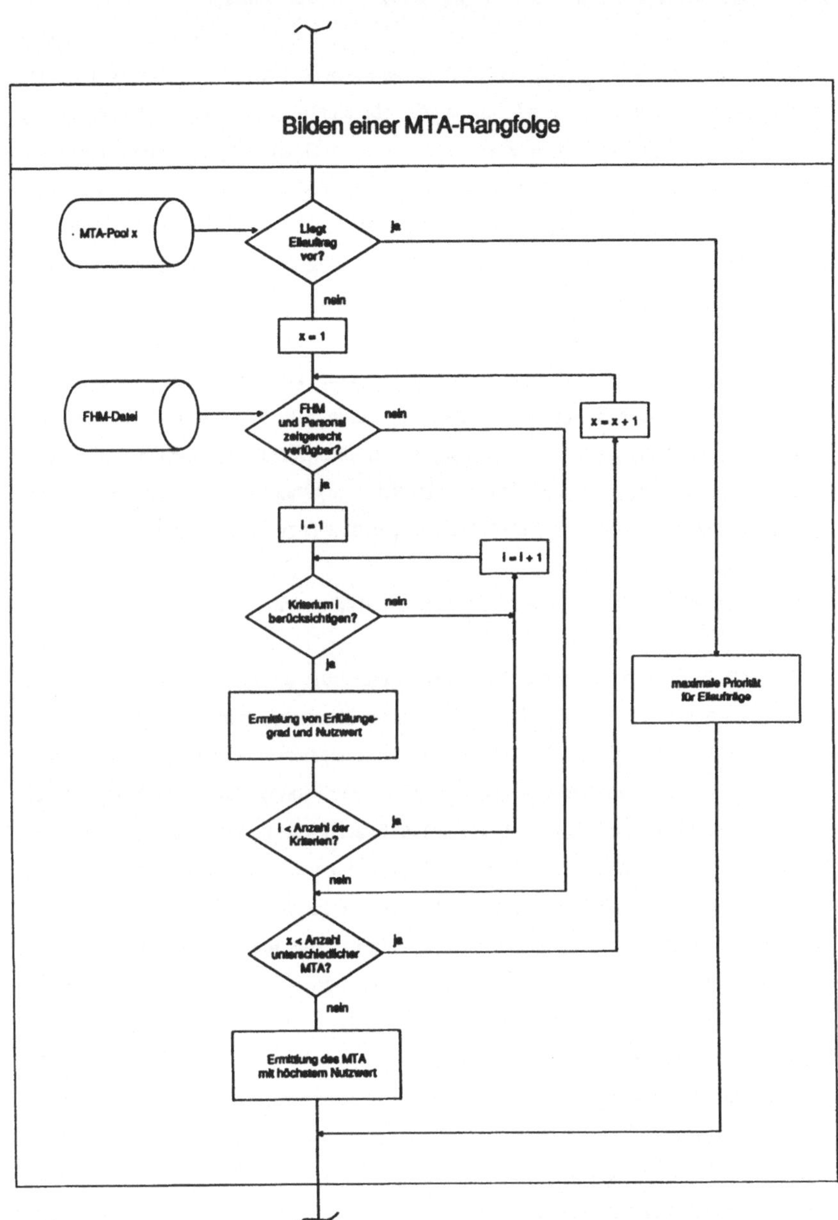

Abb. 8-7:   Bilden einer MTA-Rangfolge mit Hilfe von Prioritätskriterien

8.4   Gestaltung der Menüsteuerung eines Bedienterminals

Dem FFS-Personal müssen alle wichtigen Daten, die zur Abwicklung der Systemaufträge notwendig sind, in einer übersichtlichen Form zur Verfügung stehen. Aufgrund der sich ständig ändernden großen Datenmengen kommt dafür nur die direkte Anzeige über den Bildschirm des Bedienterminals in Frage. Um eventuelle Änderungen an den Datensätzen vornehmen zu können (z.B. Änderungen am Maschinenbelegungsplan), ist die direkte Eingabe der Änderungen über die Tastatur vorzusehen (vgl. JAUCH 1985, S.4; SCHIELE 1986, S.38). In diesem Kapitel sollen einige Vorschläge zur Gestaltung einer benutzerfreundlichen Oberfläche der Menüsteuerung des Bedienterminals auf Leit- bzw. Systemebene vorgestellt werden. Bei der Gestaltung der Oberfläche wurde auf den Einsatz einer Maussteuerung verzichtet, da die Störanfälligkeit in der Werkstattumgebung für diese Technik zu hoch ist. Um die Masken möglichst ergonomisch zu gestalten, wurde eine funktionstastengesteuerte Fenstertechnik gewählt (vgl. HEEG 1988).

8.4.1   Gestaltung des Layouts einer Informationsmaske

Die Informationsmaske wird über Tastensteuerung direkt aus dem Hauptmenü aufgerufen. Sie zeigt dem FFS-Personal in einer übersichtlichen Form das FFS und alle mit dem FFS ggf. in der Fertigungsinsel integrierten Kapazitätseinheiten an. Durch das Betätigen einer der vorgegebenen Funktionstasten kann das Menü weiter fortgesetzt werden oder in das Ausgangsmenü zurückgesprungen werden. Mit der "Hilfe"-Funktion können jederzeit Informationen über die Menüsteuerung wie z.B. Tastenbelegung etc. oder den derzeitigen Standort im Menü abgefragt werden. In Abbildung 8-8 ist exemplarisch ein Bedienterminal mit der aufgerufenen Informationsmaske für ein FFS, das aus drei Werkzeugmaschinen mit jeweils einem maschinennahen Werkzeugspeicher, einem zentralen Werkzeuglager, einem Werkstückspeicher und dem Transportsystem besteht.
Wie aus der Abbildung 8-8 zu erkennen ist, kann das Menü auf zwei Pfaden fortgesetzt werden:

Zum einen kann über die Funktionstaste F2 der augenblickliche Standort von eingeplanten Aufträgen, Werkzeugen und Vorrichtungen abgefragt werden. Dazu erscheint nach Betätigen der Funktionstaste F2 eine Maske mit der Abfrage der gesuchten Auftragsnummer, Werkzeugnummer und/oder Vorrichtungsnummer. Die

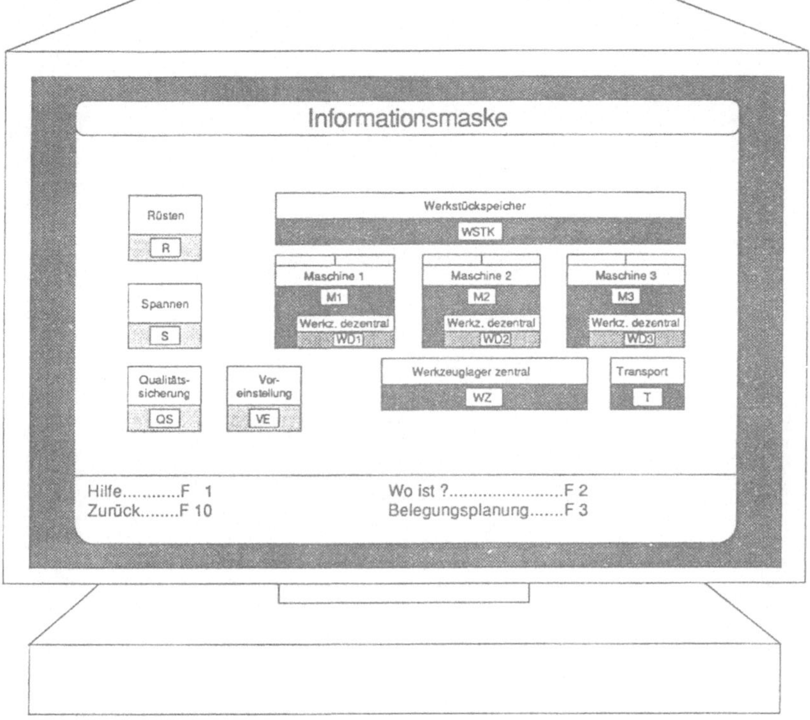

<u>Abb. 8-8</u>:   Layout einer Informationsmaske für ein FFS

Eingabe dieser gewünschten Daten erfolgt über die Tastatur des Bedienterminals. Die Rückmeldung, wo sich diese befinden, erfolgt über den Bildschirm durch farbliche Veränderung der entsprechenden Kapazitätseinheit. Läßt sich ein gesuchtes Objekt nicht finden, erfolgt eine Fehlermeldung mit dem letzten, dem Rechner bekannten, Aufenthaltsort. Abbildung 8-9 zeigt die Maske für diesen Pfad.

Durch Betätigung der Funktionstaste F3 wird der zweite mögliche Pfad ausgewählt. Auf der dann erscheinenden Maske (Abbildung 8-10) kann durch Eingabe des Kennzeichens einer gewünschten Kapazitätsstelle (z.B. "M2" für Maschine 2) der aktuelle Belegungsplan dieser Kapazitätseinheit aufgerufen werden. Im dargestellten Beispiel wird der Belegungsplan der Maschine M2 des FFS angezeigt (Abbildung 8-11). Auf dem Bildschirm ist im oberen Teil die Belegung der Maschine für einen Planungshorizont von ca. acht Stunden angezeigt. Die einzelnen

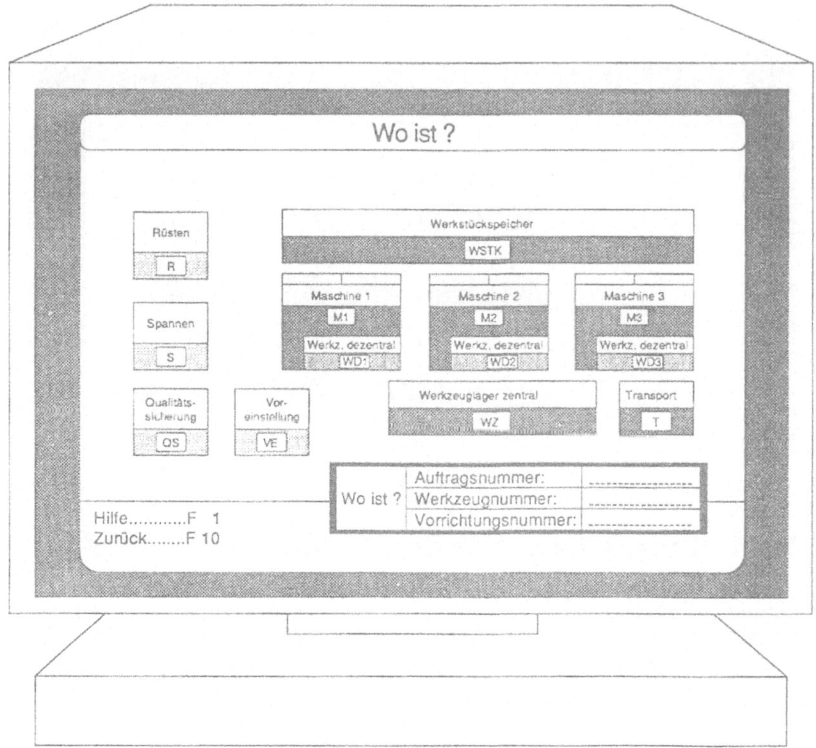

Abb. 8-9:   Layout einer Gestaltung einer Suchfunktion

Aufträge sind durch unterschiedliche Schraffur gekennzeichnet. Der aktuelle Stand der Bearbeitung ist durch Angabe des Datums und der Uhrzeit gekennzeichnet. Im unteren Teil des Bildschirms werden weitere für die Auftragsabwicklung wichtige Daten in der Reihenfolge der verplanten Aufträge angezeigt. Dazu gehört die Losgröße des Systemauftrages, die fortlaufende Zählung der Teile eines Auftrages, die zu bearbeitende Spannung des Teils, der Status des Teils (z.B. Eil- oder Einfahrauftrag oder letztes Teil des Auftrages) sowie die graphische Kennzeichnung des Teiles im Belegungsplan. Sollen Veränderungen am aktuellen Belegungsplan (z.B. Einplanung eines Eilauftrages) vorgenommen werden, kann der Einplanungsvorgang über die Tastensteuerung des Menüs weiter fortgesetzt werden. Wie aus Abbildung 8-11 zu erkennen ist, befinden sich in dem gewählten Beispiel zur Zeit drei verschiedene Systemaufträge in der Warteschlange der Maschine 2. Das

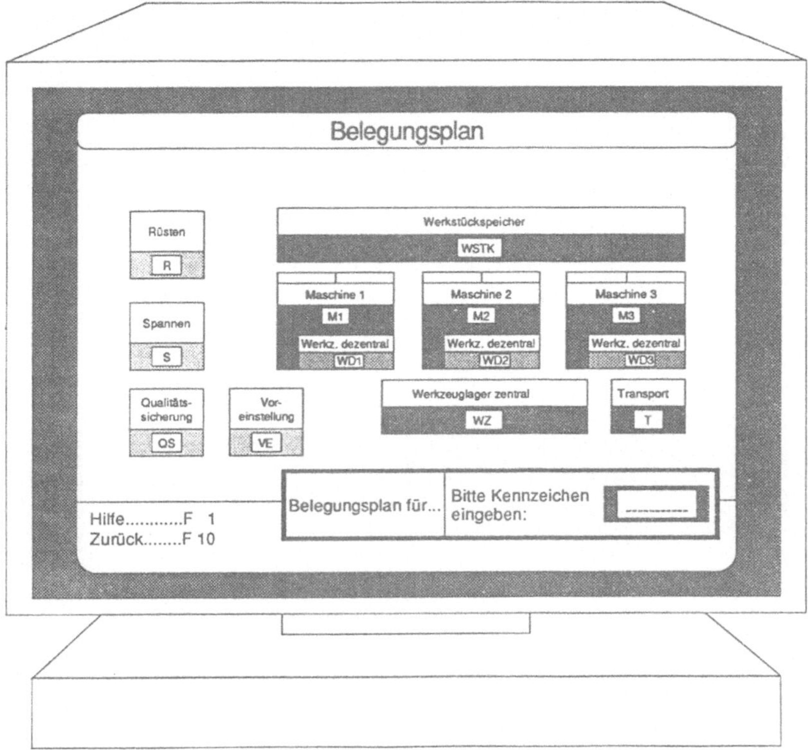

Abb. 8-10: Layout zur Ermittlung der Belegungsfunktion

16. Teil des Auftrages mit der Nummer 4956 befindet sich kurz vor der Fertigstellung. Als nächstes wird das dritte Teil des Auftrages 7182 in der ersten
Aufspannung bearbeitet. Im Rahmen des angezeigten Planungshorizontes ist auch
ein Eilauftrag zu fertigen. Wie weiter zu erkennen ist, wird die Bearbeitung der
zweiten Aufspannung des dritten Teils des Auftrages 7182 weiter zurückgestellt,
um andere Teile früher zu fertigen. Im abgebildeten Planungshorizont wird, falls
keine weiteren Eilaufträge eingelastet werden oder Störungen auftreten, das letzte
Teil des Auftrages 4956 in etwa 4:45 Stunden, also ca. um 12.45 Uhr die Maschine M2 verlassen. Der Auftrag ist dann auf dieser Maschine fertiggestellt.

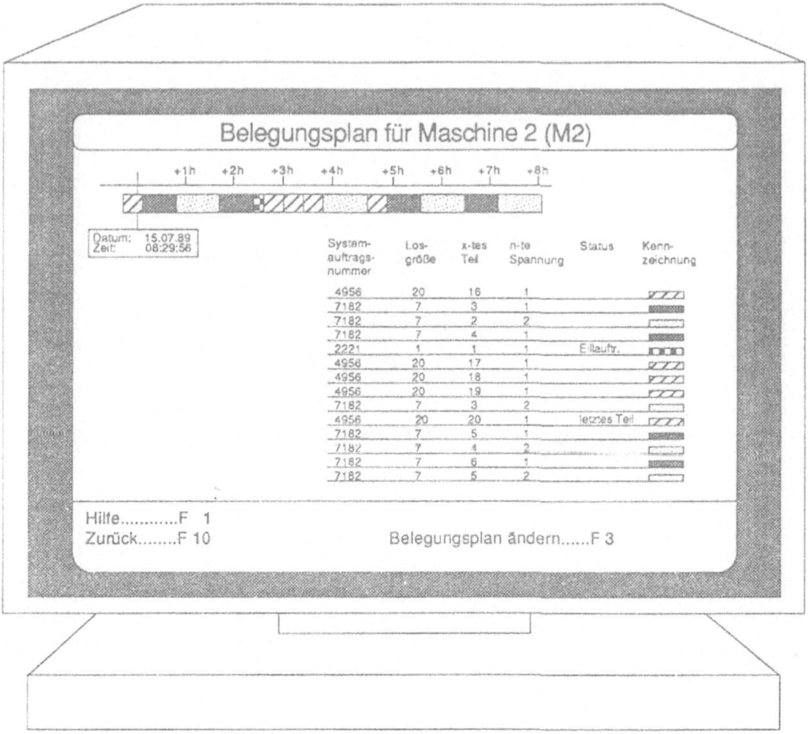

Abb. 8-11: Layout eines Belegungsplanes

8.4.2 Gestaltung des Layouts einer Planungsmaske

In Kapitel 8.2 wurde der Funktionsablauf zur Einplanung der Werkstattaufträge erläutert. In den einzelnen Funktionen kann der Leitrechner innerhalb bestimmter, vorgegebener Grenzen nach vorgegebenen Kriterien die optimale Verplanung der Werkstattaufträge vornehmen. Vom Personal der Leitebene müssen dazu die entsprechenden Grenzen und Kriterien eingegeben werden.

Die Eingabe dieser Daten erfolgt über eine Planungsmaske, die wie die Informationsmaske direkt per Tastensteuerung aus dem Hauptmenü aufgerufen wird. In dieser Planungsmaske sind alle durch das Personal der Leitebene beeinflußbaren Grenzen und Kriterien in übersichtlicher Form angezeigt. Durch das Betätigen der entsprechenden Funktionstasten werden die weiterführenden Masken aufgerufen und auf dem Bildschirm des Bedienterminals angezeigt. Für die Festlegung der Planungsintervalle und -horizonte sowie für die Gewichtung und Skalierung der Prioritätskriterien werden in diesem Kapitel Vorschläge zur Gestaltung der entsprechenden Planungsmasken unterbreitet.

In der Maske "Konfiguration der Planungsintervalle und -horizonte" werden die aktuellen Daten der Länge der Planungsintervalle und -horizonte sowie die oberen und unteren Warteschlangenniveaus der einzelnen Schichten angezeigt (Abbildung 8-12).

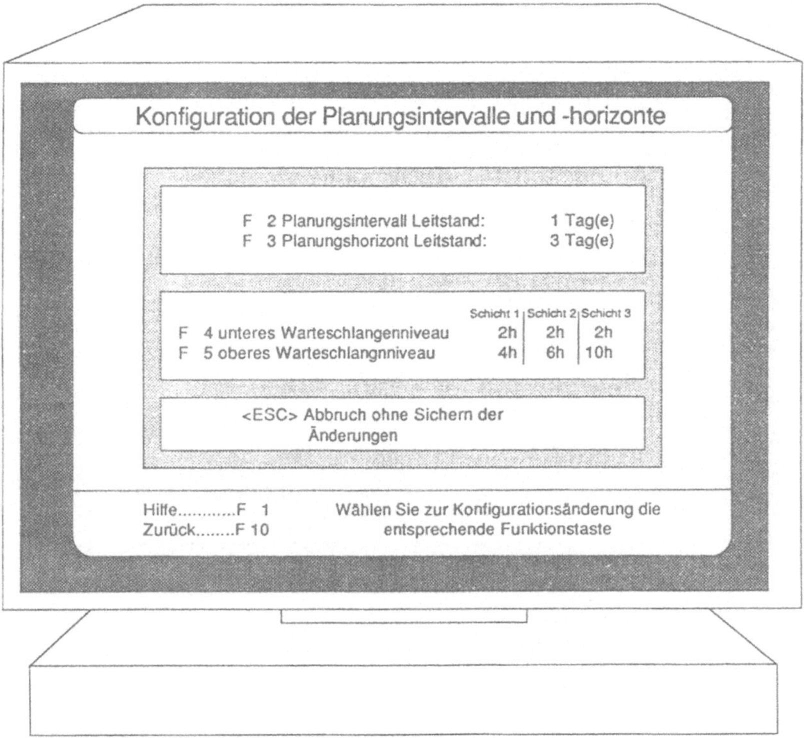

<u>Abb. 8-12:</u>   Layout zur Konfiguration der Planungsintervalle

Innerhalb der angezeigten Grenzen werden vom Rechner die Aufträge verplant, d.h. nach Ablauf des Planungsintervalls (hier 1 Tag) kann der Leitrechner aus dem Planungshorizont (hier 3 Tage) Aufträge für die Maschine auswählen. Eventuelle

Änderungen können leicht durch Betätigung der entsprechenden Funktionstaste vorgenommen werden. Die in Kapitel 8.3 erläuterte Verplanung der Aufträge nach vorgegebenen Prioritätsregeln wird sinnvoll über ein Menü gesteuert. Die aufgerufene Maske "Gewichtung und Skalierung der Prioritätskriterien" zeigt in übersichtlicher Form die derzeit gültigen Prioritätskriterien sowie deren Gewichtung und Skalierung. Die Gewichtungsfaktoren und die Skalierung können nach Aufruf der entsprechenden Funktionen durch das Personal mittels der Tastatur des Rechners verändert werden (Abbildung 8-13).

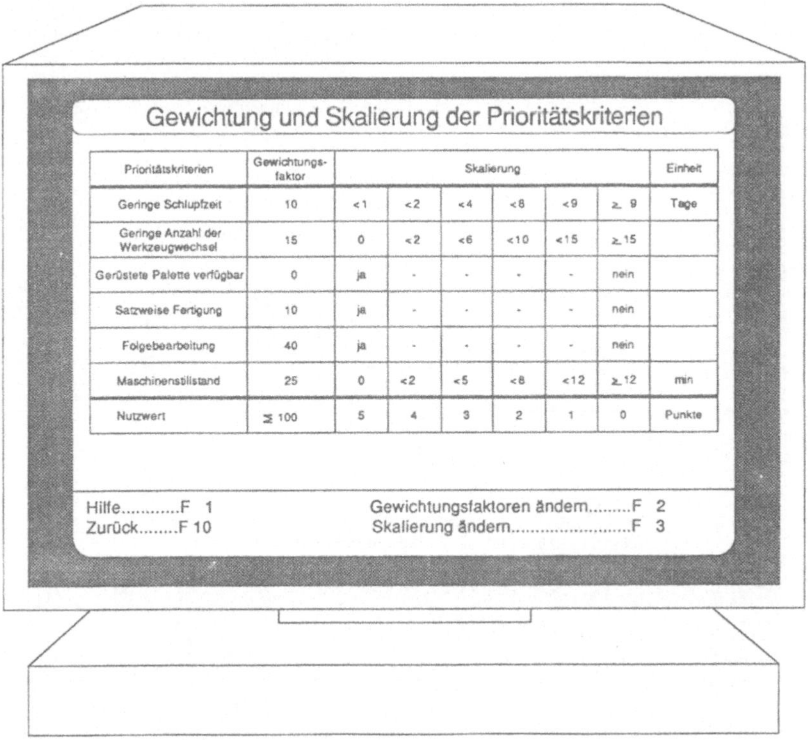

Prioritätskriterien	Gewichtungsfaktor	Skalierung						Einheit
Geringe Schlupfzeit	10	< 1	< 2	< 4	< 8	< 9	≥ 9	Tage
Geringe Anzahl der Werkzeugwechsel	15	0	< 2	< 6	< 10	< 15	≥ 15	
Gerüstete Palette verfügbar	0	ja	-	-	-	-	nein	
Satzweise Fertigung	10	ja	-	-	-	-	nein	
Folgebearbeitung	40	ja	-	-	-	-	nein	
Maschinenstillstand	25	0	< 2	< 5	< 8	< 12	≥ 12	min
Nutzwert	≥ 100	5	4	3	2	1	0	Punkte

Abb. 8-13:   Layout der Maske "Gewichtung und Skalierung der Prioritätskriterien"

9. Anwendungstyp-spezifische Gestaltungsvorschläge

9.1 Vorschläge zur Gestaltung der Arbeitsorganisation und des Personaleinsatzes

Die typspezifische Gestaltung der Arbeitsorganisation ist eine wesentliche Voraussetzung für den erfolgreichen Einsatz des FFS. Die in diesem Zusammenhang notwendigen Gestaltungsvorschläge lassen sich nach den folgenden Kriterien ordnen:

Aufgabenverteilung

Die anforderungsgerechte Verteilung der im FFS anfallenden Aufgaben auf das FFS-Personal orientiert sich an den in Kapitel 7.4 ermittelten Anforderungen. Durch die schriftliche Breitenerhebung wurde bestätigt, daß die meisten FFS im Dreischichtbetrieb arbeiten. Dies erfordert die Erarbeitung von Gestaltungsvorschlägen für alle drei Schichten. Die Bezeichnung der Schichten soll anhand der folgenden Definition erfolgen:

- 1. Schicht

  Die erste Schicht soll verstanden werden als die "Hauptschicht" des FFS. In dieser Schicht sollen alle personalintensiven Tätigkeiten durchgeführt werden. Dazu gehören z.B. die Festlegung des Tagesprogramms, das Einfahren von Aufträgen oder das Montieren von neuen Vorrichtungen. Das FFS wird dazu mit der maximal notwendigen Belegschaft gefahren. In der ersten Schicht besteht die Verfügungsbereitschaft des kompletten Betriebes. Es besteht somit die Möglichkeit, für spezielle Aufgaben Fachpersonal aus anderen Betriebsbereichen (z.B. aus der NC-Programmierabteilung oder aus der Instandhaltungsabteilung) hinzuzuziehen. In der Regel ist die erste Schicht gleichzusetzen mit der Frühschicht.

- 2. Schicht

  Die zweite Schicht, in der Regel die Spätschicht, soll verstanden werden als die Schicht, in der außer den unmittelbar für den Produktionsprozeß notwendigen Tätigkeiten alle Arbeiten zur Vorbereitung der dritten (bedienerarmen oder bedienerlosen) Schicht durchgeführt werden. Dazu gehört das Vorbereiten von Vorrichtungen, Auffüllen des Werkstückspeichers und die Komplettierung der Werkzeugsätze. Diese Schicht soll als "Vorbereitungsschicht" bezeichnet werden.

- 3. Schicht

    Die dritte Schicht, die Nachtschicht, ist gekennzeichnet durch einen weitgehend bedienerarmen bis hin zum bedienerlosen Betrieb. Die Haupttätigkeiten sollen sich hierbei auf das Kontrollieren des Fertigungsablaufes und geringe Spanntätigkeiten reduzieren.

Die Gestaltungsvorschläge sind als typspezifische Zielvorstellungen zu sehen. Für den speziellen Einzelfall können bei Bedarf Änderungen notwendig werden, um eine Optimierung der Aufgabenverteilung zu erreichen.

Die bei der Aufgabenverteilung vorgenommene Unterteilung des FFS-Personals:

- Meister,
- FFS-Führer und
- FFS-Bediener

ist stellvertretend für die Personengruppen mit ähnlichen Aufgaben zusehen. So kann z.B. auch die Position des "FFS-Führers" ersetzt werden durch einen "Vorarbeiter". Grundsätzlich soll der Meister auftragsneutrale Aufgaben wie die Personalplanung und -führung übernehmen. Seine Anwesenheit ist prinzipiell nur für die Dauer einer Schicht vorgesehen. Bei der Entwicklung der Gestaltungsvorschläge wurde diese in die erste Schicht gelegt. Prinzipiell möglich ist aber auch die Entkopplung der Anwesenheit von der Schichteinteilung am FFS. Beispielsweise durch die Regelung, jeweils die Hälfte der Arbeitszeit in der ersten und zweiten Schicht anwesend zu sein, so daß eine Überlappung auftritt.

Zum Einfahren neuer NC-Programme bzw. bei vorzunehmenden Änderungen der NC-Programme ist typspezifisch die zusätzliche Anwesenheit eines NC-Programmierers der zentralen NC-Programmierabteilung erforderlich.

Sollen Aufgaben von mehreren Mitarbeitern ausgeführt werden, erfolgt eine Aufteilung in Haupt- und Nebenaufgaben. Diejenigen Mitarbeiter, die eine bestimmte Aufgabe als "Hauptaufgabe" zu erfüllen haben, sind für die ordnungsgemäße Durchführung verantwortlich. Eine als "Nebenaufgabe" eingestufte Tätigkeit wird von den Mitarbeitern bei Bedarf mit ausgeführt. Zusätzlich ist zu beachten, daß typspezifisch die Tätigkeiten Disponieren und Überwachen des FFS vom Systemrechner unterstützt ausgeführt werden können. Die Tätigkeit des FFS-

Personals beschränkt sich dann auf die Quittierung von Meldungen und Abfragen (z.B. Überprüfung und Bestätigung der Verfügbarkeit von Fertigungshilfsmitteln). Diese Tätigkeiten werden als "EDV-unterstützte Tätigkeit" bezeichnet.

Organisation der FFS

Zu diesem Punkt werden Gestaltungsvorschläge formuliert, die Fragen der Arbeitsteiligkeit, der Größe des Meisterbereiches, der Möglichkeit des "Job Rotation" und Kompetenzzuweisungen innerhalb der FFS-Mannschaft behandeln. Bei der Betrachtung möglicher Organisationsformen der Werkstattauftragsabwicklung ist auch der Einsatz von FFS im Rahmen von Fertigungsinseln zu beleuchten.

"Die Fertigungsinsel hat die Aufgabe, aus gegebenem Ausgangsmaterial Produktteile oder Endteile möglichst komplett zu fertigen. Die notwendigen Betriebsmittel sind räumlich und organisatorisch in der Fertigungsinsel zusammengefaßt. Das Tätigkeitsfeld der dort beschäftigten Gruppe trägt folgende Kennzeichen:

- die weitgehende Selbststeuerung der Arbeits- und Kooperationsprozesse, verbunden mit Planungs-, Entscheidungs- und Kontrollfunktionen innerhalb vorgegebener Rahmenbedingungen und

- den Verzicht auf eine zu starre Arbeitsteilung und demzufolge eine Erweiterung des Dispositionsspielraum für den einzelnen." (AWF 1984, S.5; vgl. auch REFA 1987, S.55).

Sinnvoll ist diese organisatorische Lösung dann, wenn die kapitalintensiven FFS als "Kopf" der Fertigungsinsel dienen. Die als Nebenmaschinen arbeitenden, unverketteten Werkzeugmaschinen übernehmen dann die bei FFS anfallenden Vor- und Folgebearbeitungen, so daß komplett bearbeitete Werkstücke die Fertigungsinsel verlassen. Weiterhin können Meßmaschinen zur Überprüfung vorgegebener Qualitätsforderungen in die Fertigungsinsel integriert werden. Durch den weitgehend bedienerarmen Betrieb von FFS ist das Personal der Fertigungsinsel in der Lage auch andere Tätigkeiten, z.B. das Bedienen der Nebenmaschinen, durchzuführen.

Qualifikation

Für unterschiedliche Aufgaben sind differenzierte Qualifikationen erforderlich. Diese richten sich größtenteils nach der im FFS vorgenommenen Aufgabenverteilung und Kompetenzzuweisung. Das Qualifikationsniveau der Beschäftigten hat sich mit dem Einsatz von FFS deutlich erhöht (vgl. Kapitel 5.1). Neben ausführlichen technologischen Kenntnissen und manuellen Fähigkeiten werden zusätzlich übergreifende Qualifikationen, sogenannte Schlüsselqualifikationen, gefordert (vgl. v. DAMM 1987).

Fertigungshilfsmittel

Die Gestaltung der Bereitstellung der Fertigungshilfsmittel beeinflußt in hohem Maße die Art der Arbeitsorganisation. Die zur Bereitstellung von Rohmaterialien, Vorrichtungen und Werkzeugen notwendigen Tätigkeiten müssen bei der Gestaltung der Arbeitsorganisation und des Personaleinsatzes mit berücksichtigt werden.

<u>FFS-Typ I:</u>   Aufgabenverteilung

Ein Meister ist nur während der ersten Schicht anwesend. Seine Hauptaufgaben liegen bei der Personalplanung und -führung und der Disposition von Aufträgen. Bei dem FFS-Typ I wird aufgrund der geringen Anforderungen an die Disposition von Aufträgen diese Funktion nicht vom Systemrechner übernommen, sondern erfolgt auf konventionellem Wege. Der Meister übernimmt bei dem FFS-Typ I diese Tätigkeiten und ist für die Disposition der Werkstattaufträge verantwortlich. Aufgrund der geringen Häufigkeit der Einfahraufträge und der notwendigen Progammierkenntnisse wird das Einfahren sowie die erforderlichen Änderungen neuer NC-Programme von der Programmierabteilung vorgenommen. Der Meister oder der FFS-Führer unterstützt aufgrund seiner hohen Kenntnisse über die technologischen Funktionen des FFS den NC-Programmierer. Für die erste und die zweite Schicht ist die Besetzung des FFS jeweils durch einen FFS-Führer und einen FFS-Bediener vorgesehen. Der FFS-Führer erfüllt hauptsächlich alle Aufgaben, die zum reibungslosen Ablauf der Fertigung erforderlich sind, die Qualitätskontrolle und unterstützt zusätzlich den FFS-Bediener, der in erster Linie mit der Beschickung des FFS mit Werkstücken und Vorrichtungen betraut ist. Bei der zweiten Schicht sind nach Möglichkeit keine Einfahraufträge und kein Rüsten von Paletten und Vorrichtungen durchzuführen. Der Schwerpunkt soll auf der Vorbereitung des FFS für die bedienerlose Schicht liegen. Die dritte Schicht ist als bedienerlose Schicht zu verplanen (Abbildung 9-1).

FFS-Typ I		Personalplanung und -führung	Disponieren	Überwachen des FFS	Wartung / Reparatur	Qualitätskontrolle	Aufträge einfahren	Werkzeugversorgung	Vorrichtungen rüsten	Werkstücke spannen
1. Schicht	Meister	●	●				○			
	FFS-Führer			○ EDV	●	●		●	○	○
	FFS-Bediener					○		○	●	●
	NC-Programmierer						●			
2. Schicht	FFS-Führer			○ EDV	●	●	(○)	●	(○)	○
	FFS-Bediener					○		○	(●)	●
3. Schicht	bedienerloser Automatikbetrieb									

● Haupttätigkeit   ○ EDV EDV-unterstützte Tätigkeit

○ Nebentätigkeit   ( ) nach Möglichkeit zu vermeidende Tätigkeit

Abb. 9-1:   Aufgabenverteilung im FFS-Typ I

Organisation

Die Arbeitsorganisation ist gekennzeichnet durch eine schwache Arbeitsteilig-keit. Ein "Job Rotation" zwischen dem FFS-Führer und dem Werker ist möglich. Es ist grundsätzlich keine strikte fachliche und räumliche Trennung der Funktionen "FFS-Führen" und "FFS-Bedienen" vorzusehen. Zu der Funktion "FFS-Führen" gehören die Tätigkeiten Disponieren, Überwachen des FFS, Wartung und Reparatur, Qualitätskontrolle und eventuell Einfahren der Aufträge. Die Tätigkeiten Werk-zeugversorgung, Werkstücke spannen und Vorrichtungen rüsten werden der Funktion "FFS-Bedienen" zugeordnet. Der Meister ist in der Regel nicht nur für ein FFS, sondern für einen größeren Bereich der Fertigung verantwortlich. Der FFS-Typ I eignet sich grundsätzlich für den bedienerlosen Automatikbetrieb. Aufgrund der hohen Homogenität der Fertigung und des Arbeitsvorrates sowie der geringen Komplexität des Maschinenparks eignet sich das FFS hervorragend als

Kopf einer Fertigungsinsel. Die hohe Homogenität der Fertigung erlaubt dem FFS-Personal auch die Durchführung von Tätigkeiten an Nebenmaschinen.

Qualifikation

Der Meister besitzt eine umfassende technologische Ausbildung, die durch Kenntnisse auf den Gebieten der Personalplanung und -führung und der Disposition von Werkstattaufträgen erweitert ist. Der FFS-Führer ist ein speziell ausgebildeter Facharbeiter, der eine technisch und organisatorisch orientierte Schulung für diesen FFS-Typ erfahren hat. Zusätzlich soll er die Fähigkeit zur Durchführung von Reparaturarbeiten besitzen. Das Einfahren neuer NC-Programme wird von der NC-Programmierabteilung vorgenommen wird, Programmierkenntnisse des FFS-Personals sind nur bedingt erforderlich. Der FFS-Bediener ist ebenfalls ein speziell ausgebildeter Facharbeiter, dessen zusätzlichen Kenntnisse und Fähigkeiten davon abhängen, ob er im Rahmen des "Job Rotation" in einer anderen Schicht die Aufgaben des FFS-Führers übernehmen soll.

Fertigungshilfsmittel

Die hohe Homogenität der Fertigung ist gekennzeichnet durch eine hohe Wiederholhäufigkeit der Werkstattaufträge und ein begrenztes Teilespektrum. Es wird eine begrenzte Anzahl von Werkzeugen und Vorrichtungen mit einer sehr hohen Wiederholhäufigkeit benötigt. Dies macht eine ständige Verfügbarkeit aller benötigten Werkzeuge und montierter Vorrichtungen am FFS erforderlich.

<u>FFS-Typ II:</u>   Aufgabenverteilung

Die Aufgabenverteilung unterscheidet sich von der des FFS-Typs I dadurch, daß die Aufgaben der Disposition weitgehend von der EDV unterstützt durchgeführt werden sollen, da eine hohe Anzahl von Eilaufträgen sowie eine geringe Homogenität der Fertigung zu einer sehr komplexen Dispositionsaufgabe mit vielen Randbedingungen führt. Der FFS-Führer übernimmt nur noch quittierende und überprüfende Aufgaben. Bei ihm liegt bei diesem FFS-Anwendungstyp die Hauptverantwortung zum Einfahren neuer NC-Programme. Bei komplexen Problemstellungen wird für diese Arbeiten ein NC-Programmierer hinzugezogen. Auf das

Einfahren neuer NC-Programme in der zweiten Schicht ist nach Möglichkeit zu verzichten, damit sich das FFS-Personal auf die Vorbereitung des FFS für die bedienerlose Nachtschicht konzentrieren kann. Die hohe Zahl von Rüstvorgängen erweitert das Aufgabenfeld des FFS-Bedieners. Das führt dazu, daß der FFS-Führer häufiger Aufgaben des FFS-Bedieners mitzuerfüllen hat (Abbildung 9-2).

FFS-Typ II		Personalplanung und -führung	Disponieren	Überwachen des FFS	Wartung / Reparatur	Qualitätskontrolle	Aufträge einfahren	Werkzeugversorgung	Vorrichtungen rüsten	Werkstücke spannen
1. Schicht	Meister	●								
	FFS-Führer		○ EDV	○ EDV	●	●	●	●	○	○
	FFS-Bediener					○		○	●	●
	NC-Programmierer						○			
2. Schicht	FFS-Führer		○ EDV	○ EDV	●	●	(●)	●	(○)	○
	FFS-Bediener					○		○	(●)	●
3. Schicht	bedienerloser Automatikbetrieb									

● Haupttätigkeit ○EDV EDV-unterstützte Tätigkeit

○ Nebentätigkeit ( ) nach Möglichkeit zu vermeidende Tätigkeit

<u>Abb. 9-2:</u>   Aufgabenverteilung im FFS-Typ II

Organisation

Wichtig ist die grundsätzliche Eignung des FFS-Typs II für den bedienerlosen Automatikbetrieb. Beim Einsatz dieses FFS-Typs in einer Fertigungsinsel ist zu beachten, daß aufgrund der inhomogeneren Fertigung das FFS-Personal stärker ausgelastet ist und somit weniger Spielraum für Tätigkeiten an Nebenmaschinen hat.

Qualifikation

Die Qualifikationsanforderungen an das Personal erhöhen sich insoweit, daß Programmierkenntnisse zum Einfahren und Optimieren der NC-Programme neuer Aufträge erforderlich sind. Zusätzlich sind Kenntnisse im Umgang mit der EDV in Bezug auf anfallende Dispositionsaufgaben notwendig.

Fertigungshilfsmittel

Die geringe Homogenität der Fertigung, gekennzeichnet durch eine geringe Wiederholhäufigkeit der Werkstattaufträge und das große Teilespektrum, läßt eine ständige Verfügbarkeit von Werkzeugen und Vorrichtungen aus wirtschaftlichen Gründen nicht sinnvoll erscheinen. Die benötigten Fertigungsmittel sind rechtzeitig anzufordern bzw. zu rüsten.

FFS-Typ III: Aufgabenverteilung

Bei dem FFS-Typ III ist aufgrund der hohen Häufigkeit der Spannvorgänge die zusätzliche Anwesenheit eines zweiten FFS-Bedieners für die erste Schicht erforderlich. Die Aufgaben der beiden FFS-Bediener sind so verteilt, daß der FFS-Bediener 1 die Versorgung des FFS mit Werkzeugen und Werkstücken sowie das Abspannen der fertig bearbeiteten Werkstücke der bedienerarmen 3. Schicht übernimmt und der FFS-Bediener 2 das Rüsten von Paletten und Vorrichtungen durchführt. Dabei soll er nach Möglichkeit auch die Paletten und Vorrichtungen für die zweite und dritte Schicht rüsten. Die zweite Schicht wird nur mit einem FFS-Führer und einem FFS-Bediener gefahren. In dieser Schicht sind alle Vorbereitungen für die bedienerarme dritte Schicht zu treffen. Insbesondere sind nach Möglichkeit alle benötigten Vorrichtungen zu rüsten, die Werkzeugmagazine zu füllen und möglichst viele Werkstücke zu spannen. Die dritte Schicht ist mit einem FFS-Führer besetzt, der alle anfallenden Aufgaben zu erfüllen hat. Er hat Sorge zu tragen, daß ausreichend gespannte Rohteile dem FFS zur Verfügung stehen, so daß kein Maschinenstillstand aufgrund von Materialmangel auftritt (Abbildung 9-3).

FFS-Typ III		Personalplanung und -führung	Disponieren	Überwachen des FFS	Wartung / Reparatur	Qualitätskontrolle	Aufträge einfahren	Werkzeugversorgung	Vorrichtungen rüsten	Werkstücke spannen
1. Schicht	Meister	●								
	FFS-Führer		○ EDV	○ EDV	●	●	●			
	FFS-Bediener 1					○		●	○	●
	FFS-Bediener 2					○		○	●	○
	NC-Programmierer						○			
2. Schicht	FFS-Führer		○ EDV	○ EDV	●	●	(●)	●	○	○
	FFS-Bediener					○			●	●
3. Schicht	FFS-Führer		○ EDV	○ EDV	●	●		●	(●)	●

● Haupttätigkeit ○ EDV EDV-unterstützte Tätigkeit

○ Nebentätigkeit ( ) nach Möglichkeit zu vermeidende Tätigkeit

<u>Abb. 9-3</u>: Aufgabenverteilung im FFS-Typ III

Organisation

Die Arbeitsorganisation ist im Unterschied zu den FFS-Typen I und II gekennzeichnet durch eine stärkere Arbeitsteiligkeit in der ersten Schicht. Es sind zusätzlich getrennte Rüst- und Spannplätze vorzusehen. Der FFS-Führer ist in der dritten Schicht alleinverantwortlich für den reibungslosen Fertigungsablauf. Aufgrund der hohen Häufigkeit von Tätigkeiten zur Qualitätssicherung ist die Integration von NC-gesteuerten Meßmaschinen in das FFS zu empfehlen. Für die Integration in eine Fertigungsinsel ist dieser FFS-Typ ebenfalls geeignet. Es ist jedoch zu beachten, daß das FFS-Personal nur einen begrenzten Spielraum zur Durchführung anderer Tätigkeiten besitzt.

Qualifikation

Die Qualifikation des FFS-Personals entspricht der des FFS-Typs II, wobei die beiden FFS-Bediener die gleiche Qualifikation besitzen. Ein "Job Rotation" der beiden Werker ist möglich, bei entsprechender Qualifikation ist auch die Einbeziehung des FFS-Führers vorzusehen.

Fertigungshilfsmittel

Die Bereitstellung der Fertigungshilfsmittel ist genauso zu handhaben wie bei FFS-Typ II.

FFS-Typ IV: Aufgabenverteilung

Die erste Schicht wird mit einem zusätzlichen zweiten FFS-Bediener gefahren. Seine Hauptaufgabe besteht darin, die erforderlichen Werkstücke auf vorbereitete Vorrichtungen zu spannen und so das FFS mit Rohteilen zu versorgen. Der FFS-Bediener 1, der von dieser Tätigkeit weitgehend entbunden ist, kann sich somit um das Werkzeug- und Vorrichtungswesen kümmern. Seine Hauptaufgabe ist es, für alle Schichten die erforderlichen Vorrichtungen zu rüsten und die erforderlichen Werkzeuge voreinzustellen. Der FFS-Führer wird nur noch mit Überwachungs- und Dispositionsaufgaben betraut, da diese aufgrund der hohen Komplexität des Maschinenparks umfangreicher werden. Wie aus Abbildung 9-4 zu entnehmen ist, werden die zweite und dritte Schicht bei gleicher Aufgabenverteilung nur mit einem FFS-Bediener gefahren. Das Einfahren neuer NC-Programme wird wie bei dem FFS-Typ I aufgrund der geringen Häufigkeit der Einfahraufträge primär von der NC-Programmierabteilung vorgenommen.

Organisation

Die Arbeitsorganisation dieses FFS-Typs ist durch eine starke Arbeitsteiligkeit gekennzeichnet. Insbesondere ist eine striktere fachliche und räumliche Trennung der Aufgaben "FFS-Führen" und "FFS-Bedienen" erforderlich. Je nach Größe des Systems ist der Meister nur für ein FFS verantwortlich. Der FFS-Typ IV ist aufgrund der großen Anzahl integrierter Maschinen und dem daraus resultierenden

FFS-Typ IV		Personalplanung und -führung	Disponieren	Überwachen des FFS	Wartung / Reparatur	Qualitätskontrolle	Aufträge einfahren	Werkzeugversorgung	Vorrichtungen rüsten	Werkstücke Spannen
1. Schicht	Meister	●								
	FFS-Führer		○ EDV	○ EDV	●	●	○			
	FFS-Bediener 1					○		●	●	○
	FFS-Bediener 2					○				●
	NC-Programmierer						●			
2. Schicht	FFS-Führer		○ EDV	○ EDV	●	●		○		○
	FFS-Bediener					○		●	(●)	●
3. Schicht	FFS-Führer		○ EDV	○ EDV	●	●		○		○
	FFS-Bediener					○		●	(●)	●

● Haupttätigkeit	○ EDV EDV-unterstützte Tätigkeit
○ Nebentätigkeit	( ) nach Möglichkeit zu vermeidende Tätigkeit

<u>Abb. 9-4:</u> Aufgabenverteilung im FFS-Typ IV

hohen Kapazitätsangebot nicht für den bedienerlosen Betrieb einer kompletten Schicht geeignet. Zur Nutzung dieses Rationalisierungspotentials ist aufgrund der teilweise sehr hohen Homogenität des Arbeitsvorrates das Leerlaufen des FFS im Abschaltbetrieb (z.B. an Wochenenden durch das Starten von "Langläufern" zum Ende der letzten Freitagsschicht) vorzuziehen.

Qualifikation

Prinzipiell kann der FFS-Bediener 2 eine geringere Qualifikation besitzen als der FFS-Bediener 1, da die Anforderungen aufgrund seiner Tätigkeiten geringer sind (vgl. Kapitel 7.4). Um jedoch eine weitgehende Flexibilität beim Personaleinsatz zu erzielen, soll die Qualifikation des FFS-Bedieners 2 dem des FFS-Bedieners 1 entsprechen. Dadurch wird ein "Job Rotation" zwischen diesen beiden möglich. Eine Einbeziehung des "FFS-Führers" in das "Job Rotation" ist aufgrund der sehr umfangreichen und speziellen EDV-Kenntnisse zur Durchführung der Überwachungs- und Dispositionsaufgaben nicht sinnvoll. Der FFS-Führer muß aufgrund der Größe der FFS des Typs V über umfassende technologische Kenntnisse der einzelnen Maschinen verfügen.

Fertigungshilfsmittel

Aufgrund der hohen Homogenität der Fertigung erfolgt die Bereitstellung der Fertigungshilfsmittel analog zu FFS-Typ I. Die Größe dieses FFS-Typs erfordert jedoch eine größere Anzahl von Paletten und Vorrichtungen gleichen Typs, eine größere Anzahl gleicher Werkzeuge bis hin zu komplett gleichen Werkzeugsätzen und eine größere Rohteilmenge pro Schicht.

<u>FFS-Typ V</u>:   Aufgabenverteilung

Bei diesem FFS-Typ sind die erste und die zweite Schicht mit zwei FFS-Bedienern zu besetzen. Die Aufgaben der beiden FFS-Bediener sind wie in der ersten Schicht beim FFS-Typ IV verteilt. Unterschiedlich ist, daß der FFS-Bediener 2 nicht nur Aufgaben zum Spannen von Werkstücken ausführt, sondern auch bei Bedarf die anfallenden Aufgaben des FFS-Bedieners 1 übernimmt. In der zweiten Schicht sollen nach Möglichkeit alle Vorrichtungen gerüstet werden, die in der dritten Schicht benötigt werden, da dort das FFS nur mit einem FFS-Bediener gefahren wird. Die Aufgabenverteilung zum Einfahren neuer NC-Programme ist analog den FFS-Typen II und III (Abbildung 9-5).

Organisation

Die arbeitsorganisatorische Struktur ist aufgrund der hohen Komplexität des Maschinenparks ähnlich der des FFS-Typs IV. Zusätzlich ist die getrennte Einrichtung von Spann- und Rüstplätzen vorzusehen. Um eine hohe Auslastung des FFS-Typs V zu gewährleisten, ist die Integration dieses FFS-Typs in eine Fertigungsinsel derart vorzunehmen, daß alle vorbereitenden Arbeitsvorgänge, wie z.B. Planfräsen von Spannflächen der Werkstücke, Werkzeugkommissionierung, Vorrichtungsbau etc., in der Fertigunginsel zusammengefaßt sind und auf die Erfordernisse der Werkstattauftragsabwicklung auf dem FFS-Typ V abgestimmt sind. Aufgrund

FFS-Typ V		Personalplanung und -führung	Disponieren	Überwachen des FFS	Wartung / Reparatur	Qualitätskontrolle	Aufträge einfahren	Werkzeugversorgung	Vorrichtungen rüsten	Werkstücke spannen
1. Schicht	Meister	●								
	FFS-Führer		○ EDV	○ EDV	●	●	●			
	FFS-Bediener 1					○		●	●	○
	FFS-Bediener 2					○		○	○	●
	NC-Programmierer						○			
2. Schicht	FFS-Führer		○ EDV	○ EDV	●	●	(●)			
	FFS-Bediener 1					○		●	●	○
	FFS-Bediener 2					○		○	○	●
3. Schicht	FFS-Führer		○ EDV	○ EDV	●	●		(○)	(○)	(○)
	FFS-Bediener					○		(●)	●	●

● Haupttätigkeit   ○ EDV EDV-unterstützte Tätigkeit

○ Nebentätigkeit   ( ) nach Möglichkeit zu vermeidende Tätigkeit

<u>Abb. 9-5</u>:   Aufgabenverteilung im FFS-Typ V

der hohen Anforderungen an qualitätssichernde Maßnahmen, ist ähnlich wie bei dem FFS-Typ III die verstärkte Integration von NC-gesteuerten Meßmaschinen in das FFS zu empfehlen.

Qualifikation

Die Qualifikation des FFS-Personals muß bei dem FFS-Typ V ein sehr hohes Niveau besitzen. Sowohl FFS-Führer als auch die beiden FFS-Bediener müssen über ausreichende Programmierkenntnisse verfügen. Ein "Job Rotation" ist nur zwischen den FFS-Bedienern 1 und 2 vorzusehen.

Fertigungshilfsmittel

Die Bereitstellung der Fertigungshilfsmittel erfolgt prinzipiell analog den FFS-Typen II und III. Aufgrund der hohen Komplexität des FFS ist allerdings die Einrichtung einer eigenen Vorrichtungsabteilung zu erwägen, die für die Montage und Bereitstellung der aktuell benötigten Vorrichtungen verantwortlich ist. Diese ist, wie oben erwähnt, mit dem FFS in eine Fertigungsinsel zu integrieren. Da eine sehr große Anzahl von Werkzeugen in allen Schichten benötigt wird, ist darauf zu achten, daß auch in der dritten Schicht das zentrale Werkzeugmagazin besetzt ist, sofern nicht alle benötigten Werkzeuge und Werkzeugkomponenten in der Fertigungsinsel gelagert werden.

9.2 Vorschläge zur Gestaltung der Datenübertragung und -verarbeitung

Das in Kapitel 8 entwickelte Grobkonzept beschreibt die Datenflüsse und Verarbeitungsfunktionen, die zur Auftragsabwicklung mit FFS notwendig sind. Anhand der in Kapitel 7 formulierten Anforderungen sollen nun für die einzelnen Funktionen Vorschläge für die erforderliche Rechenleistung mit den notwendigen Arten der Datenübertragung ermittelt werden.

Zunächst werden die einzelnen Funktionen der Leitebene betrachtet. Dabei hängt die Ausführungshäufigkeit mit Ausnahme der Funktion Verarbeitung der Systemdaten generell von der Wahl des Planungsintervalls und der Anzahl der außerplanmäßigen Planungsvorgänge ab. Außerplanmäßige Planungsvorgänge sind zum Beispiel beim Einsteuern von Eilaufträgen notwendig. Eilaufträge treten bei den FFS-Typen I und IV seltener auf als bei den FFS-Typen II, III und V. Es ist sinnvoll, daß die Anwender, die ihre FFS für eine Fertigung mit Seriencharakter nutzen, größere Intervalle wählen, da aufgrund der längeren Belegungszeiten diese FFS mit wenigen Werkstattaufträgen für eine längere Zeitspanne ausgelastet sind. Für die FFS-Typen I und IV ergeben sich geringe und für die FFS-Typen II, III und V mittlere Ausführungshäufigkeiten.

An die Reaktionszeit werden innerhalb der Leitebene, mit Ausnahme der Funktion "Verarbeitung der Systemdaten", keine sehr hohen Ansprüche gestellt. Allerdings sollen die einzelnen Funktionen in vertretbaren Zeiten durchgeführt werden können. Dazu müssen die Daten zum Zeitpunkt der Funktionsausführung bereit stehen. Bei der Offline-Übertragung ist deshalb die Bereitstellung der Datenträger mit entsprechendem Personaleinsatz zu koordinieren.

Der Verarbeitungsaufwand bei der Reihenfolgeplanung (grob) hängt von der Homogenität der Fertigung ab (vgl. Kap. 7.2.2). Die FFS-Typen II, III und V weisen eine geringe Homogenität der Fertigung auf. Es werden viele unterschiedliche Werkstücke und damit viele Werkstattaufträge mit diesen FFS-Typen gefertigt. Die FFS-Typen I und IV bearbeiten aufgrund ihres Seriencharakters weniger unterschiedliche Werkstattaufträge, wodurch der Verarbeitungsaufwand gering ist. Auch das Datenvolumen hängt bei der Reihenfolgeplanung (grob), die nur die Werkstattauftragsnummern mit den entsprechenden Termin- und Statusangaben verarbeitet, von der Anzahl der Werkstattaufträge ab. Aus oben genannten Gründen ergeben sich auch hier bei den FFS-Typen II, III und V höhere Anforderungen als bei den Serienfertigern mit geringen Datenvolumina. Aufgrund der überschaubaren Größe und den relativ wenigen unterschiedlichen Werkstattaufträgen ist die Reihenfolgeplanung (grob) beim FFS-Typ I nicht so komplex wie bei den anderen FFS-Typen, wobei der FFS-Typ IV die geringsten Anforderungen an die Datenübertragung und -verarbeitung stellt.

Die buchmäßige Materialverfügbarkeitsprüfung wird für jeden Werkstattauftrag einmal durchgeführt. Die Beurteilung dieser Funktion nach den in den Entscheidungstabellen aufgeführten Kriterien erfolgt analog zur Reihenfolgeplanung (grob). Der Verarbeitungsaufwand steigt mit der Zunahme der Werkstattaufträge. Auch hier ergeben sich bei den FFS-Typen I und IV geringere Anforderungen.

Die Funktionen Sortieren nach Systemeignung und Kapazitätsabstimmung sind unabhängig von den FFS-Typen. Der Verarbeitungsaufwand ist hierbei von der Anzahl der Kostenstellen abhängig, die vom Leitsystem verwaltet werden. Allerdings sollte die Reaktionszeit den Reaktionszeiten der vorangehenden Funktionen entsprechen, so daß es hierbei nicht zu Verzögerungen bei der Auftragsabwicklung kommt.

Der Verarbeitungsaufwand und das zu verarbeitende Datenvolumen bei der Verfügbarkeitsprüfung der Fertigungshilfsmittel hängt von der Anzahl der benötigten Fertigungshilfmittel und der Anzahl der Aufspannungen pro Werkstück, also von der Komplexität der Bearbeitungsaufgabe ab. Dabei stellt der FFS-Typ III die höchsten Ansprüche, während die anderen FFS-Typen nur mittlere Ausprägung dieses Merkmals aufweisen. Die Funktion sollte bei der Werkstattauftragsplanung sofort durchgeführt werden können, dies erfordert die zeitgerechte Bereitstellung der Fertigungshilfsmitteldaten. Es sind also ähnliche Anforderungen wie bei der Materialverfügbarkeitsprüfung für die Datenübertragung zu fordern. Auch diese Funktion stellt beim FFS-Typ I keine hohen Anforderungen, da zum einen häufig auf Erfahrungswerte zurückgegriffen werden kann und zum anderen der Fertigungshilfsmittelbestand im FFS aufgrund des eingeschränkten Werkstückspektrums wenig wechselt.

Die Auftragsfreigabe erfolgt durch das Eintragen der entsprechenden Auftragsdaten, die der Systemrechner für die Weiterverarbeitung benötigt, in den Systemauftragspool. Der Aufwand hierfür ist als gering einzuschätzen. Die Freigabe sollte möglichst verzögerungsfrei erfolgen, um den Kostenstellen die neuen Systemaufträge bereitzustellen, so daß auf Systemebene frühzeitig auf Folgeaufträge oder Aufträge, die ein längeres Aufrüsten der Paletten erfordern, reagiert werden kann. Dies ist besonders bei den FFS-Typen mit häufig wechselnden Werkstattaufträgen wichtig, so daß die Bereitstellung der Auftragsdaten bei den FFS-Typen II, III und V möglichst schnell erfolgen muß. Die Datenvolumina sind aufgrund der Anzahl der Werkstattaufträge bei diesen Typen höher als bei den FFS mit Seriencharakter.

Die Verarbeitung der Systemdaten ist ein kontinuierlicher Prozeß, der während des FFS-Betriebes ständig durchgeführt wird. Die Systemdaten setzen sich aus verdichteten Fortschrittsdaten und Störungsmeldungen zusammen. Die Systemdaten dienen auf der Leitebene zur Darstellung und Berücksichtigung der aktuellen Systemsituationen. Damit ist es möglich, nach Fertigmeldungen der Werkstattaufträge die erforderlichen Folgemaßnahmen (z.B. Montage) einzuleiten. Im Falle einer Störung, die zu einem Maschinen- bzw. Systemausfall führt, kann der Leitstand durch Umdisponieren der Werkstattaufträge schnell reagieren. Besonders bei Anwendern mit bedarfsorientierter Fertigung müssen diese Meldungen schnell verarbeitet werden (kurze Reaktionszeit), um in den nachgelagerten Bereichen schnell auf außerplanmäßige Vorkommnisse reagieren zu können. Bei Serienfertigern (FFS-Typ I und IV) ist eine schnelle Bearbeitung nicht zwingend notwendig, da sich deren Werkstattaufträge, die größere Kapazitäten verlangen, nicht kurzfristig anderweitig verplanen lassen. Deshalb kann hierbei eine periodische Abfrage der Systemdaten ausreichend sein. Beim FFS-Typ I kann auch diese Funktion konventionell ausgeführt werden, da zum einen aufgrund der geringen Systemgrößen wenig Systemdaten anfallen und zum anderen im Falle einer Störung nur wenig Werkstattaufträge umzuplanen sind. Die Typen II, III und V verlangen hierbei allerdings wegen der hohen Datenmenge und Ausführungshäufigkeit direkte

Datenübertragung und deren schnelle Verarbeitung. Der Verarbeitungsaufwand ist aufgrund der vielen unterschiedlichen Meldungen, die entsprechend zu bearbeiten sind, relativ hoch. Eine weitere Aufgabe dieser Funktion ist die Veranlassung der Rückmeldungen an die zentrale PPS, die nach Abschluß der Bearbeitung eines Werkstattauftrags innerhalb des Bereichs, für den der Leitstand zuständig ist und bei gravierenden Störungen zu erfolgen haben. Die Häufigkeit dieser Rückmeldungen sind bei den kleinen FFS und den FFS mit Seriencharakter relativ gering, beim FFS-Typ V dagegen erfolgen diese Meldungen aufgrund der vielen unterschiedlichen Werkstattaufträge häufig. Deshalb sollte hier eine direkte Verbindung mit der zentralen PPS bestehen. Die Bewertung der einzelnen Leitstandsfunktionen nach den Kriterien Verarbeitungsaufwand, Reaktionszeit, Datenvolumen und Ausführungshäufigkeit sind in der Abbildung 9-6 detailliert dargestellt.

Nachdem die Systemaufträge an den Systemauftragspool weitergegeben worden sind, erfolgt die weitere Planung der Systemaufträge auf der FFS-Ebene. Die Ausführungshäufigkeit der Funktionen mit Ausnahme der Funktion "Verarbeitung der Zustandsdaten" richtet sich auch hier nach den Planungsintervallen, in denen die Maschinenwarteschlangen aufgefüllt werden. Diese Planungsintervalle sind allerdings wesentlich kürzer zu wählen als auf der Leitebene. Eilaufträge, die außerplanmäßige Planungsvorgänge erfordern, fallen bei einer Anzahl von maximal neun pro Monat hierbei kaum ins Gewicht. Die Planungsintervalle unterscheiden sich je nach den Anforderungen durch die Anwender. Serienfertiger (Typ I und IV) wählen aufgrund der homogenen Fertigung, die eine bessere Planungsgenauigkeit aufgrund von Erfahrungswerten zuläßt, längere Planungsintervalle. Bei Anwendern der FFS-Typen II, III und V sind dagegen kürzere Planungsintervalle zu erwarten.

Die Reaktionszeiten sind auf dieser Ebene, ausgenommen die Funktion "Verarbeitung der Zustandsdaten", ebenfalls nicht so zeitkritisch. Die Ergebnisse der Funktionsausführungen werden kurzfristig, aber nicht unmittelbar benötigt (mittlere Reaktionszeit). Die Daten sind dazu zeitgerecht bereitzustellen. Da die höchsten Anforderungen an die Datenübertragung sich aus der Funktion "Verarbeitung der Zustandsdaten" ergibt, soll zunächst hierauf eingegangen werden. Diese Funktion wird ständig während des FFS-Betriebs ausgeführt. Dabei erfolgen fortwährend Aktualisierungen der Daten in den jeweiligen Dateien. Aufgrund der hohen Häufigkeit ist zumindest bei den FFS-Typen II, III, IV und V, die mit EDV-Unterstützung verplant werden, die Datenübertragung online vorzunehmen. Die Zustandsdaten setzen sich aus Fortschrittsdaten und Störungsmeldungen zusammen.

Funktionen Leitebene	Kriterium	Ausprägung FFS-Typ I	II	III	IV	V
Reihenfolgeplanung (grob) WA	Verarbeitungsaufwand	-	○	○	-	●
	Reaktionszeit	-	○	○	○	○
	Datenvolumen	-	○	○	-	●
	Ausführungshäufigkeit	-	○	○	-	○
buchmäßige Verfügbarkeitsprüfung Material	Verarbeitungsaufwand	-	○	○	-	○
	Reaktionszeit	-	○	○	○	○
	Datenvolumen	-	○	○	-	○
	Ausführungshäufigkeit	-	○	○	-	○
Sortierung nach Systemeignung	Verarbeitungsaufwand	-	-	-	-	-
	Reaktionszeit	-	○	○	○	○
	Datenvolumen	-	-	-	-	-
	Ausführungshäufigkeit	-	○	○	-	○
Kapazitätsabstimmung	Verarbeitungsaufwand	-	-	-	-	-
	Reaktionszeit	-	○	○	○	○
	Datenvolumen	-	-	-	-	-
	Ausführungshäufigkeit	-	○	○	-	○
buchmäßige Verfügbarkeitsprüfung FHM	Verarbeitungsaufwand	-	○	●	○	●
	Reaktionszeit	-	○	○	○	○
	Datenvolumen	-	○	●	○	●
	Ausführungshäufigkeit	-	○	○	-	○
Auftragsfreigabe für SA-Pool	Verarbeitungsaufwand	-	-	-	-	-
	Reaktionszeit	-	○	○	○	○
	Datenvolumen	-	○	○	-	○
	Ausführungshäufigkeit	-	○	○	-	○
Verarbeitung der Systemdaten	Verarbeitungsaufwand	-	○	○	○	●
	Reaktionszeit	-	●	●	○	●
	Datenvolumen	-	○	○	-	●
	Ausführungshäufigkeit	-	●	●	○	●

● : hoch (kurz) ;   ○ : mittel ;   - : gering (lang)

Die Ausdrücke in Klammern beziehen sich auf die Reaktionszeit

Abb. 9-6:   Typspezifische Bewertung der Funktionen der Leitebene

Da in der Regel die Reaktion auf Störungen unverzüglich erfolgen muß, sind bei der Bearbeitung der Zustandsdaten für alle FFS-Typen kurze Reaktionszeiten erforderlich.

Der Verarbeitungsaufwand bei der Funktion "Splitten in Maschinentypaufträge" steigt mit der Komplexität der Bearbeitungsaufgabe und ist damit beim FFS-Typ III am höchsten. Auch das Datenvolumen steigt mit der Komplexität der Bearbeitungsaufgabe, aber auch die Anzahl der Werkstattaufträge hat hierauf einen Einfluß. Der FFS-Typ I stellt dabei die geringsten Anforderungen. Der Verarbeitungsaufwand bei der Ermittlung der Maschine mit geringster Warteschlange ist von der Anzahl der Maschinen im FFS abhängig. Das zu verarbeitende Datenvolumen ist dabei als gering einzuschätzen. Damit ergeben sich die höheren Anforderungen bei den größeren FFS IV und V. Der Verarbeitungsaufwand und das zu verarbeitende Datenvolumen bei der Bildung einer Rangreihe der Maschinentypaufträge hängt zum einen von der Komplexität der Bearbeitungsaufgabe und zum anderen von der Anzahl der zu berücksichtigenden Werkstattaufträge ab. Die FFS-Typen III und V stellen die höchsten Anforderungen an die Datenverarbeitung.

Die physische Materialverfügbarkeitsprüfung erfolgt für jeden Werkstattauftrag. Deshalb ist die Anzahl der unterschiedlichen Werkstattaufträge für den Verarbeitungsaufwand ausschlaggebend. Das Datenvolumen ist dabei gering, da es sich um einfache Quittiervorgänge durch das FFS-Personal handelt.

Die Zuordnung eines Maschinentypauftrags in die entsprechende Maschinenwarteschlange erfolgt durch Eintragung in die Warteschlangendatei. Der Aufwand und das zu verarbeitende Datenvolumen steigt dabei mit der Anzahl der Maschinen im FFS (Komplexität des Maschinenparks), die bei den FFS-Typen I, II und III gering ist.

Die Funktion Reservierung der Fertigungshilfsmittel erfordert mit höherer Anzahl der Fertigungshilfsmittel und Aufspannungen größere Datenvolumina und höheren Verarbeitungsaufwand. Der FFS-Typ I stellt hierbei die geringsten Anforderungen, die FFS-Typen III und V aufgrund der hohen Komplexität der Bearbeitungsaufgabe die höchsten Anforderungen.

Der Verarbeitungsaufwand bei der Generierung der Rüst- und Spannfolgen nimmt mit der Anzahl der zu fertigenden Maschinenaufträge und somit mit der Anzahl der Maschinen im FFS zu. Die FFS-Typen IV und V stellen damit höhere Anforderungen an die Datenverarbeitung. Die Abbildung 9-7 stellt die auf der FFS-Ebene zur Werkstattauftragsabwicklung notwendigen Funktionen mit der genauen Beurteilung nach den einzelnen Kriterien dar.

Anhand der Bewertung der einzelnen Werkstattsteuerungsfunktionen nach den für die Datenübertragung und -verarbeitung relevanten Kriterien können Gestal-

Funktionen Systemebene	Kriterium	Ausprägung FFS-Typ				
		I	II	III	IV	V
Splitten SA in MTA	Verarbeitungsaufwand	-	○	●	○	●
	Reaktionszeit	-	○	○	-	○
	Datenvolumen	-	○	○	-	●
	Ausführungshäufigkeit	-	○	○	-	●
Ermittlung der Maschine mit zeitlich geringster Warteschlange	Verarbeitungsaufwand	-	-	-	○	○
	Reaktionszeit	-	○	○	-	○
	Datenvolumen	-	-	-	-	-
	Ausführungshäufigkeit	-	○	○	-	●
Bildung einer MTA-Rangfolge	Verarbeitungsaufwand	-	○	●	○	●
	Reaktionszeit	-	○	○	-	○
	Datenvolumen	-	○	○	-	●
	Ausführungshäufigkeit	-	○	○	-	●
physische Verfügbarkeitsprüfung Material	Verarbeitungsaufwand	-	○	○	-	○
	Reaktionszeit	-	○	○	-	○
	Datenvolumen	-	-	-	-	-
	Ausführungshäufigkeit	-	○	○	-	●
Zuordnen des MTA in Warteschlange	Verarbeitungsaufwand	-	-	-	○	○
	Reaktionszeit	-	○	○	-	○
	Datenvolumen	-	-	-	-	-
	Ausführungshäufigkeit	-	○	○	-	●
FHM-Reservierung	Verarbeitungsaufwand	-	○	●	○	●
	Reaktionszeit	-	○	○	-	○
	Datenvolumen	-	○	●	○	●
	Ausführungshäufigkeit	-	○	○	-	○
Generierung der Rüst- und Spannfolgen	Verarbeitungsaufwand	-	-	-	○	○
	Reaktionszeit	-	○	○	-	○
	Datenvolumen	-	-	-	○	○
	Ausführungshäufigkeit	-	○	○	-	●
Verarbeitung der Zustandsdaten	Verarbeitungsaufwand	-	○	○	○	●
	Reaktionszeit	●	●	●	●	●
	Datenvolumen	-	○	○	●	●
	Ausführungshäufigkeit	○	○	○	○	●

● : hoch (kurz) ;   ○ : mittel ;   - : gering (lang)

Die Ausdrücke in den Klammern beziehen sich auf die Reaktionszeit

Abb. 9-7:   Bewertung der Planungsfunktionen auf Systemebene

Datenübertragung		R 1	R 2	R 3	R 4	ELSE
B 1	Reaktionszeit	●	○			
B 2	Datenvolumen		●	●○	○	
B 3	Ausführungshäufigkeit			●	○	
A 1	Online	x	x	x		
A 2	Offline				x	
A 3	Konventionell					x

Datenverarbeitung		R 1	R 2	R 3	R 4	ELSE
B 1	Verarbeitungsaufwand	●	●○	○		
B 2	Reaktionszeit	○	●		●	
B 3	Datenvolumen	●○		●○		
B 4	Ausführungshäufigkeit	●○		○	○	
A 1	hohe Rechenleistung	x	x			
A 2	mittlere Rechenleistung			x	x	
A 3	geringe Rechenleistung					x

● : hoch (kurz) ; ○ : mittel

Der Ausdruck in Klammern bezieht sich auf die Reaktionszeit.

<u>Abb. 9-8:</u> Entscheidungstabelle zur Ermittlung der notwendigen Art der Datenübertragung und der erforderlichen Rechenleistung

tungsvorschläge für die EDV-technische Realisierung gemacht werden. Dazu dienen die in Abbildung 9-8 dargestellten Entscheidungstabellen nach DIN 66241. Anhand von einzelnen Regeln, die unterschiedliche Ausprägungen der jeweiligen Kriterien beinhalten, ergibt sich die Art der Datenübertragung und die erforderliche Rechenleistung. Die Vorgehensweise zur Auswertung der Entscheidungstabellen erfolgt gemäß Kapitel 6.

Eine kurze Reaktionszeit setzt eine schnelle Datenübertragung voraus. Diese kann nur durch eine Online-Verbindung gewährleistet werden. Bei der Übertragung eines hohen Datenvolumens muß die zur Verfügung stehende Zeit berücksichtigt werden für die entsprechendes Personal zum Wechseln der Datenträger zur Verfügung stehen muß. Das Suchen und Einlegen der Magnetbänder und/oder Disketten und die entsprechenden Lesevorgänge können zu einer nicht vertretbaren Reaktionszeit führen. Wenn ein mittleres Datenvolumen sehr häufig benötigt wird, ist dies ein weiterer Grund, die Datenübertragung online zu realisieren. Eine Offline-Datenübertragung ist bei einem mittleren Datenvolumen bei einer mittleren Ausführungshäufigkeit sinnvoll.

Die Datenverarbeitung ist entscheidend von dem benötigten Aufwand zur Verarbeitung der Daten abhängig. Ein hoher Verarbeitungsaufwand verbunden mit einer mittleren Reaktionszeit und mindestens einem mittleren Datenvolumen sowie einer mittleren Ausführungshäufigkeit führt zu einer hohen benötigten Rechenleistung. Diese hohe Rechenleistung wird auch benötigt, wenn eine kurze Reaktionszeit und ein mittlerer bis hoher Datenverarbeitungsaufwand gefordert wird.

Ein mittlerer Verarbeitungsaufwand verbunden mit einer mittleren Ausführungshäufigkeit und einem mittleren Datenvolumen führt zu einer mittleren Rechenleistung, ebenso wie eine kurze Reaktionszeit mit einer mittleren Ausführungshäufigkeit.

Die sich daraus ergebenden Datenübertragungsarten und der erforderlichen Rechenleistungen sind für die einzelnen FFS-Typen in den Abbildungen 9-9 bis 9-13 dargestellt.

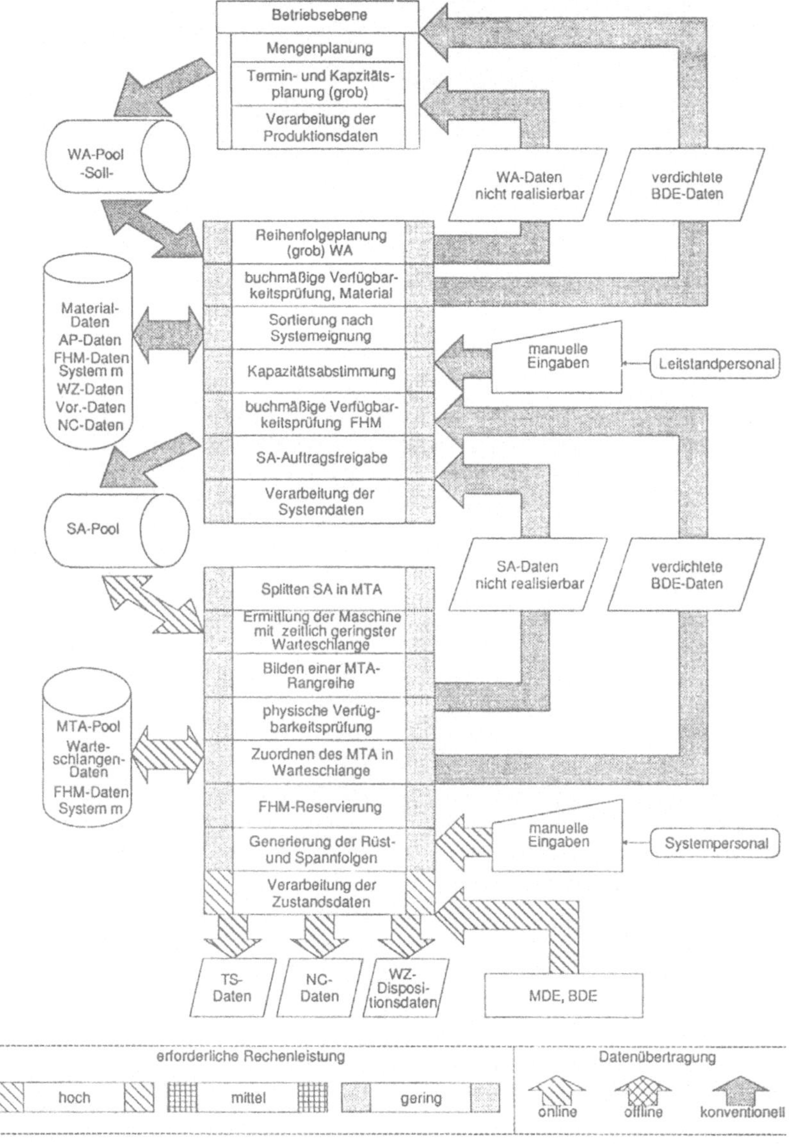

Abb. 9-9: Gestaltungsvorschläge für die Datenverarbeitung und -übertragung beim FFS-Typ I

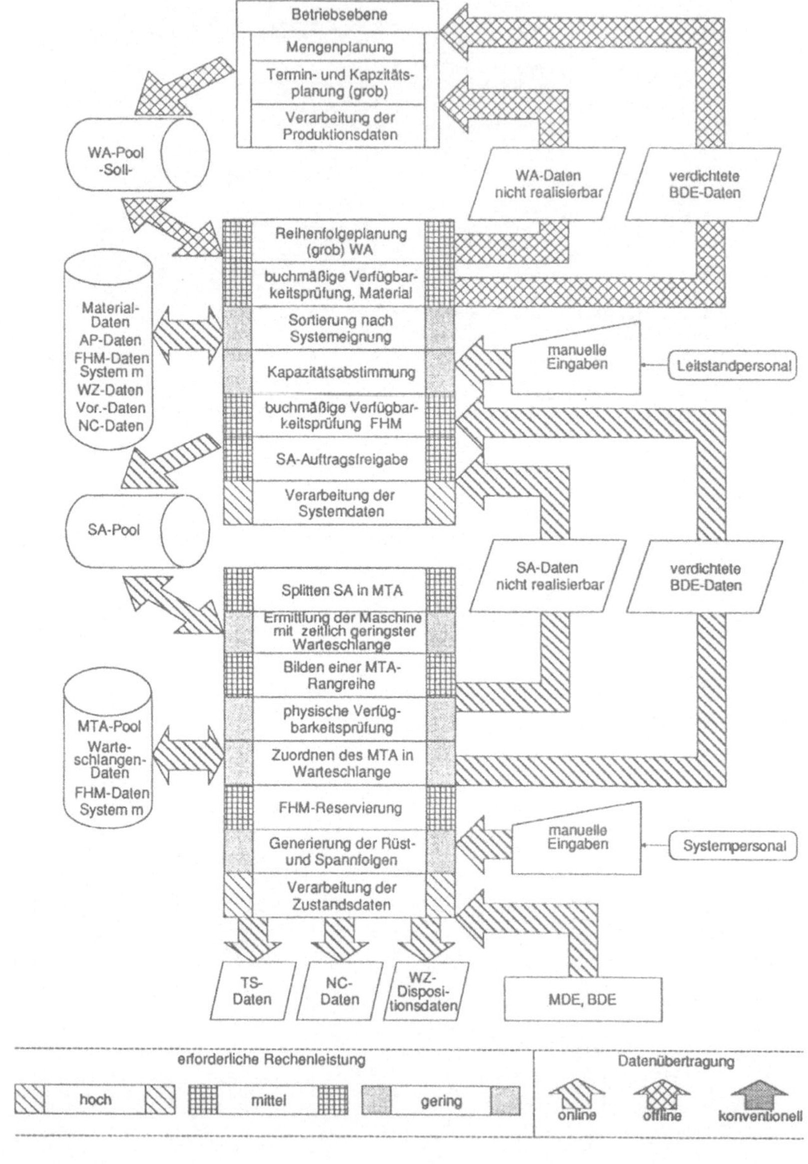

Abb. 9-10:   **Gestaltungsvorschläge für die Datenverarbeitung und -übertragung beim FFS-Typ II**

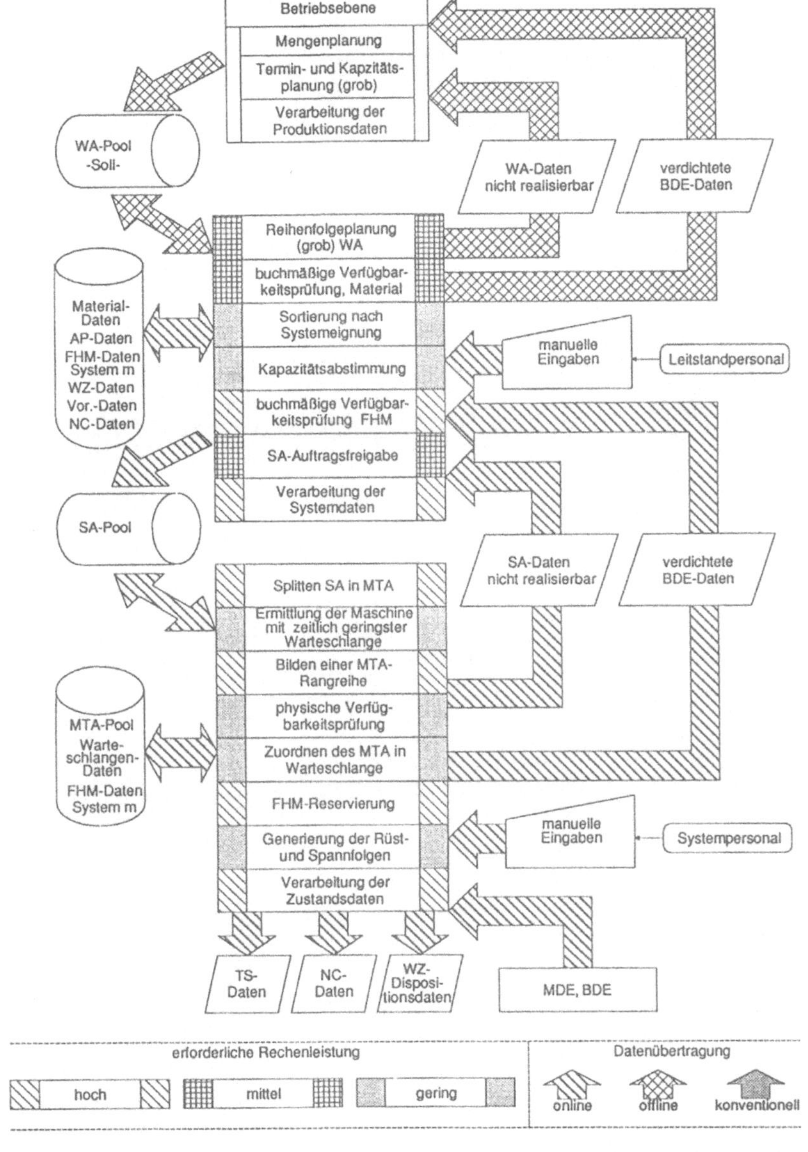

Abb. 9-11:   **Gestaltungsvorschläge für die Datenverarbeitung und -übertragung beim FFS-Typ III**

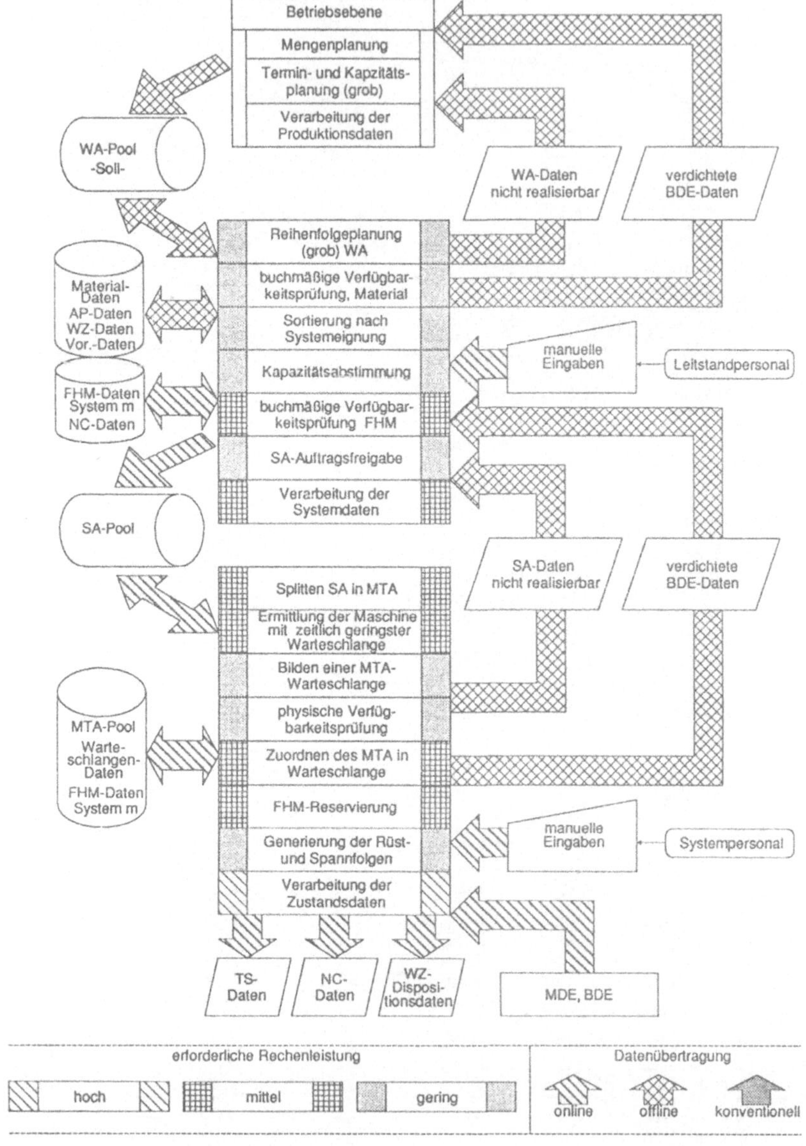

Abb. 9-12: **Gestaltungsvorschläge für die Datenverarbeitung und -übertragung beim FFS-Typ IV**

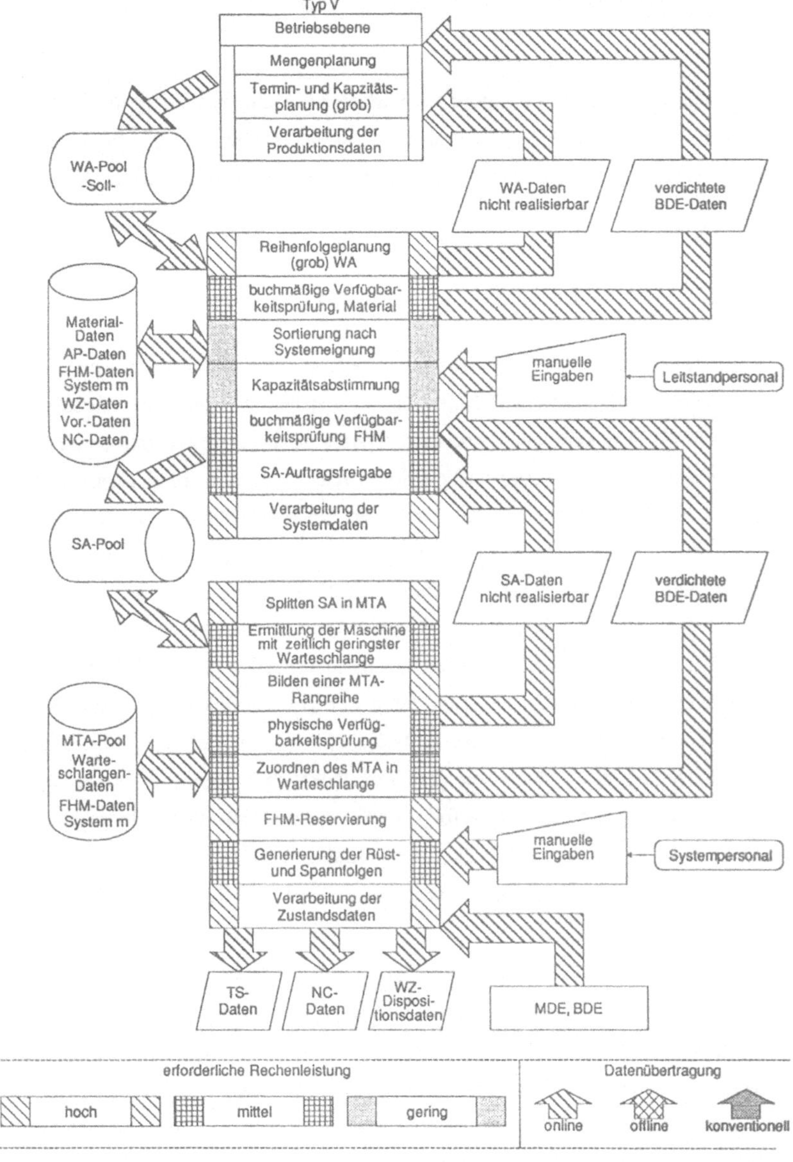

Abb. 9-13: Gestaltungsvorschläge für die Datenverarbeitung und -übertragung beim FFS-Typ V

10. Fallbeispiel: Funktionsablauf einer EDV-gestützten PPS für FFS

Die bisher ausgearbeiteten Ergebnisse wurden im Rahmen eines Fallbeispiels auf Praxisrelevanz überprüft. Dazu wurde ein Großunternehmen der Maschinenbaubranche betrachtet, das für die Fertigung eines Unternehmensbereichs zwei FFS einsetzt.

10.1 Systemkonfigurationen

FFS I besteht aus sechs identischen CNC-gesteuerten Bearbeitungszentren. Für die Speicherung der Werkstückträger (Paletten) stehen 30 stationäre Abstellplätze zur Verfügung. Dies ermöglicht es, dem System soviel Arbeitsvorrat bereitzustellen, daß längere Pausen oder bedienerlose Schichten ohne Maschinenstillstände überbrückt werden können. Für das Austesten neuer NC-Programme ist in naher Zukunft der Einsatz eines siebten Bearbeitungszentrums geplant. Dieses soll allerdings nicht in das System integriert werden. FFS II besteht aus vier identischen CNC-gesteuerten Bearbeitungszentren. Dieses FFS ist mit 20 Speicherplätzen für Werkstückträger (Linearpalettenspeicher) ausgerüstet. Die Palettenabmessungen der FFS unterscheiden sich durch ihre Aufspannflächen, so ist diese bei dem FFS I kleiner als bei dem FFS II. Beide FFS verfügen für das Aufrüsten der Vorrichtungen und das Aufspannen der Werkstücke über zwei Rüst- bzw. Spannplätze. Die Werkstückversorgung erfolgt jeweils automatisch durch ein schienengebundenes Transportfahrzeug. Dieses Transportfahrzeug kann die Palettenwechseleinrichtungen der Maschinen, die Speicherplätze und die Rüst- bzw. Spannplätze anfahren (Abbildung 10-1).

Beide FFS sind mit automatischen Werkzeugversorgungssystemen ausgerüstet. Der rechnergesteuerte Werkzeugaustausch erfolgt einzeln über einen schienengebundenen Robotcarrier mit Doppelgreifarm zwischen dem zentralen Werkzeuglager und dem maschinengebundenen Werkzeugspeicher. Da die Werkzeugentnahme aus dem Kettenmagazin bis zu 45 Sekunden dauert, kann ein hauptzeitparalleler Werkzeugwechsel nur dann erfolgen, wenn innerhalb dieser Zeit kein Werkzeugwechsel von der Hauptspindel in das Maschinenmagazin vorgesehen ist. Sind die Eingriffszeiten der nächsten Werkzeuge jeweils kürzer als 45 Sekunden, so kann keine

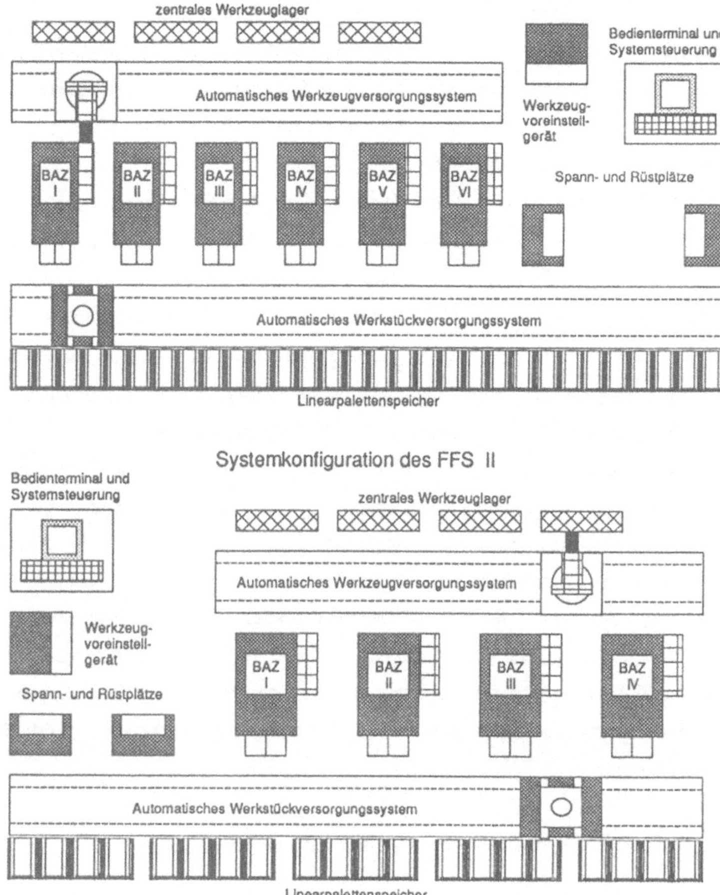

Abb. 10-1:   Konfigurationen der FFS

Werkzeugentnahme erfolgen. Da das Werkzeugversorgungssystem nicht in der Lage ist, die Reihenfolge der Werkzeugwechsel zu ändern, kann der Robotcarrier, der aufgrund von mehreren kurzen Werkzeugeinsätzen an einer Maschine, bei der er einen Werkzeugwechsel durchführen soll, über längere Zeit blockiert sein, wodurch es an anderen Maschinen wegen Werkzeugmangels zu Stillständen kommen kann. Das zentrale Werkzeuglager des zweiten FFS verfügt insgesamt über eine Speicherkapazität von 216 Werkzeugplätzen, wobei aus softwaretechnischen Gründen maximal 24 Großwerkzeuge gelagert werden können. Die Speicherkapazität des zentralen Werkzeuglagers im FFS I beträgt 360 Werkzeugplätze. Die Zahl der Großwerkzeuge ist hier auf 40 begrenzt. Jede Maschine ist mit einem Kettenmagazin à 60 Werkzeugplätzen ausgerüstet. Zur Lagerung eines Großwerkzeugs im Kettenmagazin müssen wegen der größeren Ausmaße die Nachbarplätze frei sein. Ein Großwerkzeug belegt also drei Plätze, weshalb die maximal mögliche Werkzeuganzahl nicht erreicht wird. Zur Werkzeugidentifikation außerhalb des Systems dient eine Strich-Code-Lese- und Druckereinheit. Weiterhin ist ein Werkzeugvoreinstellgerät in das System integriert. Hiermit ist es möglich, die Werkzeuge zu vermessen und die Werkzeugdaten per Direktanschluß an die Systemsteuerung bzw. an den Datenspeicher der NC-Steuerungen zu übergeben, wenn sie in der geforderten Toleranz liegen. Die Werkzeugidentifikation erfolgt durch das Abtasten des Strich-Code-Etiketts oder über Tastureingabe am Bildschirmterminal.

Die Steuerung und Koordination aller Vorgänge wird durch eine übergeordnete Systemsteuerung in Form eines Systemrechners wahrgenommen. Hier werden die zu fertigenden Aufträge manuell eingegeben. Eine automatische Reihenfolgeplanung unter Berücksichtigung von Prioritätskriterien ist dabei allerdings nicht möglich. Die Aufträge werden in der Eingabereihenfolge abgearbeitet. Dies entspricht der "First come - first served" - Regel (vgl. Kapitel 8.3). Eilaufträge können durch eine entsprechende Deklarierung vorgezogen werden. Neben den Aufträgen verwaltet die Systemsteuerung FFS-intern die Werkzeuge, Werkstücke und NC-Programme.

10.2 Beschreibung der Ist-Situation der Auftragsabwicklung

FFS I

Im FFS I werden Gehäuseteile der geometrisch kleineren Produkte des Anwenders gefertigt. Hierbei handelt es sich um Gußwerkstücke aus dem Werkstoff GG 20, die ein Fremdunternehmen herstellt. Bei der Bereitstellung der Rohteile kommt es häufig zu Verzögerungen, da die beauftragte Gießerei die vereinbarten Liefertermine nicht immer einhält. Ca. 30% der Werkstücke müssen vor der Bearbeitung im FFS einer Schleifoperation unterzogen werden. Da hierfür nur eine Schleifmaschine zur Verfügung steht, die auch noch weitere, nicht für das FFS bestimmte,

Werkstücke bearbeitet, kommt es an diesem vorgelagerten Arbeitsgang häufig zu Kapazitätsengpässen und damit zu Bereitstellungsverzögerungen der Werkstücke am FFS. Zur Vermeidung von daraus resultierenden Maschinen- bzw. Systemstillständen muß in jedem Fall die auf Systemebene vorgesehene physische Materialverfügbarkeitsprüfung (vgl. Kap. 8.2) durch die Systembediener erfolgen. Nach der Bearbeitung im FFS müssen 20% der Werkstücke zur Überprüfung der Maßtoleranzen in einer externen Meßmaschine vermessen werden. Eine Entgratung aller Werkstüke folgt außerhalb des Systems. 25% der Gehäuseteile müssen anschließend erodiert werden, bevor sie der Montage zugeführt werden können. Insgesamt werden 36 unterschiedliche Werkstücke im ersten FFS gefertigt. Die Wiederholhäufigkeit der Werkstattaufträge pro Jahr beträgt dabei durchschnittlich 40.

Die Werkstücke durchlaufen das FFS in durchschnittlich zwei, maximal in drei Aufspannungen. Die Bearbeitung der Werkstücke erfolgt einstufig, d.h. jede Aufspannung fährt nur eine Maschine an. Auf einer Palette befinden sich ein bis vier, durchschnittlich zwei Werkstücke. Die Zahl der Palettenspiele pro Auftrag beträgt im Schnitt 30 (zwischen 15 und 80), wobei die mittlere Bearbeitungsdauer 40 Minuten pro Palettenspiel ausmacht. Die geringste Bearbeitungsdauer eines Palettenspiels beziffert sich auf 3 Minuten. Da die Auf- bzw. Umspanndauer dabei nur eine Minute beträgt, sind hier keine Verzögerungen zu befürchten. Allerdings muß sich ein Systembediener, wenn viele dieser Aufspannungen hintereinander gefertigt werden sollen, ständig am Spannplatz befinden, so daß für andere Tätigkeiten keine Zeit bleibt. Die längste Bearbeitungsdauer beträgt 87 Minuten. Mit einer Spannzeit von 8 Minuten eignet sich diese Aufspannung zur Überbrükkung von Pausen bzw. von Zeiten, in denen die Systembediener andere Tätigkeiten (z.B. Wartungsarbeiten) durchführen müssen. Da nur zwei Vorrichtungen für diese Werkstückaufspannung existieren, kann eine bedienerlose Schicht nicht allein durch die Bearbeitung dieser Werkstückaufspannung überbrückt werden. Allerdings stehen noch weitere Aufspannungen mit ähnlich langen Bearbeitungszeiten zur Verfügung, mit denen die Anlage über längere Zeit bedienerlos betrieben werden kann.

Ein Ziel des Anwenders stellt die satzweise Fertigung. Sobald die Fertigung eines Werkstücks für eine Baueinheit begonnen wird, müssen die anderen zu dieser Baueinheit gehörenden Werkstücke ebenfalls bearbeitet werden, so daß ohne lange Zwischenlagerung der Bauteile die komplette Baueinheit der Montage zur Verfügung steht. Diese Anforderungen sind bei der Konzeption der Vorrichtungen zur Aufnahme der Werkstücke zu berücksichtigen. So bieten sie die Möglichkeit unter-

142

schiedliche Werkstücke (z.B. Gehäuseteile mit den dazugehörigen Deckeln) auf einer Palette zu spannen. Andere Vorrichtungen nehmen mehrere gleiche Werkstücke in unterschiedlichen Aufspannungen auf. Bauteile, die zwei Aufspannungen zur Fertigbearbeitung benötigen, werden in der ersten und zweiten Aufspannung auf einer Palette gespannt und bearbeitet. So ist nach jedem Palettenspiel ein Werkstück fertigbearbeitet, während das andere direkt in die zweite Aufspannung umgespannt wird. Dieses Verfahren eignet sich nur bei Aufträgen großer Losgrößen. Denn zur Minimierung der Bearbeitungszeiten sind zwei weitere NC-Programme zu erstellen und zu verwalten, mit denen nur die erste bzw. letzte Aufspannung bearbeitet wird. In diesem Anwendungsfall liegen die Losgrößen zwischen 40 und 100, die Verwendung solcher Vorrichtungen gerechtfertigt dies.

Die durchschnittliche Anzahl der Werkzeuge beträgt 20 pro Palettenspiel, wobei mindestens ein und höchstens 43 Werkzeuge pro Aufspannung benötigt werden. Da die Zahl der benötigten Großwerkzeuge bei allen Aufspannungen gering ist, reichen die Werkzeuglagerplätze im Maschinenspeicher für die Komplettbearbeitung aus. Die Eingriffszeiten der Werkzeuge liegen in den meisten Fällen über den für einen Werkzeugwechsel geforderten 45 Sekunden, so daß es bei Werkzeugwechseln durch den Robotcarrier zu keinen gravierenden Verzögerungen kommt. Anhang D enthält die ausführliche tabellarische Darstellung der zugrunde gelegten Daten sowohl für FFS I als auch FFS II.

TYP IV	Merkmalsausprägung		
Komplexität des Maschinenparks			hoch ✕
Komplexität der Bearbeitungsaufgabe		mittel ✕	
Homogenität des Arbeitsvorrats	sehr hoch	hoch	mittel ✕
Homogenität der Fertigung	hoch ✕	mittel	

✕   Merkmalsausprägung des FFS I

Abb. 10-2:   Darstellung des FFS I im typologischen Muster

Aus den Ausprägungen der Elementarmerkmale gehen die Ausprägungen der komplexen Merkmale hervor (Abbildung 10-2). Das FFS I stellt einen Anwendungsfall des FFS-Typs IV dar.

FFS II

Das FFS II bietet die Möglichkeit aufgrund des größeren Bearbeitungsraumes der Maschinen geometrisch größere Bauteile zu bearbeiten. So werden auf dieser Anlage die Gußgehäuseteile (GG20) der größeren Maschinen gefertigt. Auch hier bestehen Schwierigkeiten bei der Bereitstellung der Rohteile aufgrund von Liefertermineüberschreitungen und mangelnder Schleifmaschinenkapazität. 30% der Werkstücke erfordern Schleifbearbeitungen, bevor sie dem FFS zugeführt werden können. Bei 10% der Bauteile erfolgt eine Zwischenbearbeitung, ebenfalls auf der Schleifmaschine. Nach der Fertigbearbeitung im FFS werden alle Werkstücke auf Maßhaltigkeit in einer externen Meßmaschine überprüft und anschließend entgratet. Weiterhin sind bei 20% der Bauteile Folgebearbeitungen in einer Erodiermaschine notwendig. Die gesamte Zahl der unterschiedlichen Werkstücke beziffert sich beim FFS II auf 36 Bauteile. Die Wiederholhäufigkeit der Werkstattaufträge pro Jahr ist mit durchschnittlich zwei sehr gering.

Die Bearbeitung der einzelnen Aufspannungen erfolgt zu 30% in Mehrteileaufspannung. Es werden bis zu 40 Werkstücke auf einen Werkstückträger gespannt. Der Durchschnittswert beziffert sich auf 1,5 Werkstücke pro Werkstückträger. Zur Komplettbearbeitung sind im Schnitt zwei Aufspannungen notwendig, wobei drei Aufspannungen pro Werkstück nicht überschritten werden. Die Anzahl der Palettenspiele pro Werkstattauftrag beträgt durchschnittlich 20, wobei jedes Palettenspiel einem Maschinenauftrag mit einer mittleren Bearbeitungsdauer von 100 Minuten entspricht. Die Auf- und Umspanndauern liegen immer deutlich unter den Bearbeitungszeiten, so daß es hier nicht zu Kapazitätsengpässen im Personalbereich kommt. Allerdings ist es aufgrund der geringen Anzahl der verfügbaren Paletten und der hohen Anzahl der unterschiedlichen Vorrichtungen bei nahezu jedem Auftragswechsel notwendig, die Vorrichtungen von den Paletten zu demontieren und andere Vorrichtungen neu aufzurüsten. Auch die geringe Anzahl von Vorrichtungsgrundkörpern, die von mehreren Aufspannungen benötigt werden, tragen hierzu bei. Die Umrüstungen erfordern langwierige Justiervorgänge, die aufgrund der hohen Qualitätsansprüche der Bauteile notwendig werden. Teilweise müssen die Vorrichtungen in einer Maschine eingestellt und falls erforderlich die Spannflächen maschinenspezifisch überfräst werden. Neben intensivem Personaleinsatz sind diese Prozeduren mit Maschinenstillständen verbunden. Deshalb sollten diese Umrüstvorgänge möglichst gering gehalten werden, z.B. durch Vorziehen von Folgeaufträgen.

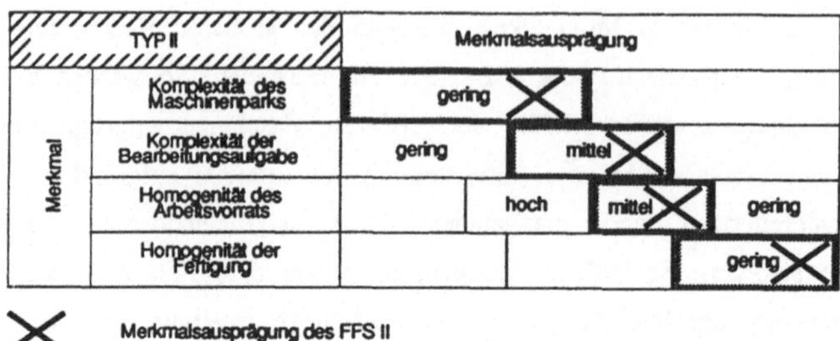

<u>Abb. 10-3</u>:   Darstellung des FFS II im typologische Muster

Ein weiteres Problem stellt die hohe Anzahl der notwendigen Großwerkzeuge dar. Im Schnitt sind 30 Werkzeuge pro Aufspannung zur Bearbeitung notwendig. Wegen des hohen Anteils an Großwerkzeugen reicht die Speicherkapazität im Maschinenmagazin teilweise nicht aus, um eine Aufspannung komplett zu bearbeiten. Hauptzeitparallele Werkzeugwechsel vom zentralen Werkzeugmagazin in die Maschinenmagazine sind deshalb erforderlich. Da aber das zentrale Werkzeuglager auch nur über begrenzte Aufnahmekapazität von Großwerkzeugen verfügt, müssen teilweise Großwerkzeuge kurzfristig aus dem FFS genommen werden, um Platz für andere Großwerkzeuge zu schaffen. Hierfür ist zeitgerecht das notwendige Personal bereitzustellen. Ein bedienerloser Betrieb ist deshalb nur eingeschränkt möglich.

Die Auswertung der Elementarmerkmale ergibt für den FFS-Typ II entsprechende Ausprägungen der komplexen Merkmale. Dieser Anwendungstyp ist geprägt durch eine geringe Homogenität der Fertigung und eine mittlere Homogenität des Arbeitsvorrats (Abbildung 10-3).

10.3   Bestimmung der planungsrelevanten Parameter

Das in Kapitel 8.2 ausgearbeitete Grobkonzept zur Auftragsabwicklung in FFS bietet die Möglichkeit zur anwendungsspezifischen Konfiguration. Dazu gehört die Festlegung der Planungshorizonte und -intervalle der einzelnen Hierarchieebenen und die Auswahl und Gewichtung der Prioritätskriterien zur Reihenfolgeplanung der Maschinenaufträge (vgl. Kapitel 8.3). Im Rahmen der weiterführenden Beschreibung wird das in Kapitel 8 vorgestellte Konzept und die darin definierten

Planspiele, Szenarios und Berechnungen aus den im Anhang C aufgeführten Daten ermittelt.

Bei der Bestimmung des Umfanges des Arbeitsvorrats, also der Bestimmung des Planungshorizontes, ist zu berücksichtigen, daß der Systemrechner nicht mit zu vielen Aufträgen bei der Reihenfolgeplanung belastet wird. Andererseits müssen genügend Aufträge zur Verfügung stehen, um einen geeigneten Auftragsmix zur maximalen Systemauslastung bei einem geringen Bedarf an Fertigungshilfsmitteln zu erzielen. Weiterhin muß ein genügender Arbeitsvorrat vorhanden sein, damit bei negativem Ergebnis der physischen Materialverfügbarkeitsprüfung z.B. wegen Lieferterminüberschreitungen ausreichend Systemaufträge zur Systemauslastung vorhanden sind. Daher erscheint ein Planungshorizont von einer Woche bei dem FFS I sinnvoll. Aufgrund des Seriencharakters bei diesem System sind die Vorrichtungs- und Werkzeugbestückung derart auszulegen, daß die Werkstücke satzweise gefertigt werden können. Dagegen ist der Planungshorizont beim FFS II größer zu wählen, damit Werkstattaufträge, die spätere Fertigstellungstermine aufweisen, für die aber schon gerüstete Vorrichtungen existieren, vorgezogen werden können. Der Planungshorizont sollte deshalb bei diesem System zwei Wochen betragen.

Die Planungsintervalle bei der Verteilung der Werkstattaufträge auf die einzelnen Kostenstellen sind so zu wählen, daß Werkstattaufträge, deren Fertigstellungstermine in den Planungshorizont der FFS fallen, kurzfristig in die Systemauftragspools aufgenommen und bearbeitet werden können. Dabei sollten die Planungsvorgänge nicht in zu kurzen Zeitabständen erfolgen, um den Leitrechner nicht zu stark zu belasten, was ihn in seiner Systemüberwachungsfunktion beeinträchtigen kann. Aus diesen Gründen erscheint ein Planungsintervall von einem Tag für die Verteilung der Werkstattaufträge auf der Leitebene sinnvoll.

Die Zeitintervalle für die Systemauftragsplanung auf FFS-Ebene ergeben sich aus der Differenz der maximalen und minimalen Warteschlangenlängen. Die Dauer der Zeitintervalle für die Reihenfolgeplanung der Maschinenaufträge richtet sich zum einen nach den Personalkapazitäten in den einzelnen Schichten, so daß kurzfristig auf Personalausfall (z.B. Krankheit) oder Personalverfügbarkeiten (z.B. NC-Programmierer bei Einfahraufträgen) reagiert werden kann. Andererseits müssen Materiallieferungen möglichst schnell berücksichtigt werden, damit Werkstattaufträge, die wegen Rohteilmangel zurückgestellt werden mußten, beschleunigt zur Bearbeitung kommen. Dies ist bei einem Planungsintervall von ca. vier Stunden in der voll bedienten Schicht gegeben, wobei die Belastung des Systemrechners durch die Reihenfolgeplanung die Werkstattüberwachungsfunktionen nicht beeinträchtigen darf. Während der bedienerarmen bzw. bedienerlosen Schichten beim FFS I sollten die Planungsintervalle ca. acht Stunden betragen, so daß während der bedienerlosen Schicht kein Planungsvorgang durchgeführt wird. Beim FFS II sollten die Planungsvorgänge alle sechs Stunden erfolgen, da hier ein bedienerloser Betrieb nicht möglich ist.

Weiterhin ist die Warteschlangenlänge der Maschinenaufträge festzulegen. Hierbei ist die Zeit zu berücksichtigen, die bei der Einplanung von Eilaufträgen maximal verstreichen darf, so daß ein Eilauftrag an das Ende einer Warteschlange gesetzt und in vertretbarer Zeit fertigbearbeitet wird. Ein Aufbrechen der bereits geplanten Warteschlangen, das mit erhöhtem Rüstaufwand, zahlreichen Werkzeugwechseln verbunden ist und somit Produktivitätsverluste erzeugt, wird dadurch vermieden. Da die Wahrscheinlichkeit einer Abweichung des Istzustands von dem Planungszustand mit Vergrößerung des Zeithorizonts steigt, darf die Länge der Warteschlange nicht zu groß gewählt werden. Der Einfluß von Komplikationen bei der Auftragsabwicklung aufgrund von Planungsungenauigkeiten, wie es z.B. bei Abweichungen der FHM-Belegungszeiten der Fall sein kann, wird so in Grenzen gehalten. Beim FFS I kommt es wegen der hohen Homogenität des Arbeitsvorrats und den aus Erfahrung besser planbaren Belegungszeiten zu weniger Komplikationen innerhalb der Auftragsabwicklung. Deshalb sollte die Warteschlangenlänge 1,5 Schichten betragen. Dadurch wird zudem der bedienerarme Betrieb in der dritten Schicht ermöglicht. Da beim zweiten FFS die Werkstattaufträge bei geringer Wiederholhäufigkeit öfter wechseln, und somit weniger auf Erfahrungswerte zurückgegriffen werden kann, sollte die Warteschlangenlänge hier nicht länger als sechs Stunden betragen.

Da die hier gemachten Angaben aus theoretischen Überlegungen hervorgehen, können aus z.Zt. nicht vorhersehbaren Umständen in der Praxis Korrekturen erforderlich sein. Da sich diese Parameter leicht ändern lassen, kann der Anwender iterativ zur optimalen Einstellung der Planungshorizonte und -intervalle finden.

Die Prioritätskriterien wurden vom Anwender in folgender der Bedeutung entsprechenden Reihenfolge angegeben:

1. minimaler Maschinenstillstand,

2. satzweise Fertigung und

3. hohe Termintreue.

Gewichtung und Skalierung der Prioritätskriterien beim FFS I

Prioritätskriterien	Gewichtungs-faktor	Skalierung						Einheit
Geringe Schlupfzeit	15	<1	<2	<4	<8	<9	≥ 9	Tage
Geringe Anzahl der Werkzeugwechsel	10	0	<2	<6	<10	<15	≥ 15	
Gerüstete Palette verfügbar	5	ja	-	-	-	-	nein	
Satzweise Fertigung	20	ja	-	-	-	-	nein	
Folgebearbeitung	0	ja	-	-	-	-	nein	
Maschinenstillstand	50	0	<2	<5	<10	<15	≥ 15	min
	≥ 100	5	4	3	2	1	0	Punkte

Gewichtung und Skalierung der Prioritätskriterien beim FFS II

Prioritätskriterien	Gewichtungs-faktor	Skalierung						Einheit
Geringe Schlupfzeit	10	<1	<2	<4	<8	<9	≥ 9	Tage
Geringe Anzahl der Werkzeugwechsel	5	0	<5	<10	<15	<20	≥ 20	
Gerüstete Palette verfügbar	40	ja	-	-	-	-	nein	
Satzweise Fertigung	5	ja	-	-	-	-	nein	
Folgebearbeitung	0	ja	-	-	-	-	nein	
Maschinenstillstand	40	0	<2	<5	<10	<15	≥ 15	min
	≥ 100	5	4	3	2	1	0	Punkte

Abb. 10-4:   Vorschläge zur anwendungsfallspezifischen Gestaltung und Skalierung der Prioritätsregeln

Beim FFS II genügen diese Kriterien nicht den Anforderungen zur reibungslosen Auftragsabwicklung. Hier sollte zusätzlich das Kriterium "Wiederverwendung aufgerüsteter Paletten" Berücksichtigung finden. Dadurch werden Folgeaufträge vorgezogen, die sonst zu einem späteren Termin mit vollem Rüstaufwand gefertigt würden. Zur Gewichtung der Prioritätskriterien muß der Anwender für jedes Kriterium einen Gewichtungsfaktor angeben. Ebenso ist die Skalierung der Erfüllungsgrade für jedes einzelne Kriterium vorzunehmen (vgl. Kapitel 8.3). Aus den Angaben des Anwenders und den vorangehenden Überlegungen wurden die in Abbildung 10-4 dargestellten Werte für die Gewichtungsfaktoren und Skalierungen der Erfüllungsgrade entwickelt. Die gemachten Angaben sollten ebenfalls durch eine iterative Vorgehensweise optimiert werden.

10.4   Sollkonzept

Die EDV-technische Realisierung des in Kapitel 8.2 dargestellten Grobkonzepts zur Auftragsabwicklung beinhaltet die Auswahl geeigneter Rechner und deren Verkabelung durch Netzwerke, die den jeweiligen Anforderungen entsprechen müssen. Die FFS wurden unterschiedlichen FFS-Typen zugeordnet (FFS-Typ II und IV). Dadurch ergeben sich Unterschiede bei den Anforderungen an die Datenverarbeitung und -übertragung (vgl. Kapitel 7 und 9). Da beide FFS durch einen Leitstand mit Systemaufträgen versorgt werden, muß dieser Leitstand sowohl den Anforderungen des FFS-Typs II als auch den Anforderungen des FFS-Typs IV genügen. Dies ist durch Erfüllen der jeweiligen Maximalanforderungen möglich. Die Datenübertragung zwischen FFS-Rechner und Leitrechner kann nach den Gestaltungsvorschlägen in Kapitel 9 für das erste FFS offline und muß für das zweite FFS online erfolgen. Für das zweite FFS ist demnach eine entsprechende Vernetzung von FFS- und Leitrechner erforderlich. Dabei ist es sinnvoll, auch das erste FFS an das Netzwerk anzuschließen, da sich dies aufgrund der räumlichen Gegebenheiten anbietet und die Anschlußkosten in vertretbaren Grenzen bleiben.

Die Wahl der Rechner richtet sich nach der erforderlichen Rechnerleistung. Im Rahmen dieser Arbeit können allerdings keine konkreten Aussagen über den Rechenaufwand bei der vorgestellten Auftragsabwicklung gemacht werden. Das Grobkonzept zur Auftragsabwicklung beinhaltet Funktionsblöcke, die im Top-Down-Verfahren noch weiter in einzelne Funktionen aufzusplitten sind, was den Rahmen dieser Arbeit allerdings sprengen würde (Abbildung 10-4).

Bei der Planung der Netzwerke sind nach SUPPAN-BOROWKA/SIMON (1987, S.21) folgende Kriterien zu berücksichtigen:
- Übertragungsgeschwindigkeit,
- Umgebungsbedingungen,
- Zuverlässigkeit,
- Entfernung,
- Integration vorhandener Lösungen,
- Schnittstellen und
- instabile Stromversorgung.

Dabei sind die Anforderungen auf den verschiedenen Hierarchieebenen unterschiedlich. So kommen je nach Anwendungsfall unterschiedliche Netzwerke zum Einsatz. Für den Datenaustausch zwischen EDV-Komponenten, die an unterschiedlichen Netzwerken angeschlossen sind, muß die Möglichkeit bestehen, die einzelnen Netzwerke untereinander zu verbinden. Neben den oben angeführten Punkten müssen auch die Anschlußkosten der EDV-Geräte berücksichtigt werden. Diese können sich erheblich voneinander unterscheiden und sollten in einem vernünftigen Verhältnis zu den Anschaffungskosten der anzuschließenden EDV-Komponenten stehen (SUPPAN-BOROWKA/SIMON 1987, S.24).

Das Hauptproblem bei der Vernetzung von EDV-Geräten ist, einen einheitlichen Kommunikationsstandard zu entwickeln, der es ermöglicht, Rechner unterschiedlicher Hersteller kommunizieren zu lassen. Vor diesem Problem stand auch der US-Konzern General Motors. Auf seine Initiative hin schlossen sich mehrere Anwender zusammen und entwickelten das Manufacturing Automation Protokoll (MAP). Dabei handelt es sich um standardisierte Protokolle für den Datenaustausch im produktionsnahen Bereich. Die Hersteller von EDV-Systemen können sich nach diesem Standard richten und ihre Produkte MAP-kompatibel gestalten, so daß eine problemlose Integration in ein MAP-Netzwerk möglich ist. Da sich bedeutende Anwender zusammengeschlossen haben und den Einsatz von MAP unterstützen, ist zu erwarten, daß die Hersteller von EDV-Komponenten sich zur Erhaltung ihrer Konkurrenzfähigkeit danach richten und die notwendigen Maßnahmen ergreifen auch ihre bestehenden Produkte MAP-kompatibel zu gestalten.

Im folgenden werden Vorschläge für die Vernetzung der Rechnerkomponenten gemäß Kapitel 8 und 9 formuliert. Das zu betrachtende Großunternehmen verfügt über mehrere räumlich voneinander getrennte Gebäude. Die Verwaltung, in der die zentrale PPS untergebracht ist, befindet sich in einem anderen Gebäude als die Produktion mit den beiden FFS. Es ist also beim Datenaustausch zwischen der Betriebs- und der Leitebene eine größere Entfernung zu überbrücken. Die Datenübertragung kann nach der Maximalanforderung des FFS-Typs II offline durch Transportieren der Datenträger zwischen den Gebäuden zu erfolgen. Je nach Anforderung an den Datenaustausch zwischen den der Produktion vorgelagerten Bereichen (CAD-Abteilung, NC-Programmierung) kann eine Vernetzung der einzelnen Gebäude erforderlich sein. In diesem Anwendungsfall soll deshalb von einer unternehmensweiten Vernetzung ausgegangen werden. Da die Zahl der anzuschließenden EDV-Komponenten groß ist, muß hier die Vernetzung über mehrere Kanäle verfügen, um einer Überlastung des Netzwerkes vorzubeugen. Diese Voraussetzungen erfüllt ein Netzwerk mit MAP-Architektur. Es kann als sogenanntes Backbone-Netz die einzelnen Gebäude verbinden und eine gesicherte Datenübertragung über die Breitbandkanäle gewährleisten.

Innerhalb des Produktionsgebäudes ist ebenfalls ein MAP-kompatibles Netzwerk zu installieren, da hier die Kabel Umwelteinflüssen in Form von starken Magnetfeldern ausgeliefert sind und somit eine sichere Abschirmung der Kabel erforderlich ist. Diese Anforderung erfüllt das für MAP vorgesehene Koaxialkabel. Die Verbindung an das Backbone-Netzwerk erfolgt über einen Repeater auf dem Layer eins. An dieses Netzwerk sind Leitrechner, Systemrechner, DNC-Rechner, NC-Verwaltungsrechner und Qualitätssicherungsrechner anzuschließen. Die Kommunikation zwischen diesen EDV-Komponenten erfordert keine zeitkritischen Datenübertragungen (vgl. Kapitel 9.2). Allerdings sind mehrere Übertragungskanäle erforderlich, da es hier zu Überlastspitzen (z.B. durch gleichzeitige Rückmeldungen von den einzelnen Kostenstellen und Anfragen von der zentralen PPS sowie der Übertragung von NC-Programmen) kommen kann und ein einzelner Kanal damit überlastet wäre.

Die Datenübertragung auf Systemebene erfordert hohe Übertragungsgeschwindigkeiten, da hier ein Teil der Daten realtime bereitgestellt und verarbeitet werden müssen. Ein MAP-kompatibles Netzwerk kommt aus oben genannten Gründen hier nicht in Frage. Außerdem ist der volle Protokollaufwand auf dieser Ebene nicht notwendig und würde die Anschlußkosten nur verteuern (EBERGLE 1989, S.55), wobei die hier anzuschließenden Geräte teilweise gar nicht in der Lage sind den gesamten Protokollaufwand zu erfüllen. Es haben sich auf dieser Ebene eigene Standards entwickelt (z.B. RS-511), die aber von MAP 3.0 teilweise übernommen wurden (SUPPAN-BOROWKA/SIMON 1987, S.167ff.). So bietet das auf Basis des MAP-Carrierbands entwickelte MAP/EPA die Möglichkeit zum Anschluß von Maschinensteuerungen und intelligenten Sensoren, die den RS-511-Standard erfüllen. MAP/EPA unterstützt sowohl den vollen MAP-Protokollumfang als auch eine reduzierte Schichtarchitektur mit den Layern eins, zwei und sieben und bietet die Möglichkeit, direkt von der RS-511-Schnittstelle auf die Dienste der Schicht zwei zuzugreifen. Dadurch ist eine Kommunikation zwischen EPA-Stationen und dem MAP-Breitband-Netz mit Hilfe eines Routers möglich, so daß die NC-Programme vom DNC-Rechner über den Router in die CNC-Steuerungen geladen werden können und somit kein Anschluß des DNC-Rechners an das MAP/EPA-

Netz notwendig ist. Zur Störungserfassung und unverzüglichen Reaktion, muß der Systemrechner als EPA-Station integriert sein.

Ein Modell mit den hier vorgestellten Möglichkeiten zur Rechnerkommunikation ist in Abbildung 10-5 dargestellt. Ein MAP-Backbone-Netz verbindet die

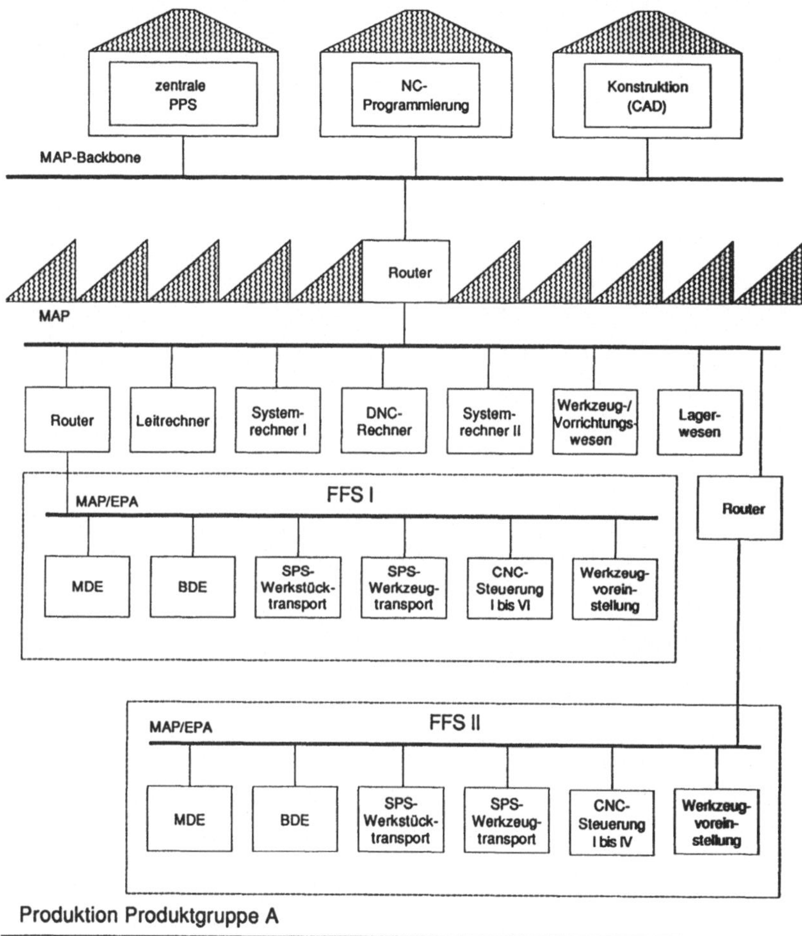

Abb. 10-5:   Modell zur unternehmensweiten Rechnerkommunikation für das Unternehmen des Fallbeispiels

einzelnen Gebäude, in denen sich neben der zentralen PPS weitere zum Fertigungsumfeld gehörende Bereiche befinden. Innerhalb dieser Bereiche können wiederum Netzwerke installiert sein, die aufgrund der anders gearteten Anforderungen nicht dem MAP-Standard entsprechen müssen (z.B. Ethernet) und über Gateways an das Backbone angeschlossen sind. Wegen der konsequenten Vernetzung aller EDV-Komponenten ist theoretisch zwischen allen Stationen ein direkter Datenaustausch möglich. So kann die zentrale PPS Informationen ohne "Umwege" aus der Systemebene abfragen und die aktuelle Fertigungssituation bei der Planung berücksichtigen.

11. Zusammenfassung

Der Einsatz von flexibel automatisierten Fertigungskonzepten in den Produktionsbereichen der Unternehmen des Maschinenbaus hat sich in den letzten Jahren durchgesetzt, dieser Trend wird auch in Zukunft weiter anhalten. Dies gilt speziell auch für Flexible Fertigungssysteme (FFS), die die komplexeste Ausführungsform der unter dem Begriff der flexiblen Automatisierung zusammengefaßten Konzepte darstellen. Durch die Zusammenfasssung mehrerer z.T. unterschiedlicher Werkzeugmaschinen, die durch eine Werkstück- und Werkzeugversorgung sowie durch eine EDV-technische Kopplung verbunden sind, ermöglichen FFS auch im Rahmen der Einzel- und Kleinserienfertigung eine Produktivitätssteigerung durch eine Automatisierung der Fertigung. Voraussetzung für die Nutzung der tatsächlich möglichen Produktivitätssteigerung und damit für eine Wirtschaftlichkeit dieser kapitalintensiven Investition ist eine geeignete, der jeweiligen Fertigungssituation angepaßte Fertigungsorganisation. Die unterschiedlichen Ausführungsformen von FFS setzen spezielle Gestaltungen der Produktionsplanung und -steuerung (PPS) für die Auftragsabwicklung und hier speziell für die Werkstattsteuerung voraus. Der funktionsfähigen Integration der FFS in den innerbetrieblichen Informationsfluß der PPS kommt deshalb eine wesentliche Bedeutung für den wirtschaftlichen Erfolg zu.

FFS-Anwender und -Planer bei der Konzeption einer anforderungsgerechten Werkstattsteuerung zu unterstützen, war das Ziel der vorliegenden Arbeit. Aus diesem Grunde war beabsichtigt, Anforderungen an ein Werkstattsteuerungskonzept für eine Werkstatt zu formulieren, in der neben konventionellen Werkzeugmaschinen auch FFS eingesetzt werden. Auf dieser Basis sollten Gestaltungsvorschläge für eine Integration von FFS in den betrieblichen Informationsfluß der PPS entwickelt werden, die zu einer Verminderung der Produktivitätshemmnisse und einer besseren Nutzung der kapitalintensiven Investition "FFS" führen.

Nach einer Standortbestimmung zum Einsatz von FFS in Form einer schriftlichen Breitenerhebung wurden die Probleme bei der Auftragsabwicklung von Werkstattaufträgen mit FFS analysiert. Da die Erscheinungsformen von FFS in der betrieblichen Praxis äußerst vielfältig sind, organisatorische Gestaltungsvorschläge sich jedoch weitgehend an der jeweiligen betrieblichen Situation zu orientieren haben, wurde eine Typologie für FFS erarbeitet und auf ihre Praxisrelevanz überprüft. So konnten fünf deutlich unterscheidbare FFS-Typen ermittelt werden. In einem nächsten Schritt wurden Anforderungen an die Gestaltung einer FFS-gerechten PPS abgeleitet. Die Anforderungen setzen sich zusammen aus technisch-organisatorischen Anforderungen, funktionalen Anforderungen an die Planung und Steuerung von FFS, informationstechnischen Anforderungen und Anforderungen an die Arbeitsorganisation und den Personaleinsatz. Ausgehend von diesen z.T. FFS-typspezifischen Anforderungen wurden sowohl allgemeine als auch FFS-typspezifische Gestaltungsvorschläge für eine anforderungsgerechte Konzeption einer Werkstattsteuerung entwickelt. Die Darstellung eines Fallbeispiels verdeutlicht die exemplarische Anwendung der formulierten Gestaltungsvorschläge und bildet den Abschluß dieser Arbeit.

12. Literaturverzeichnis

AANEN, E.:

Planning and Scheduling in a Flexible Manufacturing System.
Den Haag 1988.

ACHATZ, R.;
STÖLBEN, D.:

FFS-Software von der Stange.
In: Moderne Fertigung 14(1987)9, S.66-70.

ADAM, D.:

Aufbau und Eignung klassischer PPS-Systeme.
In: SzU 38(1988).

AGGARWAL, S. C.:

The Managment of Operations: An Appraisal of Recent Developments.
In: International Journal of Operations and Produktion Management.
Bradford 5(1985)3, S.21-38.

ANDEL, T.:

Aerospace manufacturer unveils new flexible manufacturing concepts.
In: Material Handling Engineering, Cleveland 39(1984)5, S.48-54.

ARRIGO, Th. J.:

Planning for flexible manufacturing.
In: Technical Paper Society of Manufacturing Engineers, Dearborn 1985, Pap EE 85-149.

AWF (Hrsg.):

Flexible Fertigungsorganisation am Beispiel von Fertigungsinseln.
Hrsg.: Ausschuß für wirtschaftliche Fertigung (AWF), Eschborn 1984.

AWF (Hrsg.):

Integrierter EDV-Einsatz in der Produktion.
CIM - Computer Integrated Manufacturing - Begriffe, Definitionen, Funktionszuordnungen.
Hrsg.: Ausschuß für wirtschaftliche Fertigung (AWF), Eschborn 1985.

AWK (Hrsg.):

Produktionstechnik. Auf dem Weg zu integrierten Systemen.
Eversheim, W.; Weck, M.; König, W.; Pfeifer, T., Aachen, 1987.

BACKHAUS, K.:

Multivariate Analysemethoden.
Berlin, Heidelberg, New York 1987.

BALZER, H.;
KÄMPF, R.:

Ablaufnahe EDV.
In: Moderne Fertigung 12/1988, S.55f.

BEDWORTH, D. D.;
MACKULAK, G. T.:

FMS Planning Evaluation through Simulation.
In: Technical Paper Society of Manufacturing Engineers, Dearborn 1985,
Pap 85-131.

BEIER, H. H.:

Von der Werkstattsteuerung zur Fertigungsleittechnik.
In: ZwF CIM - Zeitschrift für wirtschaftliche Fertigung und Automatisierung 81(1986)6, S.291-296.

BEIER, H. H.:

Kybernetik flexibler Fertigungssysteme.
In: VDI-Z 130(1988) Special Steuerungen, S.30-35.

BINDER, R.:

Flexible Fertigungssysteme für die Bearbeitung großer Werkstücke.
In: Werkstatt und Betrieb 121(1988)9, S.721.

BOCK, H. H.:

Automatische Klassifikation.
Göttingen 1974.

BOLK, H.;
FÖRSTER, H.-U.;
HAYWOOD, B. (Hrsg.):

Implementing Flexible Manufacturing.
Delft 1989.

BOLWIJN, P. T.;
KUMPE, T.:

Toward the Factory of the Future.
In: The McKinsey Quarterly Spring 1986, S.40-49.

BOLZ, C. R.:

Typological theory and research.
In: Handbook of modern personality theory.
Eds.: R.B. Cattell & R.M. Dreger.
New York: Wiley, 1977, S.269-292.

BRANKAMP, K.;
POESTGES, A.:

Produktionsdatenerfassung.
Basis für optimale Fertigungsabläufe.
In: Industrie-Anzeiger 107(1985)44, S.41-43.

BRANKAMP,K.;
BONGARTZ, B.:

Bedienerloses Fertigen mit einer Werkzeugstandzeitüberwachung.
In: wt Zeitschrift für industrielle Fertigung 75(1985)3, S.175-178.

BRANKAMP, K.;
PAUL, H. J.:

BDE-Daten als Basis für die Überwachung der Fertigungssteuerung.
In: ZwF 81(1986)6, S.297-301.

BRANKAMP, K.:

Qualifikation - ein entscheidendes Problem bei der Einführung neuer Techniken.
In: Brankamp Journal 4(1987)Org.1, S.2.

BRETZKE, W.-R.:

Der Problembezug von Entscheidungsmodellen.
Tübingen 1980.

BÜDENBENDER, W.;
SCHELLER, TH.:

Flexible Fertigungssysteme in der Praxis. Untersuchungen des Betriebsverhaltens.
In: VDI-Z 1291987)10, S.22-27.
Forschungsinstitut für Rationalisierung.

BÜHNER, R.:

Technische Innovation in der Produktion durch organisatorischen Wandel.
In: zfo Zeitschrift Führung + Organisation 54(1985)1, S.33-39.

BUSCH, U.:

Bestandsgeregelte Durchflußsteuerung (BGD).
In: CIM-Management 3(1987)1, S.18-23.

COURANT, J.;
STRUCKS, M.:

Optimierende Strategien der Produktionssteuerung zur Leistungssteigerung integrierter flexibler Fertigungssysteme.
In: Fertigungstechnik und Betrieb 27(1987)-10, S.593-597.

CRAVEN, F. W.;
SLATTER, R.-R.:

An overview of advanced manufacturing technology.
In: Applied Ergonomics 19(1988)1, S.9-16.

CZIUDAJ, M.:

Darstellung und Analyse der NC-Organisation.
In: Betriebstechnische Reihe RKW/REFA.
Berlin Köln 1985.

CZIUDAJ, M.;
PFENNIG, V.:

Flexible Automatisierung beim Bohren und Fräsen - Chancen und Grenzen -
In: Moderne Fabrikorganisation. Stand und Entwicklungstendenzen.
Hrsg.: F. v.Below, A. Borges, F. Hildebrandt. Berlin 1985, S.55-75. Forschungsinstitut für Rationalisierung.

v.DAMM, H.-W.:

Arbeitsorganisation und Berufsqualifikation.
In: REFA-Nachrichten (1987)4, S.19-22.

DANGELMAIER, W.:

Integrierter Material- und Informationsfluß im CIM-Konzept.
In: Fördern und Heben 38(1988)10, S.769-774.

DEY, H. J.;
MÖLLER, B.:
Fertigungszelle, Fertigungsinsel, Fertigungs-
systeme
- Konzepte einer flexiblen Fertigung-
In: Werkstatt und Betrieb 117(1984)8,
S.457-465.

DIETERLE, G.:
Local Area Networks (LAN) -Inhausnetze-
Köln 1985.

DIN 19226:
Regelungstechnik und Steuerungstechnik.
Begriffe und Benennungen.
Berlin, Köln 1968.

DIN 66001:
Informationsverarbeitung. Sinnbilder und
ihre Anwendung.
Berlin 1983.

DIN 66241:
Entscheidungstabelle. Beschreibungsmittel.
Berlin, Köln 1979.

DOLEZALEK, C. M.:
Was ist Automatisierung?
In: Werkstattechnik - Zeitschrift für
Produktion und Betrieb 56(1966)5, S.217.

DOMBROWSKI, U.;
HAUSKNECHT, M.:
Konzeption eines Flexiblen Fertigungssy-
stems.
In: Werkstatt und Betrieb 121(1988)7,
S.585-589.

DÖTTLING, W.:
Flexible Fertigungssysteme.
Steuerung und Überwachung des Ferti-
gungsablaufes.
Berlin, Heidelberg, New York 1981.

DREYLING, M. U.:
Mitarbeiter zu Mitdenkern machen.
In: Management heute (1987)1, S.6-7.

EBERGLE, K.:
CIM-Schnittstellen.
In: Computer Magazin (1989)3, S.53-55.

ECKES, T.;
ROSSBACH, H.:
Clusteranalysen.
Stuttgart Berlin Köln Mainz 1980.

EDWARDS, A. W. F.;
CAVALLI-SFORZA, L. L.:
A method for cluster analysis.
In: Biometrics (1965)21, S.362-375.

EGGERDING, R.:
MAP - die Kommunikationsschiene in der
Produktion.
In: FB/IE 37(1988)1, S.14-18.

ERKES, K. F.;
SCHMIDT, H.:
Flexible Fertigung.
In: VDI-Zeitung 126(1984)15/16, S. 577ff.

ERKES, K. F.;
SCHÖNHEIT, M.;
WIEGERSHAUS, U.:   Flexible Fertigung. Fachgebiete in Jahresübersichten.
In: VDI-Z 30(1988)9, S.62-79.

ESCUDERO, L. F.;
DE ROZAS, G. P.-S.:   A Production Planning Problem in FMS.
In: Questiio, Barcelona, 11(1987)1, S.85-114.

ESHLEMNA, R. L.:   Integrated Control. Building for the Future.
In: Production Engineering, Cleveland, 32(1985)8, S.46-50.

EVERSHEIM, W.:   Organisation in der Produktionstechnik.
Band 4: Fertigung und Montage.
Düsseldorf 1981.

EVERSHEIM, W.;
ZEITZ, W.:   Flexibel automatisierte Fertigungen.
In: Industrie-Anzeiger 107(1985)58, S.24-26.

EVERSHEIM, W.;
BRACHTENDORF, Th.:   PPS - Ein zentraler Baustein für CIM.
In: Industrie-Anzeiger 109(1987)19, S.50-59.

EVERSHEIM, W.;
THOME, H. G.:   Graphic Interactive Simulation for the Planning of Manufacturing Systems.
In: Journal of Manufacturing Systems, Dearborn, 6(1987)2, S.151-156.

EVERSHEIM, W.;
SCHMIDT, H.:   Werkzeugmaschinen in flexiblen Fertigungssystemen.
In: Der Betriebsleiter (1988)7-8, S.1016.

EVERSHEIM, W.;
LINHOFFf, M.;
HOFFMANN, O.:   PRODCON - ein PPS-System für kleine und mittelständische Unternehmen.
In: VDI-Z 131(1989)4, S.38-40.

FIX-STERZ, J;
LAY, G.;
SCHULTZ-WILD, R.;
WENGEL, J.:   Flexible Fertigungssysteme und -zellen im Rahmen neuer Fabrikstrukturen.
Abschlußbericht. Karlsruhe/München 1986.

FIX-STERZ, J.;
LAY, G.;
SCHULTZ-WILD, R.:   Flexible Fertigungssysteme und Fertigungszellen.
In: VDI-Z 128(1987)11, S.369-379.

FOCKE, K.;
MENSEL, G.:   Werkstattsteuerung - Konzept eines ganzheitlichen Fertigungsinformationssystems.
In: wt - Werkstattechnik 78(1988), S.412-415.

FÖLLINGER, O.:
Regelungstechnik.
3. verb. Auflage.
Berlin, Frankfurt 1980.

FÖRSTER, H.-U.;
HIRT, K.:
Entwicklung von Anforderungsprofilen
flexibel automatisierter Fertigungskonzepte
an die Produktionsplanung und -steuerung.
Schlußbericht zum Forschungsvorhaben
Nr. S 134, Aachen 1987. Forschungsinstitut
für Rationalisierung.

FÖRSTER, H.-U.;
HIRT, K.:
PPS für die flexible Automatisierung -
Optimale Steuerung einer Werkstatt mit
Flexiblen Fertigungszellen (FFZ).
Köln 1988.
Forschungsinstitut für Rationalisierung.

FÖRSTER, H.-U.:
Integration von flexiblen Fertigungszellen in
die PPS.
Forschung für die Praxis: Bd. 19.
Hrsg.: R. Hackstein.
Berlin, Heidelberg, New York, London,
Paris, Tokyo 1988.
Forschungsinstitut für Rationalisierung.

FÖRSTER, H.-U.:
PPS als Keimzelle für CIM.
In: VDI-Z, Düsseldorf, 131(1989)4,
S.20-24.
Forschungsinstitut für Rationalisierung.

FÖRSTER, H.-U.;
SYSKA, A.:
CIM: Schwerpunkte, Trends, Probleme.
Ergebnisse einer Umfrage.
In: VDI-Z 127(1985)17, S.649-652.
Forschungsinstitut für Rationalisierung.

FRIEDL, A.;
VÖLLER, R.:
Modulares Steuerungskonzept für flexible -
Fertigungssysteme.
In: wt Zeitschrift für industrielle Fertigung
77(1987)8, S.427-430.

GROB, R.:
Flexibilität in der Fertigung.
Forschung für die Praxis: Bd. 6.
Hrsg.: R. Hackstein.
Berlin, Heidelberg, New York, Tokyo 1986.
Forschungsinstitut für Rationalisierung.

GROHA, A.;
FREIWALD, H.:
Integration ist Standard.
In: Moderne Fertigung 14(1987)12,
S.58-66.

GROHA, A.;
SCHÖNECKER, W.:
Universelles Zellenrechnerkonzept zur -
Nutzungsverbesserung flexibler Ferti-
gungssysteme.
In: wt Zeitschrift für industrielle Fertigung
78(1988)5, S.313-318.

GROOVER, M. P.;
ZIMMERS, E. W.:
CAD/CAM: computer aided design and
manufacturing.
Prentice-Hall, Englewood Cliffs 1984.

GROSSE-OETRING-HAUS, W. F.:
Fertigungstypologie unter dem Gesichts-
punkt der Fertigungsablaufplanung.
Berlin 1974.

GUTENBERG, E.:
Betriebswirtschaftslehre als Wissenschaft.
Krefeld 1957.

HACKSTEIN, R.:
Vorlesungsskript Arbeitswissenschaft und
Betriebsorganisation II. SS 1986,
Aachen RWTH.
Forschungsinstitut für Rationalisierung.

HACKSTEIN, R.:
Einführung in die technische Ablauforga-
nisation.
2.überarbeitete Auflage.
München, Wien 1988.
Forschungsinstitut für Rationalisierung.

HACKSTEIN, R.:
Produktionsplanung und -steuerung (PPS)
- Ein Handbuch für die Betriebspraxis.
2.überarbeitete Auflage. Düsseldorf 1989.
Forschungsinstitut für Rationalisierung.

HAMMER, H.:
Bausteine und Konzeptionen für flexible
Fertigungssysteme (FFS).
In: Technische Rundschau 77(1985)5,
S.26-30.

HAMMER, H.:
In Schritten zu CIM.
In: NC-Praxis (1986)4.

HAMMER, H.:
Flexible Automatisierung der Produktion.
Stand, Entwicklung, Internationaler Ver-
gleich.
In: REFA-Nachrichten 40(1987)4, S.5-18.

HAMMER, H.:
Flexible Fertigungssysteme in der Praxis.
Planung, Einführung, Betrieb, Wirtschaft-
lichkeit. Firmenschrift Werner und Kolb
Werkzeugmaschinenfabrik mbH.
Berlin 1988.

HARTLEIB, H.;
ZUMPE, J.:

Rechner- und Steuerungskonzepte für flexible Fertigungssysteme.
In: wt Zeitschrift für industrielle Fertigung 77(1987)2, S.81-84.

HAUSKNECHT, M.:

Basistypen flexibler Automation.
In: VDI-Z 130(1988)12, S.30-35.

HEEG, F.-J.:

Arbeitsorganisation.
Vorlesungsumdruck RWTH Aachen, o. J..
Forschungsinstitut für Rationalisierung.

HEEG, F.-J.:

Empirische Software-Ergonomie.
Berlin, Heidelberg, New York 1988.
Forschungsinsitut für Rationalisierung.

HINTZ, G.-W.:

Ein wissensbasiertes System zur Produktionsplanung und -steuerung für flexible Fertigungssysteme.
VDI-Verlag, Reihe 2, Nr.128,
Düsseldorf 1987.

HINTZ, G.-W.:

PPS für flexible Fertigungssysteme.
In: VDI-Z 130(1988)8, S.58-60.

HOTELLING, H.:

Analysis of a complex of statistical variables into principal components.
In: Journal of Educational Psychology, 1933, 24, S.417-441 and 498-520.

INGERSOLL
ENGINEERS:

Flexible Fertigungssysteme.
Berlin, Heidelberg, New York, London,
Paris, Tokyo 1985.

JAUCH, E.:

Organisatorische und operative Steuerung für flexible Fertigungssysteme.
In: tz für Metallbearbeitung 79(1985)3,
S.9-14.

JONES, A. T.;
MCLEAN, C. R.:

A Proposed Hierarchical Control Model for Automated Manufacturing Systems.
In: Journal of Manufacturing Systems 5(1986)1, S.15-25.

KAUFFELS, F.-J.:

Schwachstellen der Informationssicherheit in lokalen Netzen.
In: Datacom (1985)6, S.76-81.

KAUFFELS, F.-J.:

Rechnernetzwerksystemarchitekturen und Datenkommunikation.
Mannheim, Wien, Zürich 1987.

KEMPGENSTEFFEN, H.:

Immer unterwegs. CNC-Bearbeitungszellen verbinden zu einem flexiblen Fertigungssystem.
In: Maschinenmarkt 93(1987)18, S.30-33.

KERNLER, H.:

Die EDV unterstützt die Organisation der Betriebe noch zu wenig.
In: Mega 2(1987)6, S.35-38.

KETTNER, P.:

Konzeption eines Informationssystems für die Planung automatischer Montagesysteme.
Diss. RWTH Aachen 1987.

KIEF, H. B.:

Flexible Fertigungssysteme.
Michelstadt 1986.

KIESER, A.:

Zur wissenschaftlichen Begründbarkeit von Organisationsstrukturen.
In: ZfO 40(1971)5, S.239 ff.

KLEIN, W.;
COURANT, J.;
STRUCKS, M.:

Optimierende Strategien der Produktionssteuerung als Beitrag zu CIM-Konzepten.
In: Fertigungstechnik und Betrieb 38(1988)5, S.280-284.

KNOBLICH, H.:

Betriebswirtschaftliche Warentypologie.
Köln, Opladen 1969.

KNOBLICH, H.:

Die typologische Methode in der Betriebswirtschaftslehre.
In: WiSt (1972)4.

KOCHAN, D.:CAM:

Developments in Computer-Integrated Manufacturing.
Berlin, Heidelberg, New York 1985.

KÖHL, E.;
ESSER, U.;
KEMMNER, A.;
FÖRSTER, H.-U.:

Stand und arbeitsorganisatorische Probleme des Einsatzes technisch integrierter mikroelektronischer Systeme in Produktion und -Verwaltung (Teil II). Abschlußbericht.
Aachen 1988. Forschungsinstitut für Rationalisierung.

KÖHL, E.;
MALSBENDER, G.:

Anforderungen an Systemstrukturen zur Integration von FMS in der Werkstattsteuerung.
In: CIM-Management 4(1988)3, S.40-45.
Forschungsinstitut für Rationalisierung.

KÖRNER, Th.:

Production Planning: Turning "Chaos" into Order.
In: Energy & Automation 10(1988)2, S.12-15.

KOSIOL, E.:

Organisation in der Unternehmung.
2. Auflage. Wiesbaden 1976.

KRALLMANN, H.:

PPS-Systeme auf dem Pfad ständiger Weiterentwicklung.
In: CIM-Management 2(1986)4, S.5.

KRETSCHMER, E.:

Der Typus als erkenntnistheoretisches Problem.
In: Studium Generale 4(1951)7, S.399-401.

KURBEL, K.;
MEYNERT, J.:

Flexibilität in der Fertigungssteuerung durch Einsatz eines elektronischen Leitstands.
In:Zeitschrift für wirtschaftliche Fertigung und Automatisierung 83(1988)12, S.581-585.

LAMBERT, J. M.;
WILLIAMS, W. T.:

Multivariate methods im plant ecologie IV: Comparsion of information analysis and association analysis.
In: Journal of cologie (1966)54, S.635-664.

LANCE, G. N.;
WILLIAMS, W. T.:

Computer programs for monothetic classification ("association analysis").
In: Computer Journal (1965)8, S.246-249.

LANCE, G. N.;
WILLIAMS, W. T.:

Computerprograms for hierarchical polythetic classification ("similiarity analysis").
In: Computer Journal (1966)9, S.60-64.

LANCE, G. N.;
WILLIAMS, W. T.:

Mixed-data classificatory programs: 1. Agglomerative systems.
In: Australian Computer Journal (1967)1, S.15-20.

LANCE, G. N.;
WILLIAMS, W. T.:

Mixed-data classificatory programs: 2. Divisive systems.
In: Australian Computer Journal (1968)1, S.82-85.

LAUTERBACH, M.:

Strukturierung von computerintegrierten Fertigungssystemen, Teil II.
In: CAD-CAM-Report 7(1988)8, S.56-60.

LAY, G.: Wie "flexibel" ist rechnergestützte Produktion.
In: io Management Zeitschrift 56(1987)6, S.407-409.

LEITHERER, E.: Die typologische Methode in der Betriebswirtschaftslehre - Versuch einer Übersicht.
In: Zeitschrift für betriebliche Forschung 17(1965), S.550-662.

LEY, W.: Entwicklung von Entscheidungshilfen zur Integration der Fertigungshilfsmitteldisposition in EDV-gestützte Produktionsplanungs- und -steuerungssysteme.
Diss. RWTH Aachen 1984.
Forschungsinstitut für Rationalisierung.

MAIER, K.: Arbeitsgangterminierung mit variabel strukturierten Arbeitsplänen.
Berlin, Heidelberg, New York 1980.

MAIER, W.;
MOERSCH, R.: Flexibles Fertigungssystem für Schneckenwellen bis zur Losgröße 1.
In: Zeitschrift für wirtschaftliche Fertigung und Automatisierung 83(1988)6, S.285-289.

MANSKE, F.;
WOBBE-OHLEN-
BURG, G.: Fertigungssteuerung im Maschinenbau aus Sicht von Unternehmensleitung und Werkstattpersonal. Teil 1.
In: VDI-Z 127(1985)11, S.395-402.

MARINELL, G.: Multivariate Verfahren.
München Wien 1977.

MELLEROWICZ, K.: Betriebswirtschaftslehre der Industrie.
Band 1, 6. Auflage.
Freiburg i. Br. 1968.

MERTINS, K.: Steuerung rechnergeführter Fertigungssysteme.
München, Wien 1985.

MERTINS, K.: Gestaltungsrichtlinien für Produktionsplanungs- und Steuerungssysteme.
In: PPS-Fachmann. Band 5 Steuerung.
Hrsg.: RKW. Köln 1987.

MERTINS, K.: Werkstattsteuerung als CIM-Baustein.
In: Zeitschrift für wirtschaftliche Fertigung und Automatisierung Sondernummer (1988)83, S.39-41.

166

MORGAN, E.:
Trough MAP, TOP to CIM.
Department of Trade and Industry 1988.

NEUPERT, E.-M.;
ACHATZ, R.:
Fertigungs-Mix im FFS. Intelligente Materi-
alfluß-Steuerung für FFS.
In: CIM-Praxis/NC-Praxis 13(1987)2,
S.44-48.

N. N.:
Der Verriß fand nicht statt.
Anwendersymposium in Berlin: Die Praxis
der FFS.
In: Moderne Fertigung (1988)12. S.23-24.

NIEDERHAUSEN, H.-P.:
Flexible Fertigung führt zu einer Renais-
sance der Blechverarbeitung.
In: Blick durch die Wirtschaft vom
09.01.89.

NIESS, P. S.:
Kapazitätsabgleich bei flexiblen Fertigungs-
systemen.
Berlin, Heidelberg, New York 1980.

NIESS, P. S.;
JABBUSCH, M. B.:
JIT, Logistik, CIM.
In: VDI-Z 131(1989)4, S.10-19.

NITZSCHE, M.:
Entwicklung von Entscheidungshilfen zur
Gestaltung der NC-Organisation bei Einsatz
von CNC-Einzelmaschinensystemen unter
besonderer Berücksichtigung der Arbeitstei-
lung.
Diss. RWTH Aachen 1987.
Forschungsinstitut für Rationalisierung.

OPITZ, H.:
Werkstückbeschreibendes Klassifizierungs-
system.
Hrsg.: Laboratorium für Werkzeugmaschi-
nen und Betriebslehre der RWTH Aachen.
Essen 1966.

PAHL, S.:
PPS-Systeme und Softwareentwicklung.
In: Fertigungstechnik und Betrieb
38(1988)2, S.75-76.

PARRISH, D. J.;
ACHATZ, R.:
Parametrierbare Software zur Steuerung
flexibler Fertigungssysteme.
In: ZwF CIM - Zeitschrift für wirtschaft-
liche Fertigung 83(1988)6, S.306-310.

PAWELLEK, G.;
DE JONG, H.:
Vernetztes dezentrales Steuerungskonzept
für synchrone Materialfluß- und Fertigungs-
vorgänge.
In: Fördertechnik 57(1988)6, S.15-20.

PFOHL, H.-C.:
Problemorientierte Entscheidungsfindung in Organisationen.
Berlin New York 1977.

POLKE, M.:
Informationshaushalt technischer Prozesse.
In: atp Automatisierungstechnische Praxis 27(1985)4, S.161-171.

RAAB, H.:
Der lange Weg zum FFS. Wie ein FFS in Eigenleistung entstand.
In: Moderne Fertigung. 14(1987)8, S.36-28, 40, 45.

RABUS, G.:
Typologie zum überbetrieblichen Vergleich von Fertigungssteuerungsverfahren im Maschinenbau.
Berlin, Heidelberg, New York 1980.

RANKY, P.:
The Design and Operation of FMS.
IFS (Publications) Ltd. UK, North-Holland Publishing Company 1983.

REFA (Hrsg.):
Planung und Gestaltung komplexer Produktionssysteme.
München 1987.

REISER, M.;
LAVENBERG, S. S.:
Mean-Value Analysis of Closed Multichain Queuing Networks.
In: Journal of the Association for Computing Machining 27(1980)2, S.313-323.

RINZA, P.;
SCHMITZ, H.:
Nutzwert-Kosten-Analyse. Eine Entscheidungshilfe.
Düsseldorf 1977.

ROGEL, E.:
Bearbeitungszentren.
In: VDI-Zeitung 126(1984)10, S.377-390.

RÜHLE, W.:
Datenkommunikation.
In: Industrie-Anzeiger 107(1985)12, S.60-65.

SAMPSON, R. A.:
Integration of MRP with the Flexible Manufacturing System.
In: Technical Paper Society of Manufacturing Engineers,
Dearborn 1985, Pap 85-130.

SAUL, G.:
Flexible Manufacturing System is CIM implemented at the shop floor level.
In: Industrial Engineering (1985)Juni, S.35-39.

168

SCHEER, A.-W.: Neue Architektur für EDV-Systeme zur Produktionsplanung und -steuerung.
In: Neuere Entwicklungen in der Produktions- und Investitionspolitik.
Hrsg.: D. Adam. Wiesbaden 1987.

SCHEIBER, R. E.: Algorithmen zur flexiblen Gestaltung der kurzfristigen Planungssteuerung.
Berlin, Heidelberg, New York, Tokyo 1984.

SCHIELE, G.: Leitsystem für flexible Fertigungssysteme.
In: Werkstatt und Betrieb 119(1986)1, S.37-38.

SCHMIDT, G.: Formen und Technik des Interviews.
In: Bürotechnik 23(1985)4, S.423-428.

SCHMIDT, G.: Fertigungssteuerung bei flexiblen Fertigungssystemen.
In: CIM Management 4(1988)3, S.67-71.

SCHMIDT, H.;
ERKES, K. F.: Flexible Fertigung. Fachgebiete in Jahresübersichten.
In: VDI-Z, Düsseldorf, 129(1987)8,S.48-62.

SCHNEIDER, H.-J.: Lexikon der Informatik und Datenverarbeitung.
München, Wien 1983.

SCHNÖRR, R.: Flexible Fertigungssysteme verlangen neue Unternehmensstrukturen.
In: io Management Zeitschrift 56(1987)6, S.318-322.

SCHOLZ, B.: CIM-Schnittstellen.
München 1988.

SCHOMBURG, E.: Entwicklung eines betriebstypologischen Instrumentariums zur systematischen Ermittlung der Anforderungen an EDV-gestützte Produktionsplanungs- und -steuerungssysteme im Maschinenbau.
Diss. RWTH Aachen 1980.
Forschungsinstitut für Rationalisierung.

SCHOSSIG, H.-P.: Flexible Fertigungsanlagen einsatzgerecht auswählen.
In: Mega 2(1987)2, S.43-48.

SCHUCHARD-FICHER, C.: Multivariate Analysemethoden.
Berlin, Heidelberg, New York 1980.

SCHULTZ-WILD, R.:   Flexible Fertigung und Industriearbeit.
                                   Frankfurt/New York 1986.

SELIGER, G.:   Wirtschaftliche Planung automatisierter
                                   Fertigungssysteme.
                                   München, Wien 1983.

SEMMEL-ROGGEN, H. G.:   Bedarfsorientiert Fertigen und Montieren.
                                   Strategien und Lösungen der Automobilin-
                                   dustrie.
                                   In: VDI-Z 129(1987)2, S.10-17.

SFB 155, Bericht des: Fertigungstechnik.
                                   Sonderforschungsbericht 155 der Univer-
                                   sität Stuttgart. Forschungsbericht für die
                                   Jahre 1978-1980.
                                   Bonn-Bad Godesberg 1980.

SHAPIRO, S. F.:   Jumping on the MAP bandwaggon: How
                                   soon and how far.
                                   In: Computer Design, Concord/Mass.,
                                   25(1986)15, S.16-21.

SIM, J.:   CAPP/SFC: Integration through the process
                                   plan.
                                   In: Technical Paper Society of Manufac-
                                   turing Engineers,
                                   Dearborn 1985, Pap 85-138.

SIMON, Th.:   Planung und Betrieb von Breitband-Netzen.
                                   In: Datacom (1988)6, S.54-61.

SOLBERG, J. J.:   A mathematical model of computerized
                                   manufacturing systems.
                                   In: Proceeding of the 4th International
                                   Conference on Production Research,
                                   Tokio 1977, S.1265-1275.

SOLBERG, J. J.:   Quantitative Design Tools for Compute-
                                   rized Manufacturing Systems.
                                   In: Proceeding of the 6th North American
                                   Metalworking Research Conference.
                                   Gainsville/Florida 1978.

SPECHT, D.:   Ermittlung von Fertigungsstrukturen in
                                   Maschinenbaubetrieben durch Faktoren- und
                                   Clusteranalyse.
                                   In: Produktionstechnik - Berlin Band 34.
                                   München, Wien 1983.

SPIELER, B.:

Entwicklung eines Systems von Entscheidungs- und Auswahlhilfen für die ergonomische Gestaltung der Arbeitssysteme Behinderter.
Diss. RWTH Aachen 1984.
Forschungsinstitut für Rationalisierung.

STEINHILPER, R.:

Aufbruch ins nächste Jahrzehnt. Fertigungskonzepte der 90er Jahre.
In: Moderne Fertigung 16(1988)3, S.18-30.

STRACK, M.:

Organisatorische Gestaltung einer zentralen Werkstattsteuerung.
Forschung für die Praxis: Bd. 10.
Hrsg.: R. Hackstein.
Berlin, Heidelberg, New York, Tokyo, London, Paris 1987.
Forschungsinstitut für Rationalisierung.

STREIDTPFERDT, L.:

Auftragsverteilung.
In: Handwörterbuch der Produktionswirtschaft, S.211-221.
Hrsg.: W. Kern. Stuttgart 1979.

STRUNZ, K.:

Zur Methodologie der psychologischen Typenforschung.
In: Studium Generale 4(1951)7, S.402-415.

STUTE, G;
STORR, A.;
DÖTTLING, W.;
SCHWAGER, J.;
WÖRN, H.:

PDV-Berichte. Prozeßüberwachung in flexiblen Fertigungssystemen.
Kfk-PDV 148,
Karlsruhe 1978.

SUPPAN-BOROWKA, J.;
SIMON, T.:

MAP - Datenkommunikation in der automatisierten Fertigung.
2. Auflage. Pulheim 1987.

TEMPELMEIER, H.:

Kapazitätsplanung für flexible Fertigungssysteme.
In: ZfB Zeitschrift für Betriebswirtschaft 58(1988)9, S.963-980.

THEN, W.:

Höhere Integration und mehr Differenzierung.
In: Der Arbeitgeber 39(1987)7, S.255-257.

THURSTONE, L. L.:

Multiple factor Analysis.
Chicago: University of Chicago Press, 1947.

TIETZ, B.:
Bildung und Verwendung von Typen in der Betriebswirtschaftslehre dargelegt am Beispiel der Typologie der Messen und Ausstellungen.
Köln, Opladen 1960.

TÜCHELMANN, Y.:
Informationsverarbeitung in flexibel automatisierten Fertigungssystemen. In: Zeitschrift für wirtschaftliche Fertigung und Automatisierung, München, 83(1988)10, S.507-511.

VDI u.a. (Hrsg.):
Lexikon der Produktionsplanung und -steuerung.
Begriffszusammenhänge und Begriffsdefinitionen.
3. Auflage des VDI-Taschenbuches T 77.
Düsseldorf 1983.

VIEHWEGER, B.:
Flexibel Fertigen. Werkzeugmaschinen und Computer bilden CIM-Bausteine.
In: CIM-Praxis/NC-Praxis 14(1988)2, S.24-28.

VOGEL, F.:
Probleme und Verfahren der numerischen Klassifikation.
Göttingen 1975.

WARD, J. H.:
Hierarchikal grouping to optimize an objektive function.
In: Journal of the American Statistical Association (1963)58, S.236-244.

WARNECKE, H. J.;
ZEH, K.-P.:
Leittechnik für flexible Fertigung. Ein ZEH, "FLIRT" als Einstieg in CIM.
In: Industrie-Anzeiger 109(1987)24, S.34-38.

WECK, M.:
Werkzeugmaschinen.
Bd. 3 Automatisierungs- und Steuerungstechnik.
Düsseldorf 1982.

WECK, M.;
DERN, U.:
Rechner- und Steuerungsstruktur.
In: Industrie-Anzeiger 108(1986)29, S.14-16.

WECK, M.;
OPHEY, L.;
FÜRBASS, J.-P.:
Flexible Fertigung mit spanenden Werkzeugmaschinen. Tendenzen in der Entwicklung.
In: wt Werkstattechnik 77(1987)10, S.543-548.

WESTKÄMPER, E.: Automatisierung in der Einzel- und Serienfertigung - Ein Beitrag zur Planung, Entwicklung und Realisierung neuer Fertigungskonzepte.
Diss RWTH Aachen 1977.

WIENDAHL, H.-P.: Betriebsorganisation für Ingenieure.
München, Wien 1983.

WIENDAHL, H. P.: Integration von PPS-Systemen in CIM-Konzepte.
In: VDI-Berichte Nr. 611, Düsseldorf 1986.

WILLIAMS, W. T.;
CLIFFORD, H. T.;
LANCE, G. N.: Group-size dependence: A rationale for choice between numerical classifications.
In: Computer Journal (1971)14, S.157-162.

WIRTH, S.;
RUDOLPH, K. (Hrsg.): Gestaltungslösungen integrierter Fertigungen.
Berlin (Ost) 1986.

WÖHE, G.: Einführung in die allgemeine Betriebswirtschaftslehre.
14. Auflage, München 1981.

ZANGEMEISTER, C.: Nutzwertanalyse in der Systemtechnik.
Eine Methodik zur multidimensionalen Bewertung und Auswahl von Projektalternativen.
3. Auflage. München 1976.

ZEIDLER, B.;
STANEK, W.: Anforderungen an Planung und Steuerung flexibler Fertigungssysteme.
In: ZwF CIM - Zeitschrift für wirtschaftliche Fertigung und Automatisierung 82(1987)12, S.686-689.

ZEIDLER, B.;
STANEK, W.: Integration der Fertigungsplanung für automatisierte flexible Fertigungssysteme in die gesamtbetriebliche Planung.
In: ZwF CIM - Zeitschrift für wirtschaftliche Fertigung und Automatisierung 83(1988)1, S.31-34.

ZÖRNTLEIN, G.: Flexible Fertigungssysteme.
Belegung, Steuerung, Datenorganisation.
München, Wien 1988.

ZWICKY, F.: Entdecken, Erfinden, Forschen im Morphologischen Weltbild.
München Zürich 1966.

Anhang A

A1. Schriftliche Breitenerhebung

Einen Überblick über den Stand der technischen Entwicklung, die Einsatzbedingungen und die organisatorische Integration von FFS ergibt die Auswertung einer schriftlichen Breitenerhebung.

A1.1 Vorgehensweise und Auswertemethodik

Für die schriftliche Breitenerhebung wurde ein detaillierter, halbstandardisierter Fragebogen konzipiert. Die gestellten Fragen lassen sich in fünf Themenkomplexe gliedern:

1. Unternehmensspezifische Angaben,

2. technologische und organisatorische Angaben zum FFS,

3. auftragsspezifische Angaben,

4. organisatorische Integration des FFS in das betriebliche Umfeld (PPS) und

5. Gründe, die zum Einsatz von FFS führten.

Bei den Themenkomplexen 1 - 4 handelt es sich um standardisierte Fragen, die durch Ankreuzen oder Einsetzen von Zahlenwerten zu beantworten waren. Die Form dieses halbstandardisierten Fragebogens wurde gewählt, um eine möglichst hohe Qualität der erfaßten Daten zu gewährleisten (vgl. WÖHE 1981, S.548). Der konzipierte Fragebogen ermöglicht eine konkrete Beantwortung der vorgegebenen Fragen, wobei die Möglichkeit zur Abstimmung auf betriebsspezifische Besonderheiten gegeben ist (vgl. SCHMIDT 1985, S.424f.).

Jedem Teilnehmer der Breitenerhebung wurde ein solcher Fragebogen zugeschickt. Von den Unternehmen, die mehrere FFS betrieben, waren die FFS-spezifischen Angaben entsprechend für jedes FFS zu beantworten. Jedes erfaßte installierte oder in der Erprobungsphase befindliche FFS wird als ein FFS-Anwendungsfall bezeichnet.

A1.2   Unternehmensspezifische Angaben

Die Teilnehmer der Breitenerhebung wurden über FFS-Hersteller-Referenzlisten, durch Hinweise aus der einschlägigen Fachliteratur sowie aus Expertengesprächen ermittelt. Die weiteren Aussagen beruhen auf der Auswertung von 46 ausgefüllten Fragebögen, in denen 60 FFS-Anwendungsfälle dokumentiert wurden (Abbildung A1-1). Die für die Aussagen verwertbare Grundgesamtheit ist auf den entsprechenden Abbildungen durch den Hinweis "n=..." angegeben.

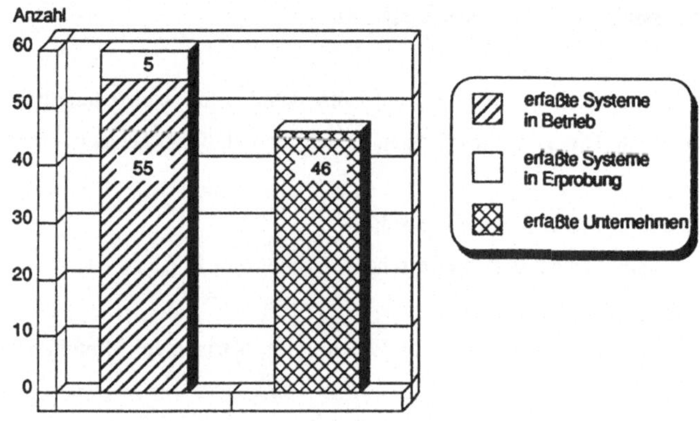

<u>Abb. A1-1:</u>   Überblick über die erfaßten Unternehmen und FFS-Anwendungsfälle

Bei der Analyse der erfaßten Unternehmen zeigt sich, daß fast dreiviertel (72%) aller FFS-Anwendungsfälle heute in Unternehmen mit 1000 und mehr Beschäftigten Einsatz finden. Bei den Betrieben mit einer geringeren Anzahl der Beschäftigten ist eine deutliche Zurückhaltung bei der Installation von FFS zu verzeichnen (Abbildung A1-2).

Zur Analyse der unternehmensspezifischen Rahmenbedingungen unter denen die FFS betrieben werden, waren Fragen nach der Fertigungsablaufart, der Fertigungsart, der Erzeugnisstruktur und dem Erzeugnisspektrum zu beantworten. Diese Begriffe wurden von SCHOMBURG (1980, S.38ff.) übernommen. Da die Unternehmen vielfach z.B. nicht nur Einzel- und Kleinserienfertigung betreiben, sondern zusätzlich Produkte mit Seriencharakter fertigen, sind z.T. Mehrfachnennungen zugelassen. Aus diesem Grund übersteigt die Summe der %-Werte die 100% Marke. 90% der Unternehmen fertigen entweder Einzel- und Kleinserien (67%) und/oder Serien (60%). Bei diesen Erzeugnissen handelt es sich in der Regel um

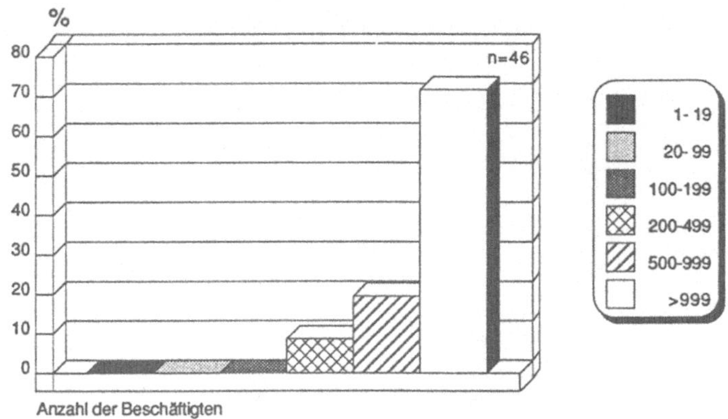

__Abb. A1-2:__   Analyse der Größe der erfaßten Unternehmen

mehrteilige Erzeugnisse mit einer komplexen Struktur (91%). Das Erzeugnisspektrum ist geprägt durch Standarderzeugnisse mit Varianten (50%) und typisierte Erzeugnisse mit kundenspezifischen Varianten (63%). Eine detaillierte Darstellung der Untersuchungsergebnisse ist dem Anhang A2 (Abbildung A2-1 - A2-3) zu entnehmen. Die Fertigung ist primär in Form einer Werkstattfertigung (72%) und/oder von Fertigungsinseln (65%) organisiert. Die Reihen- oder Fließfertigung spielt bei den Unternehmen, die FFS einsetzen nur eine untergeordnete Rolle (Abbildung A2-4).

A1.3   Technologische und organisatorische Angaben zum FFS

Zur Beschreibung der FFS-Anwendungsfälle ist eine Analyse der Systemgröße, des Systemaufbaus und der Systemstruktur notwendig. Bei der Analyse der Systemgröße ist ein eindeutiger Schwerpunkt bei den 2-Maschinenkonzepten (27%) und 3-Maschinenkonzepten (23%) festzustellen. Diese Zahlen bestätigen ältere Untersuchungen, die ebenfalls einen deutlichen Trend zur Installation von Klein-FFS nachweisen (vgl. FIX-STERZ u.a. 1986, S.8). Die weitere Verteilung der Systemgrößen ist Abbildung A1-3 zu entnehmen.

Bei den eingesetzten Maschinen handelt es sich vorwiegend um Bearbeitungszentren. Diese sind bei 95% aller FFS-Anwendungsfälle mindestens einmal vertreten. Drehmaschinen (10%) und Schleifmaschinen (7%) sind nur selten integriert. Meßmaschinen (18%) und Waschmaschinen (22%) wurden nur als separater

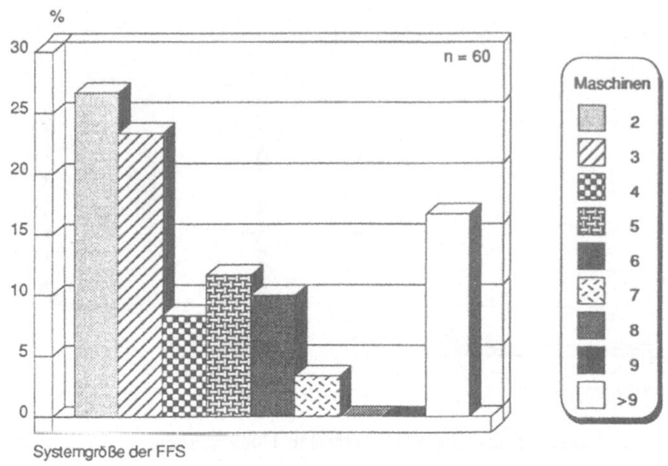

<u>Abb. A1-3</u>:   Analyse der Systemgröße

Maschinentyp gewertet, wenn die Meß- und Waschprogramme ähnlich einem NC-Programm werkstückspezifisch erstellt und eingesetzt werden. Bei der Analyse der Gesamtzahl der eingesetzten Werkzeugmaschinentypen ist festzustellen, daß 70% aller in FFS installierter Werkzeugmaschinen Bearbeitungszentren sind. Alle anderen Maschinentypen spielen nur eine untergeordnete Rolle. (Abbildung A1-4).

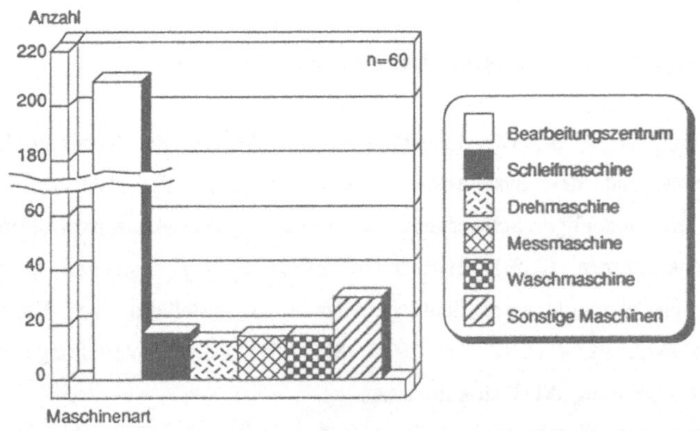

<u>Abb. A1-4</u>:   Analyse der in FFS eingesetzten Maschinen

Die Analyse der Systemstruktur zeigt, daß mehr als die Hälfte (53%) aller FFS aus sich ersetzenden und 17% aus sich ergänzenden Maschinenkonzepten aufgebaut sind. 30% der FFS weisen eine gemischte Struktur auf (vgl. Abbildung A1-5). Bei der weiteren Untersuchung der FFS-Anwendungsfälle, die nur aus Bearbeitungszentren aufgebaut sind, stellt sich heraus, daß trotz gleicher Werkzeugmaschinentypen bei 19% der FFS die Maschinen ergänzend eingesetzt werden (Abbildung A2-5). Den Fertigungsaufträgen werden feste Maschinen im FFS zugeordnet. Die mögliche technische Flexibilität kann in diesen Fällen nicht genutzt werden.

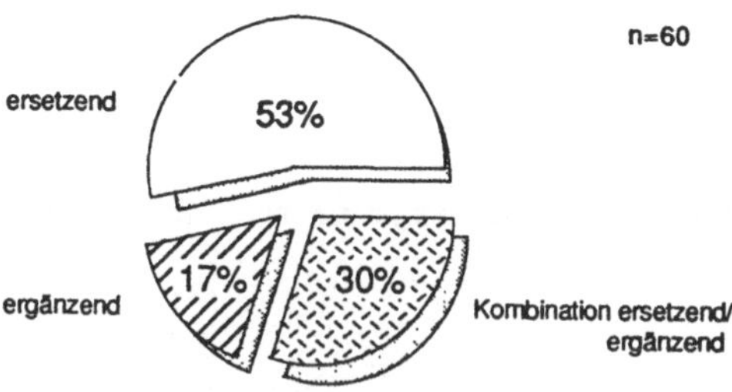

<u>Abb. A1-5:</u>   Analyse der Systemstrukturen von FFS

Ein Charakteristikum für FFS ist die Verkettung der Werkzeugmaschinen durch automatisch arbeitende Transportsysteme. Es stehen dafür verschiedene Transportmittel zur Verfügung, die entweder Werkzeuge und/oder Werkstücke befördern. Die Analyse der Transportsysteme zeigt, daß die meisten eingesetzten Transportmittel (>60%) Schienenfahrzeuge sind. Diese transportieren in erster Linie Werkstücke (65%). An zweiter Stelle stehen Flächenportalroboter mit einem Anteil von 33% mit denen vorwiegend Werkzeuge transportiert werden. Induktiv gesteuerte Fahrzeuge oder eine stetige Verkettung der Werkzeugmaschinen finden jeweils bei 10% der FFS-Anwendungsfälle Verwendung (Abbildung A1-6 und A2-6). Dabei ist zu beachten, daß bei den größeren FFS (mehr als fünf Werkzeugmaschinen) induktiv gesteuerte Transportsysteme verstärkt eingesetzt werden (30%).

Werkstücke, die im FFS auf ihre Bearbeitung warten oder die fertig bearbeitet sind und auf das Ausschleusen aus dem FFS warten, müssen innerhalb des FFS zunächst gespeichert werden. In 50% der FFS-Anwendungsfälle geschieht dies in einem linearen Palettenspeicher. Weniger häufig erfolgt die Speicherung in Hochregallagern (22%) oder Palettenumlaufspeichern (15%) (Abbildung A1-7).

Das Beschicken des FFS mit Werkstücken erfolgt meist von zentral angeordneten Rüst- und Spannplätzen, auf denen die Paletten mit Vorrichtungen gerüstet

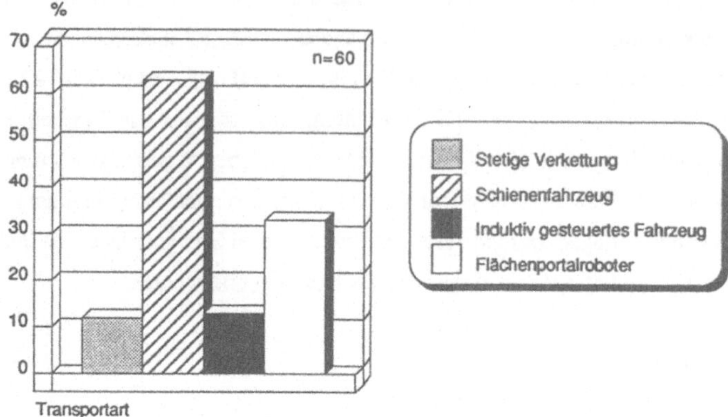

Abb. A1-6: Analyse der Transportsysteme bei FFS

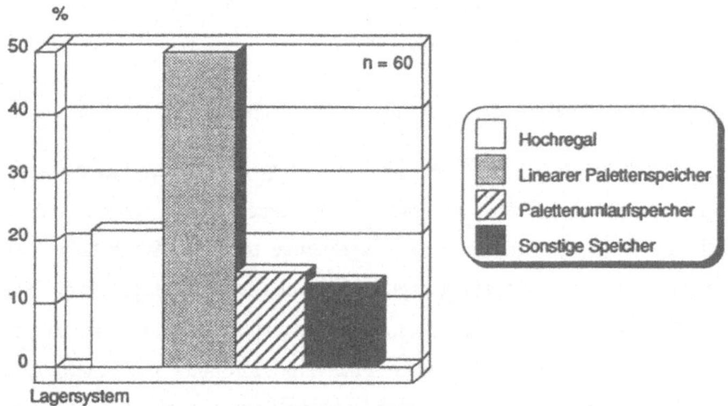

Abb. A1-7: Analyse der Werkstückspeichersysteme im FFS

und die Werkstücke gespannt werden. Nur wenige Unternehmen unterscheiden zwischen Rüst- und Spannplätzen. Ca. 25% der FFS sind mit nur einem Rüst-/ Spannplatz versehen, mehr als die Hälfte der FFS wird mit zwei Rüst-/Spannplätzen mit Werkstücken versorgt (vgl. Abbildung A1-8).

Die zu verwaltenden Werkzeuge werden entweder dezentral in den maschinenseitigen Werkzeugspeichern jeder einzelnen Werkzeugmaschine oder zentral in einem für alle Werkzeugmaschinen zuständigen gemeinsamen Werkzeuglager gelagert. Nur 34% aller FFS sind mit einem zentralen Werkzeuglager ausgerüstet. Die mittlere Lagerkapazität beträgt ca. 360 Werkzeuge bei zentraler Werkzeuglagerung und ca. 100 Werkzeuge pro Maschine bei dezentraler Speicherung. Die Verteilung der dezentralen und zentralen Werkzeugspeicherkapazitäten ist in Abbildung A1-9 dargestellt.

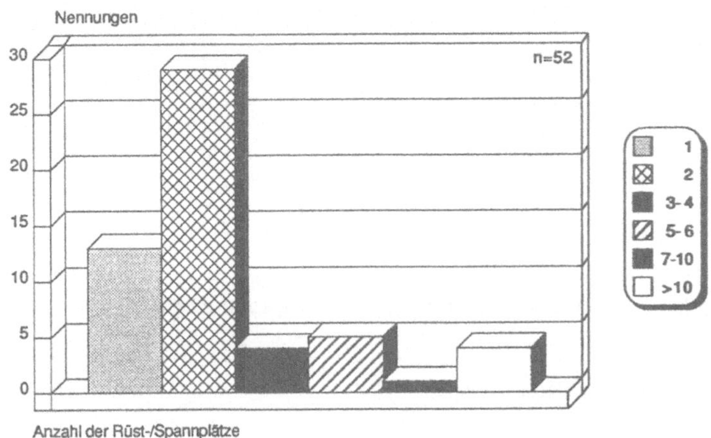

Abb. A1-8:   Analyse der Anzahl der Rüst-/Spannplätze

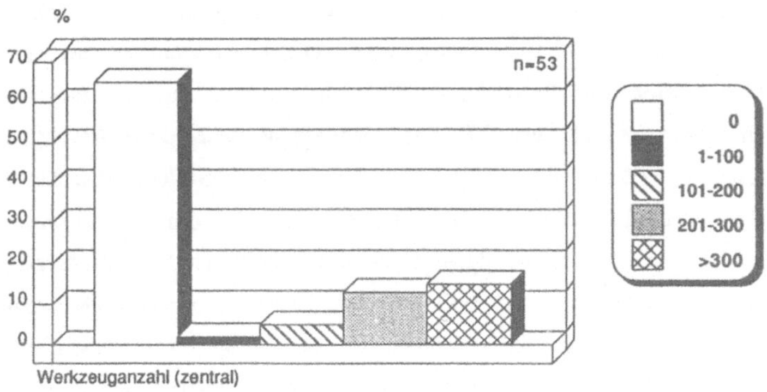

Abb. A1-9a: Analyse der Werkstückspeicherkapazität (zentral)

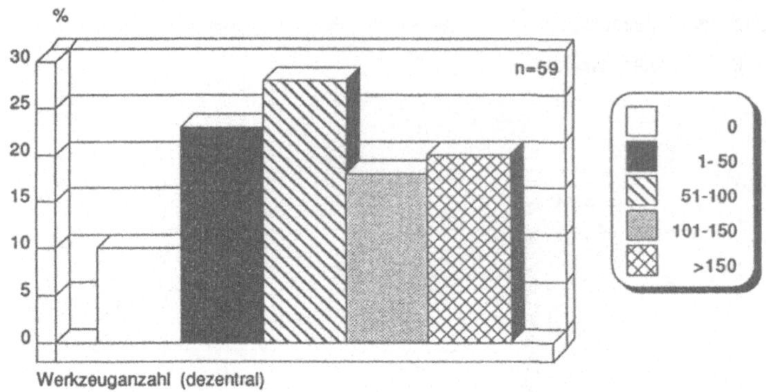

<u>Abb. A1-9b</u>:   Analyse der Werkzeugspeicherkapazität (dezentral)

A1.4   Auftragsspezifische Angaben

Ein Kennzeichen von FFS ist, daß ohne großen Umrüstaufwand kurzfristig verschiedene Werkstücke gefertigt werden können. Die Analyse der Anzahl der Werkstücke ergab, daß im Durchschnitt 116 verschiedene Werkstücke auf den FFS gefertigt werden. Dabei liegt je nach Anwendungsfall die Bandbreite zwischen 2 und mehr als 1000 verschiedenen Werkstücken. Die Untersuchungen des Werkstückspektrums lassen zwei Entwicklungstendenzen erkennen. Auf der einen Seite gibt es eine große Anzahl von FFS, auf denen eine sehr große Anzahl von unterschiedlichen Werkstücken gefertigt wird. Bei diesen FFS stehen Aspekte der kurzfristigen Flexibilitätssicherung (kurzfristige Änderung des Produktionsprogramms aufgrund von Kundenaufträgen, Stückzahlflexibilität etc.) im Vordergrund. Auf der anderen Seite gibt es eine Gruppe von FFS, auf der nur sehr wenige unterschiedliche Werkstücke gefertigt werden. Die langfristige Flexibilitätssicherung (Wechsel des Produktionsspektrums ohne technische Veränderungen oder Austausch der Werkzeugmaschinen) ist hierbei ausschlaggebend für die Installation des FFS gewesen. Die Verteilung der Anzahl der unterschiedlichen zu fertigenden Werkstücke ist in Abbildung A1-10 zusammengefaßt.

Die Analyse der Losgrößen der Werkstattaufträge, die mit den einzelnen FFS-Anwendungsfällen gefertigt werden, zeigt eine deutliche Tendenz zur Fertigung größerer Losgrößen. Der Durchschnitt aller FFS-Anwendungsfälle liegt bei einer

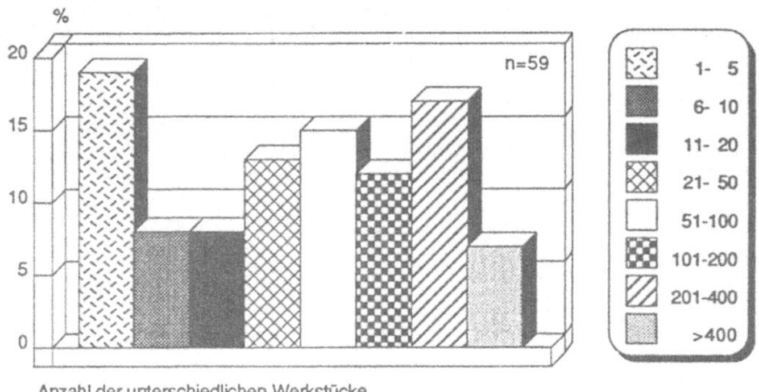

Abb. A1-10:   Analyse des Werkstückspektrums

Losgröße von 174 Stück. Auf fast einem Viertel (22%) der FFS werden Losgrößen mit mehr als 200 Stück gefertigt. Die propagierte und von vielen Anwendern angestrebte wirtschaftliche Losgröße "1" ist nur bei einigen wenigen (5%) FFS-Anwendungsfällen realisiert (vgl. Abbildung A1-11).

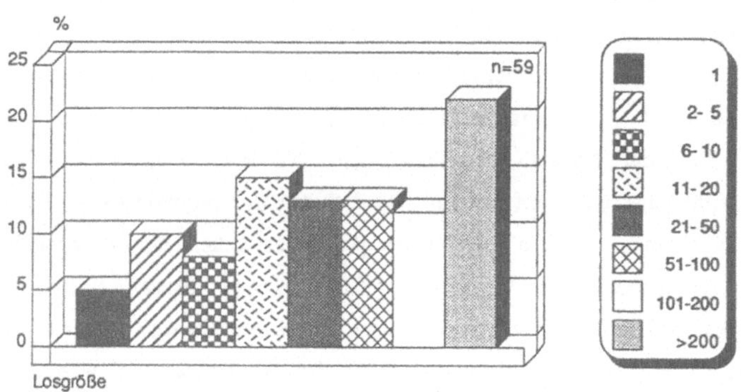

Abb. A1-11:   Analyse der Losgröße

Trotz alledem hat der Einsatz von FFS zu einer flexibleren Fertigung geführt. Dies zeigt die Analyse, wie häufig Werkstattaufträge eines Werkstückes ausgelöst werden. Die Reduzierung bzw. der Entfall von hauptzeitintermittierenden Rüstzeiten führt zu einer relativ hohen Wiederholhäufigkeit pro Jahr. Bei ca. einem Drittel der FFS-Anwendungsfälle (30%) werden die verschiedenen Werkstattaufträge 6-11 mal pro Jahr gefertigt, dies entspricht einem Wiederholzyklus von jedem bzw. jedem zweiten Monat. Nur in wenigen FFS-Anwendungsfällen (5%) werden die Werkstattaufträge quasi täglich (mehr als 200 mal pro Jahr) wiederholt, vgl. Abbildung A1-12.

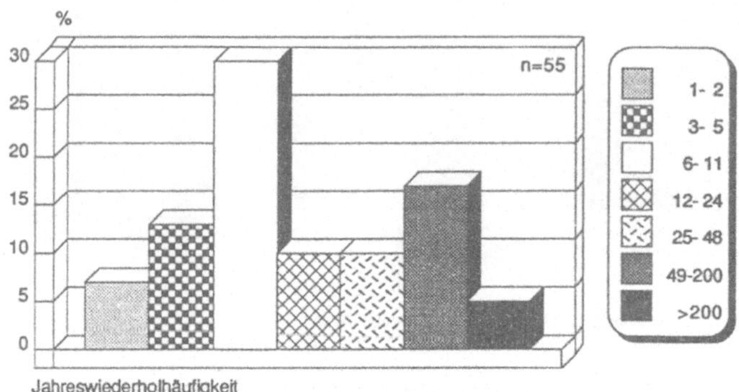

<u>Abb. A1-12</u>:   Analyse der Wiederholhäufigkeit der Werkstattaufträge/Jahr

Die Ergebnisse weiterer Analysen auftragsspezifischer Angaben werden im folgenden kurz erläutert. Nähere Angaben finden sich im Anhang A2 dieser Arbeit. Bei der Betrachtung der Anzahl von Einfahraufträgen pro Monat stellt sich heraus, daß bei der Planung der Werkstattauftragsabwicklung auf FFS im überwiegenden Teil (48%) ein bis fünf Einfahraufträge im Monat zu berücksichtigen sind (Abbildung A2-7). Bei der Anzahl von Eilaufträgen, die unter Umgehung üblicher Planungsalgorithmen eingesteuert werden, läßt sich ein Schwerpunkt (32%) bei der Abwicklung von einem bis fünf Eilaufträgen pro Monat erkennen, vgl. Abbildung A2-8). Die Bearbeitung der Werkstücke erfolgt in den meisten FFS-Anwendungsfällen (ca. 60%) durch Mehrteileaufspannung, d.h. mit zwei bis vier auf einen Werkstückträger gespannten Werkstücken. 23% der Werkstückträger werden mit nur einem Werkstück in das FFS eingeschleust (Abbildung A2-9).

Die auf dem FFS zu fertigenden Werkstücke werden nur in 3% aller Fälle in einer Aufspannung komplett bearbeitet. D.h. bei der Planung der Werkstattaufträge, die auf dem FFS abgewickelt werden, ist ein manuelles Eingreifen des Bedienpersonals zum Umspannen der Werkstücke zu berücksichtigen. Die einzelnen Aufspannungen der Werkstücke laufen bei 72% der FFS-Anwendungsfälle jeweils nur eine Werkzeugmaschine des FFS an. Es ist somit ein Trend zur einstufigen Bearbeitung der Werkstücke zu erkennnen (Abbildung A1-13).

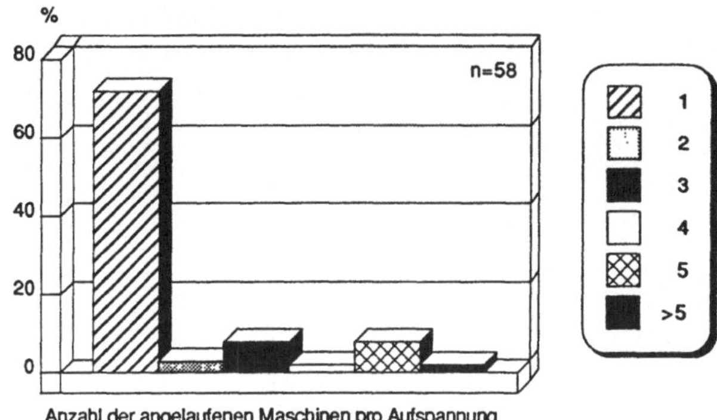

Abb. A1-13:   Analsye der Anzahl der angelaufenen Werkzeugmaschinen einer Aufspannung im FFS

Die Anzahl an Werkstattaufträgen, die auf den FFS eingelastet werden kann, richtet sich nach der Bearbeitungszeit für die Werkstücke. Um eine möglichst hohe Auslastung des FFS zu erzielen, sind z.B. bei kurzen Bearbeitungszeiten eine große Anzahl von Werkstattaufträgen oder aber Werkstattaufträge mit entsprechenden Losgrößen in das FFS einzusteuern, um nicht aufgrund der notwendigen Umrüst- und Spannaufgaben zu unproduktiven hauptzeitintermittierenden Zeiten zu gelangen. Die Analyse der Bearbeitungszeiten pro Maschine und Aufspannung ergab, daß 25% der Bearbeitungsvorgänge "Kurzläufer" mit einer Bearbeitungszeit bis zu 15 Minuten sind. Mehr als 80% werden in einem Bereich bis zu einer Stunde in einer Aufspannung bearbeitet. 7% der Aufspannungen belegen eine Maschine des FFS über zwei Stunden (max. 240 Minuten), der Durchschnitt der Bearbeitungszeiten beträgt 51 Minuten (Abbildung A1-14).

Bei der Planung der Werkstattauftragsabwicklung mit FFS ist zu beachten, daß bei einem Teil der Aufträge Zwischenbearbeitungen (z.B. eine Wärmebehandlung) durchzuführen sind. Dazu müssen die Werkstücke die Systemgrenze des FFS verlassen, an den entsprechenden Kostenstellen bearbeitet und wieder in das FFS zur Weiterbearbeitung eingeschleust werden. Dazu ist ein hoher Planungsaufwand erforderlich. Die Untersuchung ergibt, daß dies bei 12% der FFS-Anwendungsfälle für mehr als 20% der Werkstattaufträge zutrifft (Abbildung A2-10). In sehr vielen Fällen sind vor und nach der Bearbeitung im FFS weitere Arbeitsgänge zur Komplettbearbeitung der Werkstücke notwendig. Diese Vor- bzw. Folgebearbeitung umfaßt Arbeitsgänge wie das Fräsen von Aufspannflächen oder das Entgraten der

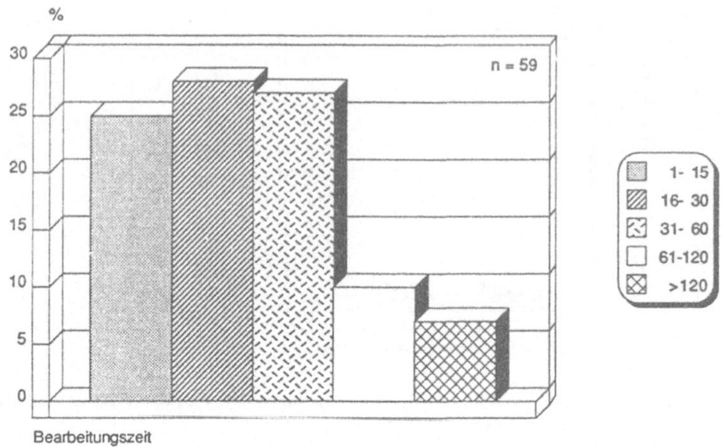

<u>Abb. A1-14:</u>   Analyse der Bearbeitungszeit pro Maschine und Aufspannung

Werkstücke. Es zeigt sich, daß in 50% der FFS-Anwendungsfälle mit einer derartigen zusätzlichen Bearbeitung bei mehr als 20% der Werkstattaufträge zu rechnen ist. In einem Drittel der FFS-Anwendungsfälle (33%) beträgt der Anteil der Werkstattaufträge, die vor-bzw. folgebearbeitet werden müssen, sogar mehr als 80% (Abbildung A2-11).

A1.5   Organisatorische Integration der FFS in das betriebliche Umfeld (PPS)

In diesem Teil des Fragebogens wurde zunächst ganz allgemein nach Veränderungen der Anforderungen an die betriebliche PPS gefragt, die sich mit der Einführung von FFS ergaben. Auf einer fünfwertigen Skala mit den Randbereichen "abgenommen" und "stark zugenommen" waren die Veränderungen der Anforderungen an die PPS anzukreuzen. Bei 53% der Unternehmen wurde eine mehr oder weniger starke Zunahme der Anforderungen festgestellt. Dieser anscheinend "niedrige" Prozentsatz ist vor dem Hintergrund zu sehen, daß die Unternehmen, die den Schritt zur Produktion mit FFS wagen, organisatorisch schon im Vorfeld eine Fülle von Maßnahmen und Aktionen durchgeführt haben und auf Erfahrungen z.B. im Umgang mit FFZ zurückgreifen können. Trotz allem führte die Einführung von FFS zu einer erheblichen Erweiterung der Aufgabeninhalte des Personals, das von der Einführung betroffen ist (Abbildung A1-15).

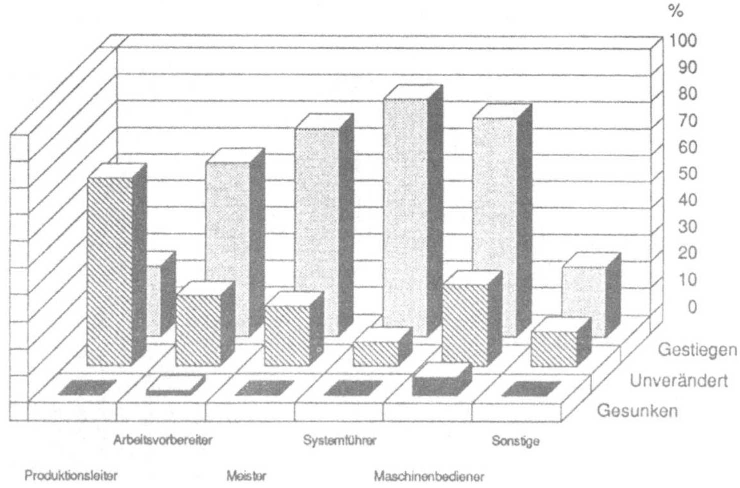

Abb. A1-15: Veränderung des Aufgabeninhaltes des Personals durch die Einführung von FFS

Um die Aufgaben des Personals im Hinblick auf die Ausführung von PPS-Funktionen einschätzen zu können, wurde die Verteilung und Ausführungsart erfaßt (vgl. Kapitel 2.3). Es zeigt sich, daß auf der Betriebsebene hauptsächlich die PPS-Funktionen: Mengenplanung (bei 70% der FFS-Anwender), Durchlaufterminierung (61%), Kapazitätsbedarfsermittlung (61%) und Kapazitätsabstimmung grob (57%) vorwiegend mit EDV-Unterstützung ausgeführt werden. Die weiteren PPS-Funktionen werden nur untergeordnet ausgeführt. Die Hauptaufgaben der Leitebene sind die Kapazitätsabstimmung fein (50%), Werkstattauftragsüberwachung (48%) und Belegerstellung (46%) die ebenfalls überwiegend mit EDV-Unterstützung durchgeführt werden. Auf der Systemebene bestehen die Hauptaufgaben in der Ausführung der Funktionen der physikalischen Verfügbarkeitsprüfung (41%, vorwiegend manuell), Reihenfolgeplanung fein (28%, vorwiegend manuell) und Werkstattauftragsfortschrittserfassung (28%, vorwiegend EDV-unterstützt). Abbildung A1-16 stellt die Funktionsverteilung und Ausführungsart zusammenfassend dar.

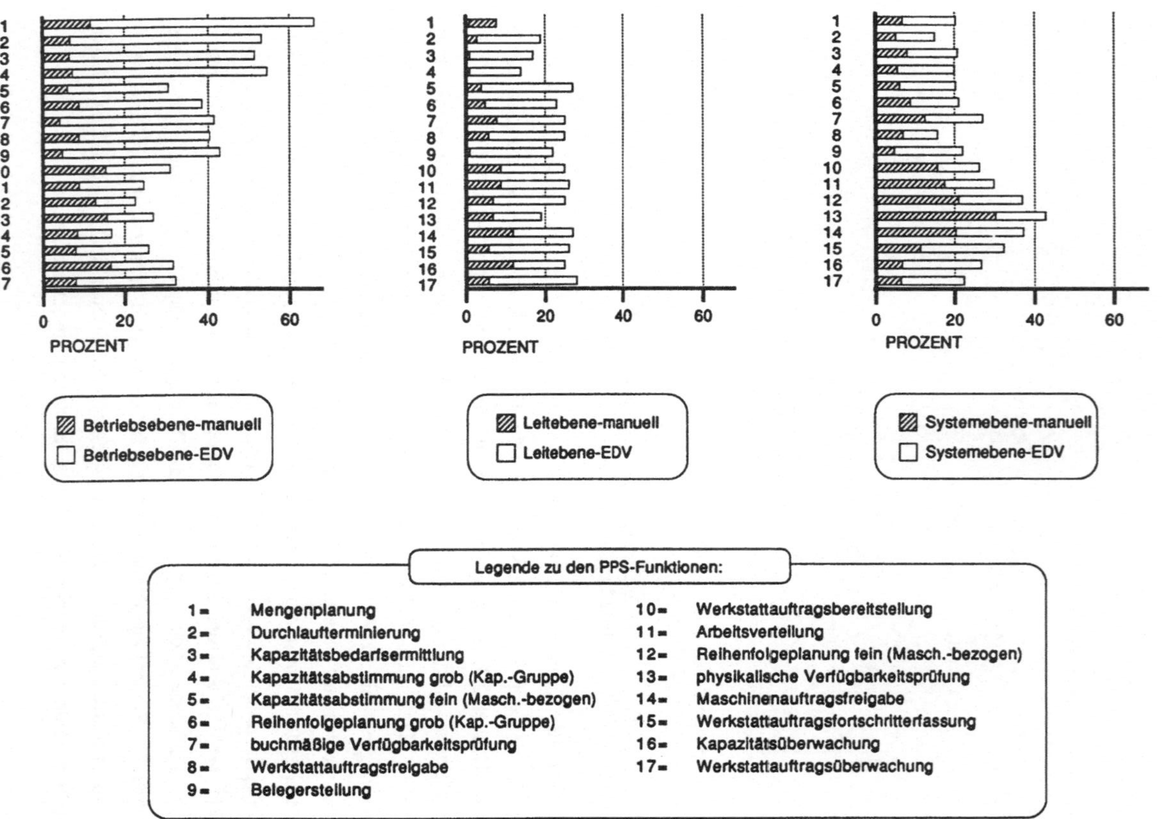

Abb. A1-16: Verteilung und Ausführungsarten der PPS-Funktionen in der Drei-Ebenen-Hierarchie

A1.6 Gründe für den Einsatz von FFS

Die Ziele, die mit dem Einsatz von FFS angestrebt wurden, wurden in diesem Teil des Fragebogens analysiert und bewertet. Weiterhin wurde ausgewertet, in welchem Umfang die angestrebten Ziele erreicht wurden. 18 vorformulierte Gründe wurden von den Anwendern bewertet, im Hinblick auf deren Gewicht für den Einsatz von FFS durch die Einschätzung, ob dieser Grund für die Entscheidung "sehr wichtig" oder "weniger wichtig" war. Obwohl die Möglichkeit bestand, weitere Gründe hinzuzufügen, wurde davon wenig Gebrauch gemacht.

Wirtschaftliche Ziele stehen klar an erster Stelle bei der Einführung von FFS. Senkung der Auftragsdurchlaufzeit, Rationalisierung der Fertigung, Produktflexibilität, Reduzierung der Fertigungskosten und das hauptzeitparallele Rüsten sind die wichtigsten Ziele in dieser Reihenfolge. Auffallend ist, daß schwer monetär quantifizierbare Gründe wie die Senkung der Auftragsdurchlaufzeit und die Produktflexibilität so stark zur Investitionsentscheidung beitragen. Bei den Kriterien wie Stückzahlflexibilität (Rang 9), Steigerung der Qualität (Rang 12) und Ausgleich von Facharbeitermangel (Rang 18) ist bei den Anwendern Ernüchterung eingetreten. Die Anfang und Mitte der 80iger Jahre postulierten Aussagen von der "wirtschaftlichen Losgröße 1" und den "unbegrenzten Qualitätsmöglichkeiten" auch bei Einsatz ungelernter Arbeitskräfte haben ihre Wirkung verloren und führen nicht zur Investitionsentscheidung "Einsatz eines FFS".

Die Probleme bei der Durchsetzung der Ziele wurden erfaßt, in dem die Anwender den Zielerreichungsgrad der Ziele mit den Kriterien "eingetreten", "teilweise eingetreten" und "nicht eingetreten" beantworteten. Die Kriterien "Senkung der Durchlaufzeit", "Einsatz neuer Technologien/Erfahrungsbereicherung" und "hauptzeitparalleles Rüsten" sind absolut über alle Anwendungsfälle am häufigsten erreicht worden. Mit weitem Abstand wurde das Ziel "Ausgleich von Facharbeitermangel" nicht erreicht. In 50% der Fälle ist dieses Ziel nicht eingetreten. Danach folgen die Ziele "Vergrößerung des Dispositionsspielraumes bei der Auftragsabwicklung" (26%) und der "bedienerarme Betrieb im Abschaltbetrieb/bedienerloser Betrieb", der in 24% der angegebenen Fälle nicht eingetreten ist.

Betrachtet man nur die Anwender, für die das Ziel bzw. der Grund sehr wichtig für die Entscheidung zugunsten eines FFS gewesen ist, ergibt sich der in Abbildung A1-17 dargestellte Zielerreichungsgrad. Das wichtigste Ziel "Senkung der

Auftragsdurchlaufszeit" erreicht nur den 4. Platz. Bei nur 82% der Anwender, für die dieses Kriterium sehr wichtig war, ist die Senkung der Auftragsdurchlaufszeit im angestrebten Maße eingetreten. Das hauptzeitparallele Rüsten haben fast alle Anwender (93%) realisieren können. Das Ziel "Entkopplung des Personals vom Takt der Maschine erreicht mit 84% den Rang 3. Der "bedienerlose Betrieb im Abschaltbetrieb" wurde nur in 62% der Fälle erreicht, für die dies ein sehr wichtiges Ziel darstellt.

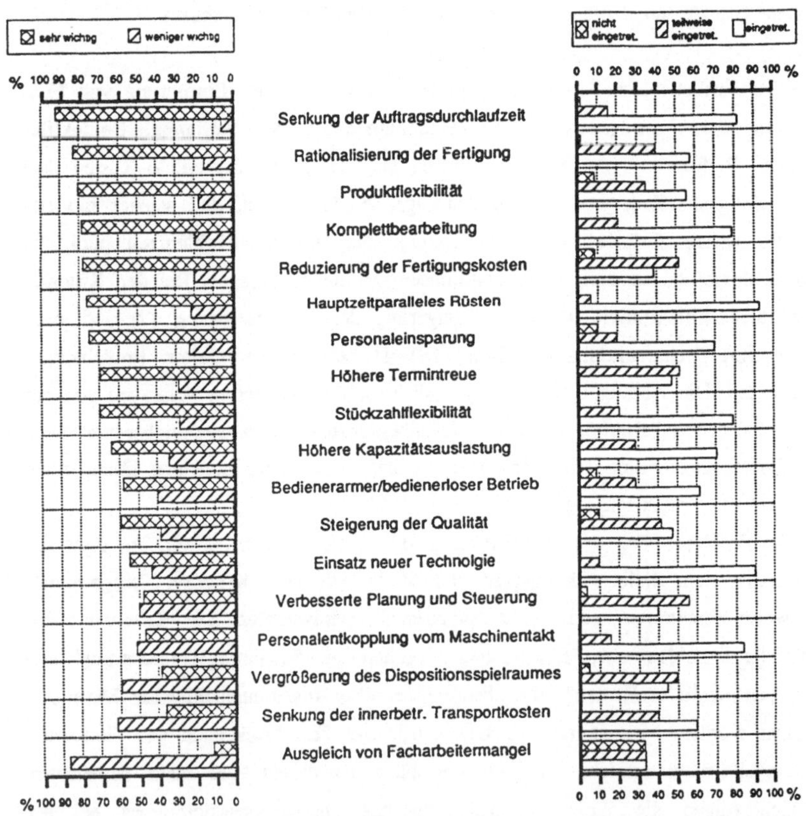

Abb. A1-17:   Ziele, die zum Einsatz von FFS führen und deren Zielerreichungsgrad

A1.7 Zusammenfassung und Konsequenzen

Die schriftliche Breitenerhebung zeigte deutlich die Unterschiede in den Einsatzbedingungen der FFS-Anwendungsfälle auf. Es gibt nicht das "eine" FFS mit fest
definierten Randbedingungen, sondern die in der betrieblichen Praxis vertretenden
FFS haben mannigfaltige Gesichter. Dies spiegelt sich auch an den unterschiedlichen Problemen wider, die auf dem Weg zur Realisierung der Ziele auftreten. Die
Analyse ergibt, daß die Probleme wenig direkt technischer Gestalt sind. Sie liegen
vielmehr in der organisatorischen Gestaltung der Integration der FFS in den Ablauf
der Auftragsabwicklung. An diesem Punkt müssen die im Rahmen dieser Arbeit zu
formulierenden Anforderungen und Gestaltungsvorschläge ansetzen. Dabei wird eine
differenzierte Betrachtung der FFS-Anwendungen und der organisatorischen
Randbedingungen erforderlich.

A2. Weitere Ergebnisse der Anwenderbefragung

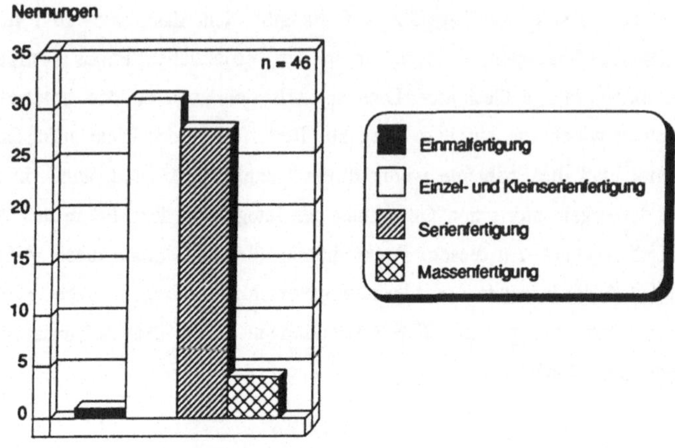

<u>Abb. A2-1:</u>   Analyse der Fertigungsart

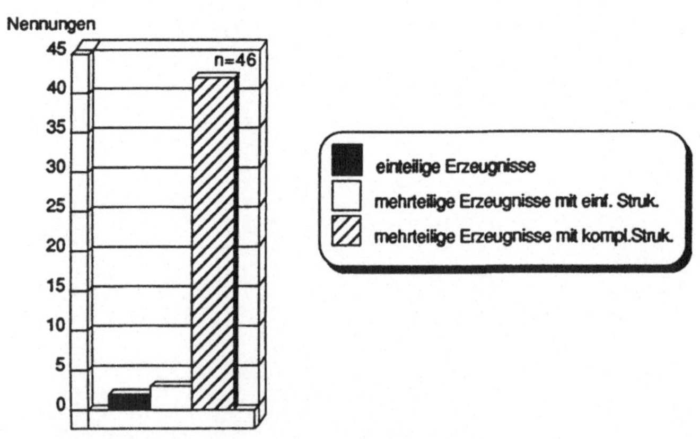

<u>Abb. A2-2:</u>   Analyse der Erzeugnisstruktur

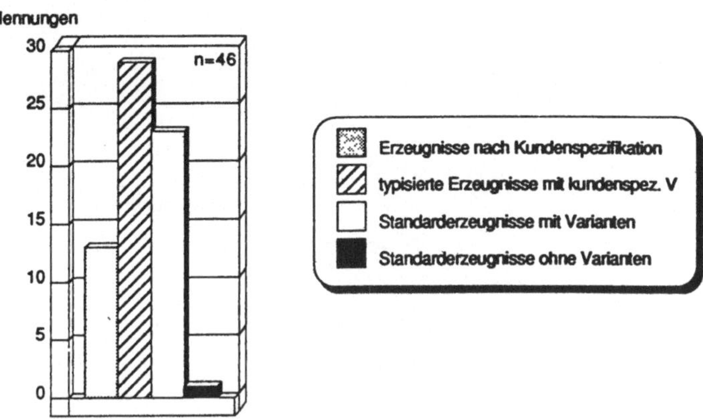

Abb. A2-3:   Analyse des Erzeugnisspektrums

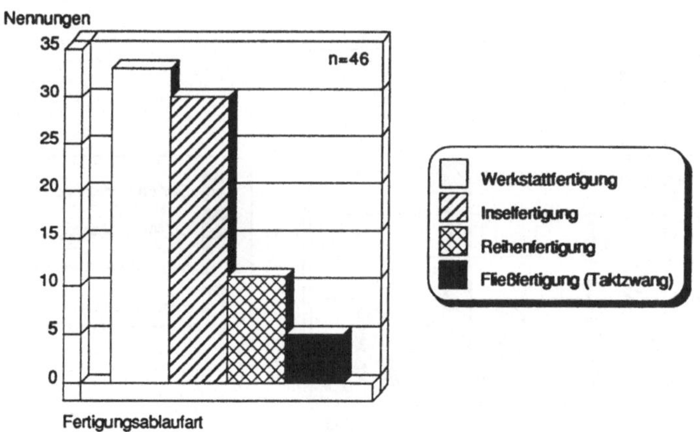

Abb. A2-4:   Analyse der Fertigungsablaufart der Unternehmen

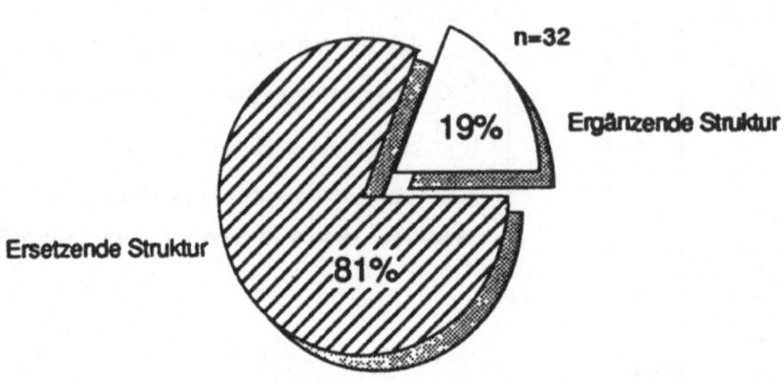

Abb. A2-5:   Analyse der Systemstruktur bei FFS mit 100% Bearbeitungszentren

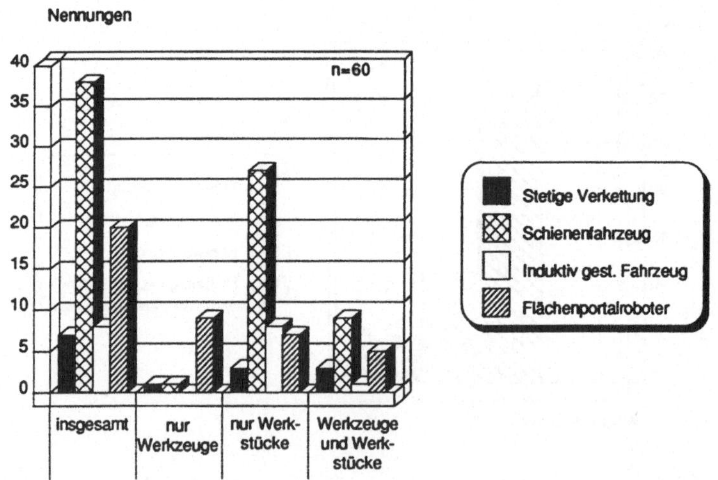

Abb. A2-6:   Analyse der Aufgaben der Transportsysteme

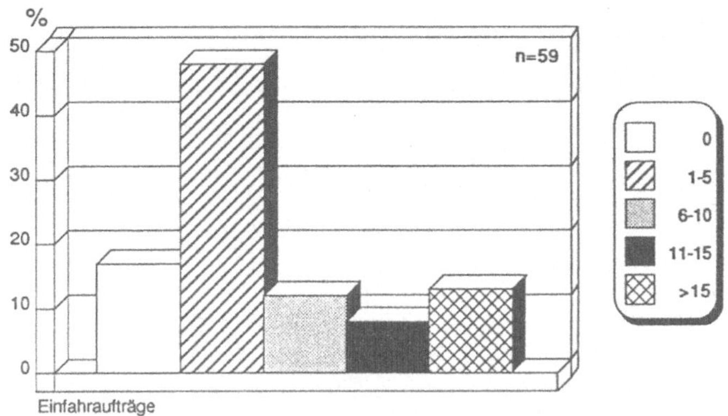

Abb. A2-7:   Analyse der Einfahraufträge pro Monat

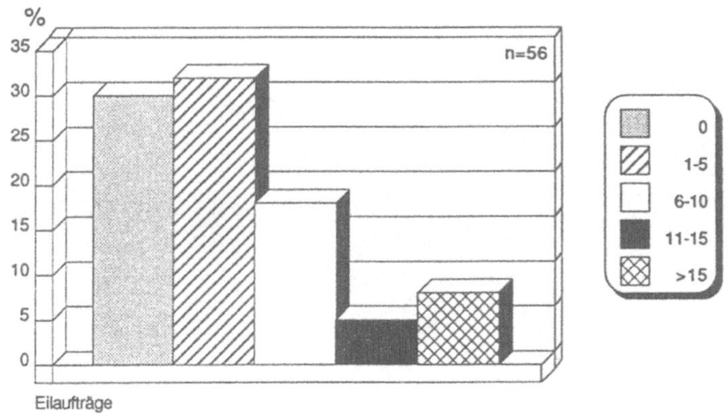

Abb. A2-8:   Analyse der Eilaufträge pro Monat

194

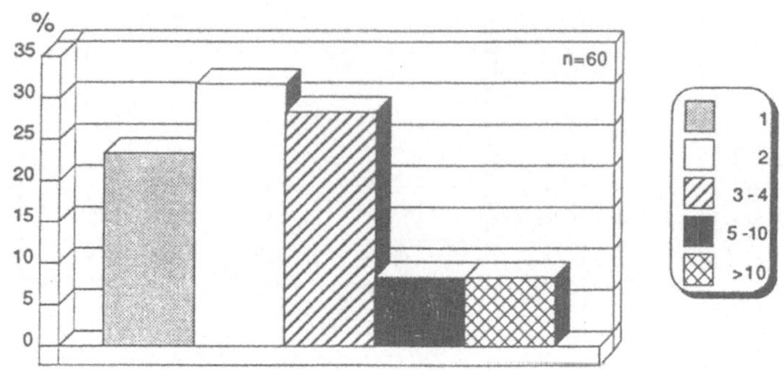

Abb. A2-9:   Analyse der Anzahl der Werkstücke pro Werkstückträger

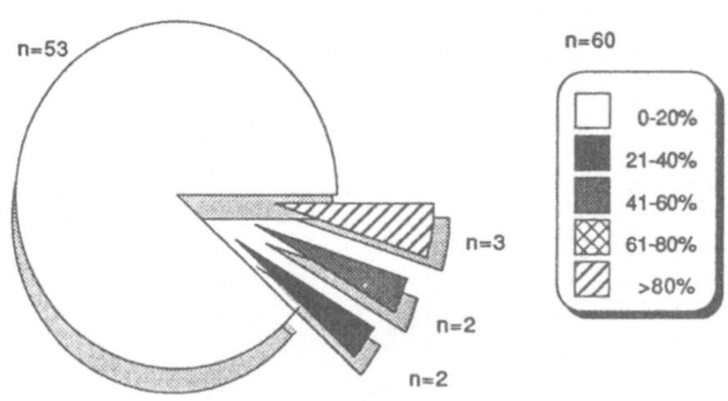

Abb. A2-10:   Analyse der Häufigkeit der Zwischenbearbeitung

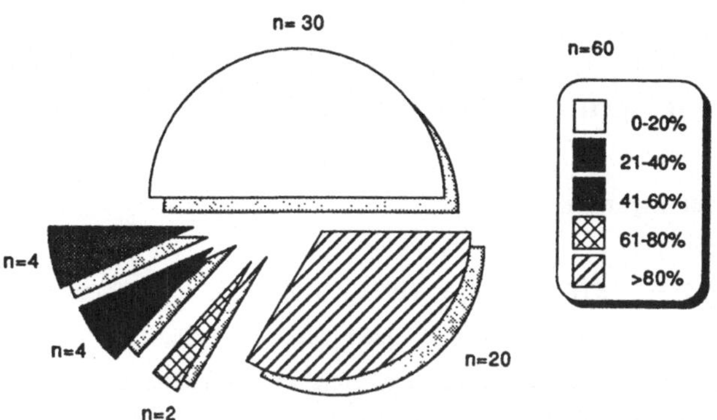

Abb. A2-11:   Analyse der Häufigkeit von Vor- bzw. Folgebarbeitung

Anhang B

Typologie

B1.   Grundlagen einer Typologie

B1.1   Voraussetzungen

Nach GROSSE-OETRINGHAUS (1974, S.36) wird die Typologie als "das Gesamte aller Denkprozesse und Denkergebnisse verstanden, das die realen Erscheinungsformen eines Untersuchungsbereiches im Hinblick auf ein Untersuchungsziel durch Abstraktion und Differenzierung in eine Ordnung bringt". Unter einer Typologie wird also das Ergebnis der Methode, d.h. eine durch Abstraktion und Differenzierung geschaffene Ordnung verstanden. Die zu diesem Ergebnis führenden Untersuchungen, Überlegungen und Auswertungen werden Typenbildung genannt.

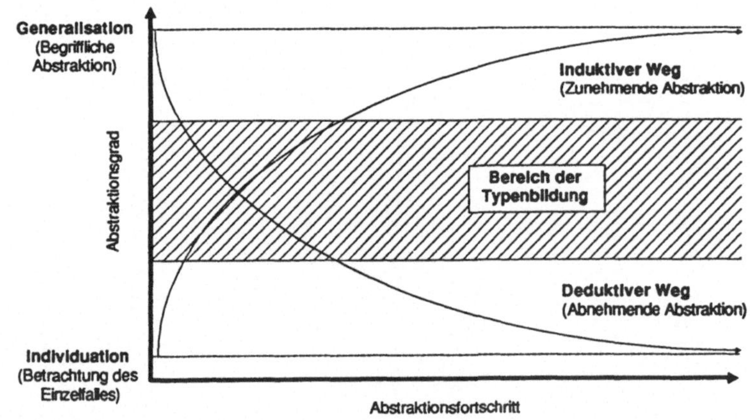

<u>Abb. B1-1</u>:   Annäherung an die Typologiebildung durch Abstraktion

Charakteristisch für eine Typologie ist ihre Eigenschaft, zu realitätsnahen Aussagen zu gelangen, die dennoch einen ausreichenden Grad an Allgemeingültigkeit besitzen. Für PFOHL (1977, S.227) ist "die Typologie eine Betrachtungsweise der Realität, die irgendwo zwischen der individualisierenden, völlig ins Detail gehenden Betrachtung des konkreten Einzelfalles und der völligen Abstraktion in realitätsfernen Denkmodellen liegt".

Aus diesem Grund ist für die Typologie ein "mittlerer Abstraktionsgrad" kennzeichnend (vgl. KNOBLICH 1972, S.142, PFOHL 1977, S.277). Die Typenbildung kann von zwei Seiten erfolgen (vgl. Abbildung B1-1):

- **deduktiv** durch eine abnehmende Abstraktion oder
- **induktiv** durch eine zunehmende Abstraktion.

Der Begriff der **"Typologie"** ist nach KNOBLICH (1969, S.43ff.) gegenüber der **"Beschreibung"** von Objekten und der **"Klassifikation"** von Objekten abzugrenzen.

Eine "Beschreibung" (TIETZ 1960, S.10 spricht von "starren Begriffen") ist die Kennzeichnung eines bestimmten Objekts anhand mehrerer Merkmale.

Eine "Klassifikation" von Objekten liegt dann vor, wenn mehrere Objekte nach einem bestimmten Merkmal und dessen Ausprägungsmöglichkeiten gegliedert sind. Die verwendeten Einteilungskriterien stehen isoliert nebeneinander, eine Verknüpfung der Kriterien (Merkmale) findet nicht statt. Beispiele für den Einsatz der Klassifikation finden sich beispielsweise bei OPITZ (1966).

Bei der Typologie schließlich werden mehrere Merkmale bzw. Merkmalsausprägungen gleichzeitig zur Kennzeichnung herangezogen. Von den verwendeten Merkmalen muß mindestens eins mehrere Ausprägungsmöglichkeiten besitzen. Man spricht dann von mindestens einem abstufbaren Merkmal.

Durch eine sinnvolle Auswahl und Kombination der Merkmale und deren Ausprägungsmöglichkeiten entstehen die "Typen". Abbildung B1-2 stellt die unterschiedlichen Betrachtungsweisen gegenüber.

Entgegen den in der Literatur oft synonym verwendeten Begriffen der "Klassifikation" und der "Typologie" sollen in dieser Arbeit die Begriffe gemäß den oben festgelegten Definitionen verstanden werden.

Der für eine typologische Methode charakteristische mittlere Abstraktionsgrad hat sie zu einem vielfach eingesetzten Untersuchungsinstrumentarium gemacht. Erfolgreich wurde diese Methode u.a. von SCHOMBURG 1980, RABUS 1980, SPECHT 1983, LEY 1984 und FÖRSTER/HIRT 1988 eingesetzt. Die typologische Methode wird dabei entsprechend der Definition von GROSSE-OETRINGHAUS (1974, S.22) "verstanden als spezifische Methode der gedanklichen Durchdringung von vielfältigen realen Erscheinungsformen, um in einer zielgerichteten, systematischen Verdichtung zu wesentlichen Erscheinungsformen Anwendungsbedingungen

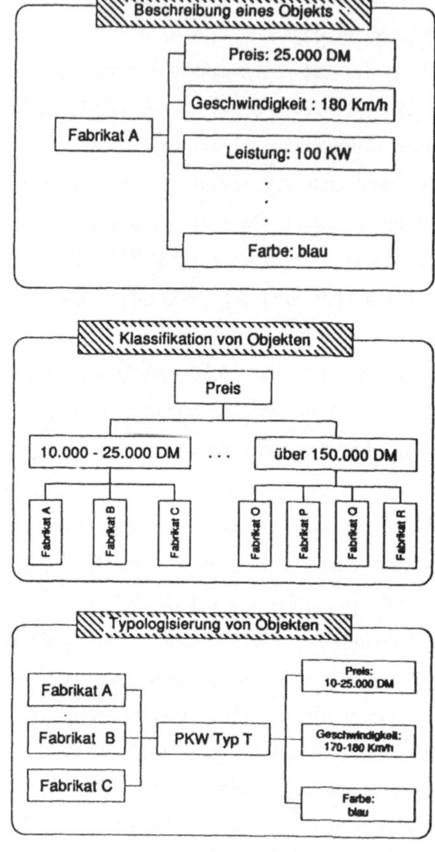

Abb. B1-2: Beschreibung, Klassifikation und Typologisierung von Objekten (in Anlehnung an KNOBLICH 1969, S.44ff.)

für quantitative Erklärungs- und Entscheidungsmodelle, insbesondere Planungsverfahren zu formulieren".

Nach PFOHL (1977, S.228) ist die Konstruktion von Typologien eine entscheidende vorbereitende wissenschaftliche Arbeit für die eigentliche Theorienkonstruktion. Die Einordnung der Konstruktion von Typologien in den Ablauf wissenschaftlicher Untersuchungen ist in Abbildung B1-3 festgehalten.

Bei der Erstellung von Typologien, die durch eine Auswahl und Kombination von relevanten Merkmalen bzw. deren Ausprägungsmöglichkeiten erzeugt werden, sind eine Reihe von Anforderungen zu beachten. Dabei muß berücksichtigt werden, daß es kein Instrumentarium gibt, mit dem es möglich ist, eine eindeutige Aussage

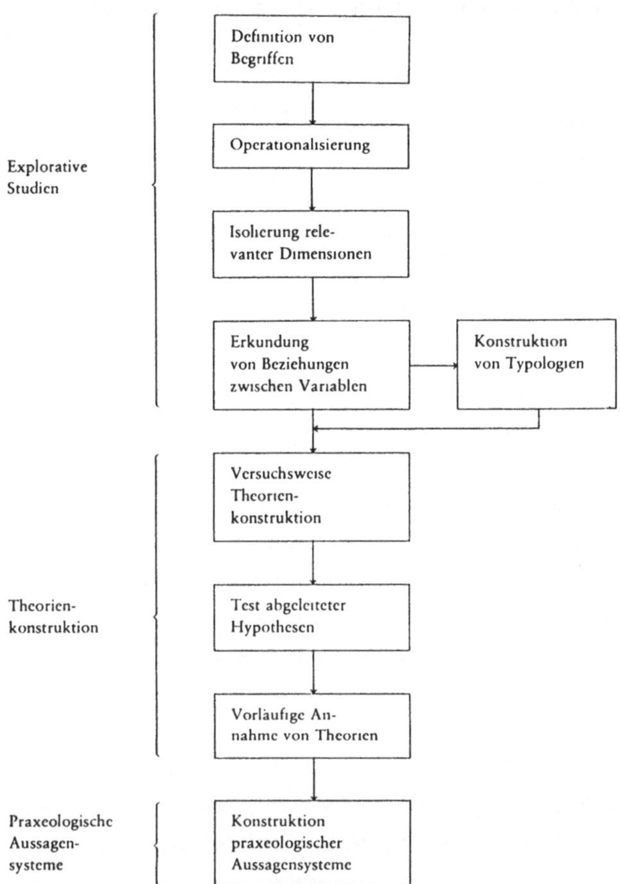

Abb. B1-3: Einordnung der Konstruktion von Typologien in ein Schema wissenschaftlicher Aktivitäten (nach KIESER 1971, S.240, zitiert bei PFOHL 1977, S.229)

darüber zu treffen, ob eine Typologie alle Anforderungen erfüllt oder nicht. PFOHL (1977, S.232) stellt fest, daß die Anforderungen an eine Typologie "nicht alle operational sind und somit nicht immer objektiv über die Erfüllung oder Nichterfüllung einer Anforderung durch eine Typologie entschieden werden kann".

Es lassen sich die im folgenden beschriebenen Anforderungen an eine Typologie festhalten:

- **Anforderung an die Echtheit**

  Mit der Erfüllung dieser Anforderung soll die triviale Lösung ausgeschlossen werden, bei der alle Objekte einer einzigen Klasse (einem einzigen Typ) zugeordnet werden. Durch eine Typologie muß daher die Gesamtmenge der zu untersuchenden Objekte in mindestens zwei nicht leere Teilmengen (Typen) aufgegliedert werden.

- **Anforderung an die Vollständigkeit**

  Es muß sichergestellt sein, daß im Rahmen des Typenbildungsprozesses kein Objekt "verlorengeht". Dies bedeutet, jedes zu untersuchende Objekt muß im Verlauf des Typenbildungsprozesses einer Klasse zugeordnet worden sein.

- **Anforderung an die Eindeutigkeit**

  Mit der Erfüllung der Anforderungen an die Echtheit und Vollständigkeit ist prinzipiell erst der Sachverhalt der Klassifikation erfüllt. Für eine Typologie ist es jedoch von größter Wichtigkeit, daß sie eindeutig ist, d.h. jedes Element der Gesamtmenge muß **in genau einer** Teilmenge enthalten sein. Zwei Teilmengen dürfen somit kein gemeinsames Element (Objekt) enthalten:

  Die Eindeutigkeit ist ein wesentliches Kriterium für die Verwendbarkeit der erstellten Typologie für eine weitere wissenschaftliche Untersuchung.

- **Anforderung an die Differenziertheit/Homogenität**

  Die durch die Typologie entstehenden Typen sollen bezüglich des Untersuchungsziels hinreichend homogen sein, damit die über einen Typ gemachten Aussagen auch tatsächlich auf alle in ihm zusammengefaßten Objekte zutreffen. Das Problem liegt nun darin, daß auf der einen Seite mit steigender Differenziertheit des Typs die Homogenität der in ihm zusammengefaßten Objekte steigt (unter Differenziertheit wird hier die Anzahl der zur Kennzeichnung eines Typs herangezogenen Merkmale und Merkmalsausprägungen verstanden). Auf der anderen Seite ist jedoch zu beachten, daß ebenfalls mit steigender Differenziertheit die Anzahl der Typen steigt und somit auch die Anzahl der in einem Typ zusammengefaßten Objekte sinkt. Dies hat zur Folge, daß die über einen Typ getroffenen Aussagen u.U. einen sehr speziellen Charakter haben.

- Anforderung an die Pragmatik

Die Anforderung an die Pragmatik muß im Zusammenhang mit der Anforderung an die Differenziertheit gesehen werden. Damit die zu entwickelnde Typologie auch praktisch anwendbar ist, sollte die Anzahl der zu entwickelnden Typen einen bestimmten Wert nicht überschreiten. Nach PFOHL (1977, S.233f.) ist hier die beschränkte menschliche Fähigkeit zur Unterscheidung zu berücksichtigen. Empirische Untersuchungen haben ergeben, daß die Identifikationskapazität des Menschen auf maximal 3 - 7 "Kategorien" beschränkt ist. An diesen maximalen Rahmen sollte sich auch die Anzahl der zu bildenden Typen halten.

- Anforderung an die Interdisziplinarität

Mit dieser Anforderung soll sichergestellt werden, daß bei der Typenbildung nicht nur Merkmale eines bestimmten wissenschaftlichen Teilbereichs berücksichtigt werden (z.B. nur technische Merkmale). Um zu sinnvollen Typen zu gelangen, ist es wichtig, daß alle für einen Untersuchungszweck relevanten Merkmale und Merkmalsausprägungen zur Erzeugung der Typen herangezogen werden (z.B. neben den technischen Merkmalen auch Merkmale aus dem betriebswirtschaftlichen Bereich).

- Anforderung an die Zweckorientiertheit

Eine Typologie kann nur im Hinblick auf einen bestimmten Zweck erstellt werden. Der Zweck ist bestimmend für die Auswahl der Merkmale und deren Ausprägungsmöglichkeiten. Vor Erstellung der Typologie ist deshalb der verfolgte Zweck zu definieren. Dies erfolgt durch Definition des Untersuchungsbereiches und des Untersuchungsziels. Die Zweckorientiertheit einer Typologie wird auch von MELLEROWICZ (1968, S.68) und KOSIOL (1976, S.76) hervorgehoben. Für PFOHL (1977, S.234) ist sie die "vielleicht wichtigste Anforderung" an eine Typologie.

- Anforderung an die Anschaulichkeit

Für den praktischen Einsatz einer Typologie ist eine sinnvolle und anschauliche Darstellung des Ergebnisses der Typologie, der Typen, notwendig. Der graphischen Präsentation kommt eine große Bedeutung zu. Aus ihr müssen die gebildeten Typen und die dazu verwendeten Merkmale und Merkmalsausprägungen deutlich hervorgehen. Die Anforderung an die Anschaulichkeit ist in diesem Zusammenhang nicht nur unter dem Aspekt der reinen graphischen Darstellung zu sehen. Von ebenso großer Wichtigkeit ist auch die Durchschaubarkeit des Algorithmus, der bei der Typenbildung eingesetzt wird. Es sollte verständlich sein, nach welchen Kriterien die Merkmale und deren Ausprägungsmöglichkeiten kombiniert werden, um zu sinnvollen Typen zu gelangen.

- **Anforderung an die Aktualität**

Ein wesentliches Problem, das bei der Typenbildung ebenfalls mit berücksichtigt werden muß, ist der relativ rasche zeitliche Wandel von Untersuchungsobjekten. Besonders betriebswirtschaftliche Objekte können durch das Einwirken von technischen, sozialen u.a. Faktoren sehr schnell ihr Erscheinungsbild ändern (vgl. LEITHERER 1965, S.653). Eine erstellte Typologie ist daher nur im Zusammenhang mit ihrem Bezug auf den aktuellen Stand dieser Entwicklungen zu sehen. So ist es in bestimmten betriebswirtschaftlichen Bereichen (z.B. Warentypologie) fast unvermeidbar, daß eine zu einem bestimmten Zeitpunkt erstellte Typologie einige Jahre später neu erstellt werden muß, da sich die Randbedingungen erheblich verändert haben. LEITHERER (1965, S.654) faßt dies mit den Worten zusammen: "Die Wandlung der gefundenen Typen zu einem historischen Objekt muß hingenommen werden".

- **Anforderung an die Allgemeingültigkeit**

Bei der Typenbildung müssen die Kombinationen von Merkmalen und Merkmalsausprägungen gefunden werden, die letztendlich ganz allgemein einen Typ des Untersuchungsbereiches definieren. D.h. die gebildeten Typen dürfen nicht nur den Objekten des zugrundeliegenden Datensatzes genügen, sondern alle nur denkbaren Erscheinungsformen des definierten Untersuchungsbereiches müssen durch diese Typen repräsentiert werden. Neu hinzukommende Objekte müssen in der erstellten Typologie eindeutig einem Typ zugeordnet werden können. Bei BRETZKE (1980, S.204) wird diese Anforderung für alle wissenschaftlichen Systematisierungsversuche, damit auch für Typologien, aufgestellt: "... wissenschaftliche Systematisierungen realer Phänomene müssen dem Kriterium der Allgemeinheit, bzw. Allgemeingültigkeit genügen, d.h. sie müssen in den scheinbar besonderen Eigenschaften erklärungsbedürftiger Erkenntnisobjekte das Wiederkehren allgemeiner Muster aufspüren" (vgl. hierzu auch GUTEN-BERG 1957, S.38).

Die oben aufgelisteten Anforderungen an eine Typologie zeigen ebenfalls die Schwierigkeiten auf, die sich ergeben, wenn vorhandene Typologien für neue Aufgabenstellungen verwendet werden sollen (vgl. FÖRSTER 1988, S.44). In diesem Zusammenhang sind besonders die Anforderungen an die Differenzierbarkeit/Homogenität, an die Interdisziplinarität, an die Zweckorientiertheit und an die Aktualität zu nennen. Aus diesem Grunde ist es auch ersichtlich, daß für die vorliegende Aufgabenstellung eine neue Typologie erstellt werden muß. Abbildung B1-4 gibt abschließend einen Überblick über die Anforderungen an eine zu erstellende Typologie.

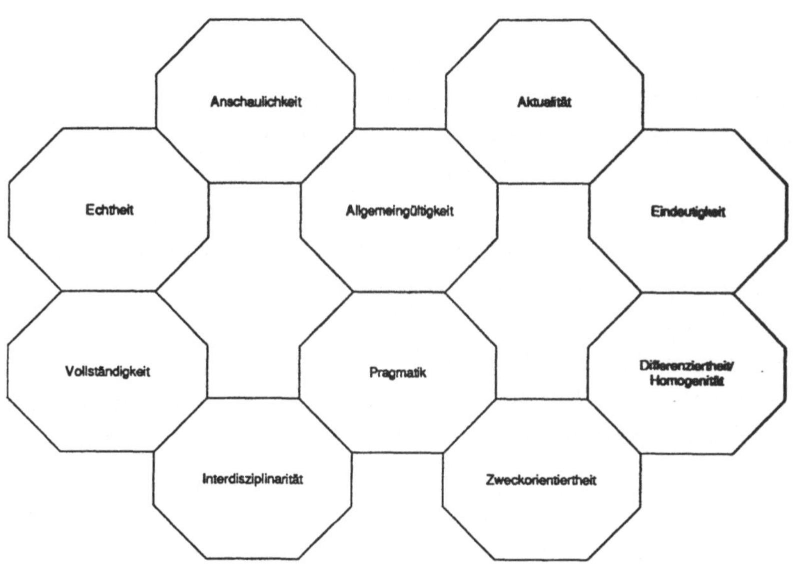

<u>Abb. B1-4</u>:   Anforderungen an eine Typologie

B1.2   Methodisches Vorgehen bei der Entwicklung einer Typologie

Bei der Erstellung einer Typologie sind einige wesentliche Phasen zu durchlaufen. Die Darstellung der allgemeinen Vorgehensweise der Erstellung einer Typologie ist Inhalt dieses Kapitels. In dem folgenden Kapitel wird diese Vorgehensweise zur Erstellung einer Typologie für FFS angewendet. Die Reihenfolge der in den folgenden Abschnitten beschriebenen Phasen

- Beschreibung der Aufgabenstellung einer Typologie,
- Bestimmung der typbildenden Merkmale und deren Merkmalsausprägungen,
- Bildung von Typen und
- Darstellung von Typen

orientiert sich an dem von TIETZ (1960, S.60ff.), KNOBLICH (1969) und GROSSE-OETRINGHAUS (1974, S.79f.) beschriebenen Ablauf der Typenbildung.

Beschreibung der Aufgabenstellung einer Typologie

Die in Kapitel B1.1 formulierte Anforderung an die Zweckorientiertheit einer Typologie impliziert eine genaue und gründliche Beschreibung der Aufgabenstellung der zu erstellenden Typologie. Die Beschreibung der Aufgabenstellung ergibt sich im wesentlichen aus der Definition des Untersuchungsbereichs und des Untersuchungsziels der Typologie.

In Anlehnung an GROSSE-OETRINGHAUS (1974, S.50f.) soll der Untersuchungsbereich verstanden werden als der Bereich, in dem die möglichen realen Erscheinungsformen vorkommen können. Die Erfassung und Abgrenzung des Untersuchungsbereichs erfordert "genau definierte Denkprinzipien" (GROSSE-OETRINGHAUS 1974, S.50), die diese Erscheinungsformen nicht selbst, sondern nur ihren Existenzbereich erklären und Zusammenhänge zu anderen Bereichen aufzeigen.

Bei der Definition des Untersuchungsbereiches sind die zu erfassenden Erscheinungsformen der Objekte genau einzugrenzen, z.B. FFS mit (überwiegend) spanender Bearbeitung im Gegensatz zu FFS im Rahmen der Kunststoffverarbeitung. Bei der Erklärung des Existenzbereiches der betrachteten Objekte kann u.a. auf betrachtete Betriebsgrößen oder Fertigungsarten, wie z.B. nur Betriebe der Klein- und Mittelserienfertigung eingegangen werden. Auch auf die Herkunft der verwendeten Daten (z.B. Breitenerhebung oder Literaturrecherche) sollte bei der Definition des Untersuchungsbereichs eingegangen werden.

Bei der Abgrenzung des Untersuchungsziels muß nach GROSSE-OETRING-HAUS (1974, S.51f.) zwischen **allgemeinen und speziellen Untersuchungszielen** unterschieden werden. Ein **allgemeines Untersuchungsziel** typologischer Arbeiten ist es, Typen zu bilden. Dabei sind spezielle Probleme des Untersuchungsbereichs mit zu berücksichtigen. Wie in Kapitel B1.1 bereits erläutert, ist das Erstellen einer Typologie meist nur eine Vorarbeit für weitere wissenschaftliche Untersuchungen. Die Erfordernisse dieser weiterführenden Untersuchungen sind bereits im Rahmen der Beschreibung der Aufgabenstellung der Typologie durch die Definiton des **speziellen Untersuchungsziels** zu berücksichtigen.

Bestimmung der typbildenden Merkmale und deren Ausprägungsmöglichkeiten

Nach der Definition des Untersuchungsbereichs und des allgemeinen und speziellen Untersuchungsziels erfolgt in der zweiten Phase der Typenbildung die Bestimmung der typbildenden Merkmale und deren Ausprägungsmöglichkeiten. Unter typbildenden Merkmalen sollen im folgenden diejenigen Merkmale verstanden werden, die entscheidend zur Bildung von Typen beitragen. Typbildende Merkmale sind notwendig, es kann nicht auf sie verzichtet werden. In Abgrenzung dazu sind typbeschreibende Merkmale zu nennen, die zur eigentlichen Typenbildung nicht unbedingt erforderlich sind, jedoch zur weiteren Beschreibung verwendet werden können.

Die Problematik bei der Auswahl geeigneter Merkmale für die Bildung einer Typologie beschreibt GROSSE-OETRINGHAUS (1974, S.52) stark vereinfachend mit der Bemerkung, daß Merkmale gefunden werden müssen, "die die wichtigsten Probleme und Ziele des Untersuchungsbereiches bei einem bestimmten Abstraktionsgrad möglichst umfassend beschreiben". Zur Methodik bei der Auswahl der Merkmale stellt er bezeichnenderweise fest: "Eine gesichterte Methode, um alle wesentlichen Merkmale zur Typenbildung zu finden, gibt es jedoch nicht" (GROSSE-OETRINGHAUS 1974, S.53). Da auch bis heute keine Methode zur systematischen Merkmalsfindung existiert, kann eine "gute" Merkmalsauswahl nur am Ergebnis, d.h. an einer sinnvollen Typologie gemessen werden. Allgemein läßt sich jedoch sagen, daß die Auswahl der Merkmale "zunächst auf den Zweck der einzelnen typologischen Untersuchung abgestellt" ist (TIETZ 1960, S.53; vgl. auch PFOHL 1977, S.227).

Das besondere Kennzeichen einer Typologie ist, daß zur Beschreibung der Objekte mehrere Merkmale herangezogen werden, von denen mindestens eines abstufbar sein muß (vgl. PFOHL 1977, S.227; KNOBLICH, 1969, S.143). Die

Bestimmung der sinnvollen Merkmalsausprägungsmöglichkeiten ist somit der nächste Schritt im Rahmen des Typenbildungsprozesses.

Nach GROSSE-OETRINGHAUS (1974, S.53ff.) lassen sich die folgenden Merkmalsarten unterscheiden:

- **Abstufbare Merkmale**

  Diese Merkmale sind in einem bestimmten Ausprägungsbereich kontinuierlich abstufbar. Unter dem Ausprägungsbereich wird hier der Bereich von "Merkmal nicht vorhanden" bis "Merkmal maximal vorhanden" verstanden. Je nachdem ob Merkmale im gesamten Ausprägungsbereich oder nur in einem oder mehreren Teilbereichen abstufbar sind, wird zwischen **total abstufbaren** oder **partiell abstufbaren Merkmale** unterschieden.

- **Polare Merkmale**

  Diese Merkmale können nur bestimmte, diskrete Einzelwerte (Pole) annehmen. Zwischen den Polen ist keine weitere Abstufungsmöglichkeit vorhanden. Je nach Anzahl der vorhandenen Pole werden **monopolare, bipolare** und **polypolare** Merkmale unterschieden.

- **Gemischte Merkmalsarten**

  Neben den oben beschriebenen elementaren Merkmalsarten sind alle möglichen Kombinationen von abstufbaren und polaren Merkmalen denkbar.

- **Komplexe Merkmale**

  Die besonderen Gegebenheiten des Untersuchungsbereichs können oftmals das verwenden sogenannter komplexer Merkmale zur Folge haben. Die einfachste Form liegt nach GROSSE-OETRINGHAUS (1974, S.56) dann vor, wenn ein Merkmal "in zwei Komponenten, eine grundlegende und eine komplementäre Komponente aufgespaltet werden kann". Es sind jedoch auch andere Formen der Verbindung von Merkmalen zu komplexen Merkmalen möglich. Eine Typenbildung unter Verwendung komplexer Merkmale ist z.B. von SCHOMBURG (1980) durchgeführt worden.

Nach der Bestimmung der Merkmale und der Art der Merkmalsausprägungen folgt die Festlegung der typbildenden Ausprägungsbereiche der Merkmale. Dazu sind nach GROSSE-OETRINGHAUS (1974, S.58) zwei Vorgehensweisen möglich:

- **induktiv-statistisch** aufgrund vorliegenden Datenmaterials oder

- **deduktiv-definitorisch** aufgrund von Erfahrungswerten.

Beim induktiv-statistischen Vorgehen geht man stärker von den realen Erscheinungsformen des Untersuchungsbereiches aus, bei der deduktiv-definitorischen Methode werden mehr die Gegebenheiten des Untersuchungsziels berücksichtigt.

Bildung von Typen

Nach der Bestimmung der typbildenden Merkmale und der Festlegung der charakteristischen Ausprägungsmöglichkeiten, werden im nächsten Schritt für den Untersuchungsbereich repräsentative Typen gebildet. Dies geschieht durch sinnvolle Kombination der charakteristischen Ausprägungsmöglichkeiten der Merkmale.

Die Bestimmung von typbildenden Merkmalen und deren Ausprägungsmöglichkeiten soll zur Bildung von sogenannten **"Mehrdimensionalen Elementartypen"** führen, die durch die geringstmögliche Anzahl von Merkmalen und Merkmalsausprägungen gekennzeichnet sind, die im Hinblick auf das Untersuchungsziel noch möglich ist. GROSSE-OETRINGHAUS (1974, S.64) faßt diesen Sachverhalt mit den Worten zusammen: "Elementartypen müssen minimaldimensional sein". Daraus läßt sich die Forderung ableiten, daß möglichst wenig Merkmale zur Typenbildung verwendet werden sollen. Zur Bildung der mehrdimensionalen Elementartypen schlägt GROSSE-OETRINGHAUS (1974, S.62) folgendes Vorgehen vor:

Ausgehend von einem "Ausgangsmerkmal" wird zunächst die Bildung eines eindimesionalen Elementartyps angestrebt, d.h. eines Elementartyps mit nur einem Merkmal'. Im Verlaufe des Typenbildungsprozesses wird sich dann die Notwendigkeit zur Hinzunahme weiterer Merkmale zur Bildung der mehrdimensionalen Elementartypen herausstellen. Das Ausgangsmerkmal nimmt dann den Charakter eines **"Leitmerkmals"** an.

Generell kann man kein eindeutiges, allgemeines Verfahren angeben, das unabhängig von der Problemstellung immer zu "guten" Typen gelangt (vgl. TIETZ 1960, S.55). Bevor mit der eigentlichen Bildung der Typen begonnen werden kann, muß eine Auswahl des Verfahrens erfolgen, welches für die vorliegende Aufgabenstellung auf einem günstigen Weg zu dem sinnvollsten Ergebnis führt (Typenbildungsverfahren, siehe Kapitel B2). Die Auswahl des Verfahrens orientiert sich an den spezifischen Anforderungen, die an die zu erstellende Typologie gestellt werden. Bei der Auswahl des Verfahrens kann

- **intuitiv** aufgrund von Erfahrungswerten oder
- **systematisch** mittels geeigneter Kriterien und Auswahlmethoden

vorgegangen werden. Unabhängig von der Auswahl des geeigneten Verfahrens zur Typenbildung ist es sinnvoll, das Ergebnis des Typenbildungsprozesses mit Hilfe eines anderen Verfahrens zu überprüfen bzw. zu optimieren.

Darstellung von Typen

Die Darstellung der ermittelten Typen bildet den Abschluß einer typologischen Arbeit. Von entscheidender Bedeutung ist bei der Darstellung der Typen die Anschaulichkeit der Darstellung an sich und der Informationsgehalt der Darstellung. D.h. bei der Auswahl der Darstellungsform ist diejenige auszuwählen, die für den entsprechenden Zweck der Typologie die optimale Wiedergabe der zu vermittelnden Informationen gewährleistet. Im folgenden sollen einige gebräuchliche Darstellungsformen von Typen vorgestellt werden. Es sind grundsätzlich jedoch auch andere Formen der Darstellung denkbar, um in einem speziellen Anwendungsfall das Ergebnis der typologischen Untersuchung zu veranschaulichen.

- **Darstellung im Profildiagramm**

  Bei dieser Form der Darstellung werden auf der Ordinate die Merkmalsarten und auf der Abzisse die Merkmalsausprägungen (Merkmalsintensitäten) dargestellt. Durch die Verbindung einzelner Punkte aus den Ausprägungsbereichen werden die Typen durch einen Linienzug repräsentiert. Eine abgewandelte praktische Anwendung der Profildarstellung stellt der morphologischen Kasten dar. Die Kennzeichnung der typbildenden Merkmalsausprägungskombinationen wird hierbei nicht durch Profillinien, sondern durch Hervorhebung mittels Schraffur, Fettdruck oder Umrandung erreicht. Diese Form der Darstellung, die auf ZWICKY (1966, S.114ff.) zurückzuführen ist, wird in der Praxis häufig genutzt.

- **Polare Darstellung**

  Während im Profildiagramm der Typ durch einen Linienzug (quasi eindimensional) dargestellt wird, ist die Darstellung im Polardiagramm zweidimensional. Der Typ wird durch eine Fläche repräsentiert. Die verschiedenen Merkmale und deren Ausprägungen sind auf den entsprechenden Achsen aufgetragen. Die Anordnung der Ausprägungsmöglichkeiten erfolgt steigend von innen nach außen. Die Darstellung des jeweiligen Typs entsteht durch Verbindung der charakteristischen Punkte der Merkmalsachsen zu einer charakteristischen Fläche.

- Räumliche Darstellung

Bei der räumlichen Darstellung in Würfelform können in der Regel nur drei, im Höchstfalle sechs Merkmale verwendet werden. Die Merkmale und Merkmalsausprägungen werden auf den jeweiligen räumlichen Achsen eingetragen. Durch Verbindung der charakteristischen Merkmalsausprägungen wird der Typ durch ein räumliches Gebilde dargestellt.

Abbildung B1-5 zeigt die beschriebenen Darstellungsformen von Typen und die charakteristischen Merkmale im Überblick.

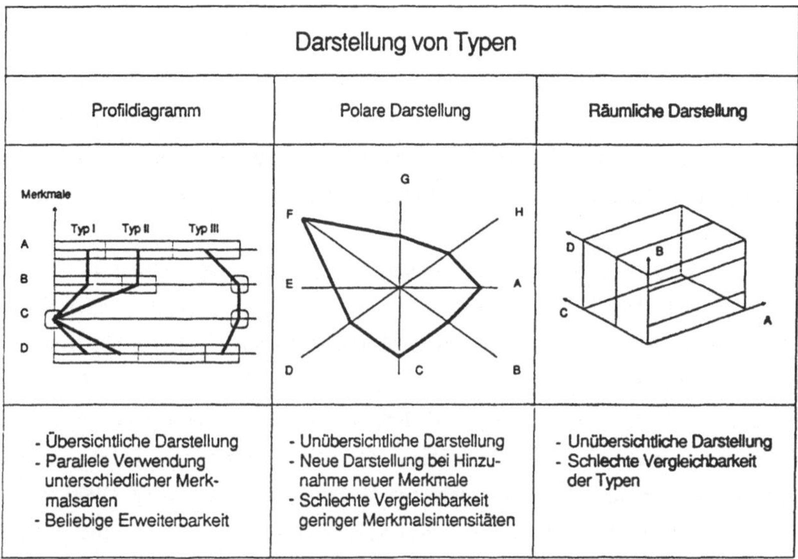

Abb. B1-5:   Darstellungsformen von Typen

B2.   Methoden zur Typenbildung

B2.1   Sachlogische Herleitung von Typen

Die Möglichkeit zur sachlogischen Herleitung von Typen fußt auf der Erkenntnis, daß Typen durch "Intuition", d.h. durch Betrachtung der geordneten Merkmale, und "Konstruktion", also durch systematisches Kombinieren der verschiedenen Merkmalsausprägungen, gebildet werden können. Diese "Denkweisen" werden nach

GROSSE-OETRINGHAUS (1974, S.34f.) parallel verwendet (vgl. TIETZ 1960, S.14ff., KNOBLICH 1972).

Grundlage für dieses Verfahren zur Typenbildung ist, wie auch bei den statistischen Verfahren, ein System von Merkmalen und Merkmalsausprägungen. "Die Typen entstehen durch sinnvolle Festlegung der einen Typ bestimmenden Kombination von Merkmalsausprägungen" (TIETZ 1960, S.36; vgl. hierzu auch PFOHL 1977, S.144).

Durch eine systematische Kombination aller Merkmalsausprägungen wird eine Vielzahl von Typen (KNOBLICH (1972, S.144) spricht hier bewußt nur von "Fällen") konstruiert. Durch eine kritische Beurteilung in Hinblick darauf, ob der jeweils konstruierte "Fall" brauchbar, d.h. empirisch nachweisbar ist, oder ob er unbrauchbar, gar realitätsfremd ist, wird die große Anzahl aller möglichen "Fälle" auf die sinnvollen "Typen" reduziert. Das Ergebnis ist eine gewisse Anzahl von Typen, die durch eine "sachlogische Merkmalsgruppierung" (TIETZ 1960, S.59) gekennzeichnet sind.

Der konstruktive Charakter der Typenbildung durch eine sachlogische Herleitung wird auch von ENGELHARDT (1957, S.62) hervorgehoben. Danach impliziert das Bilden von Typen, "wie jede andere Begriffsbildung ebenfalls - immer ein Konstruieren des Forschers".

Für einen Einsatz der Typologie im Rahmen einer weiteren wissenschaftlichen Untersuchung muß sichergestellt werden, daß die konstruierten Typen an der Realität orientiert sind, d.h. eine empirische Basis haben. Nach TIETZ (1960, S.16) bilden empirische und konstruierte Typen keinen Gegensatz. "Konstruierte Typen, mit denen man Aussagen über die Wirklichkeit treffen möchte, sind, wenn ihre Entwicklung gelingt, auch stets empirisch." Ebenso betont HALLER im Hinblick auf die konstruktiv gewonnenen Typen, "daß eine Konstruktion lediglich mit Hilfe eines bestimmten Prinzips, ohne Erfahrungsstoff, nicht möglich ist. Nur wer über eine reiche Erfahrung und die Gabe nacherlebenden Verstehens verfügt, weiß, ... welche Merkmalskopplungen vorliegen müssen" (HALLER, zitiert bei: KNOBLICH 1969, S.31).

Die Eigenständigkeit der konstruktiven Methode in Abgrenzung zum "rein mathematischen Weg der statistischen Berechnung der Korrelationen zwischen Merkmalen und Merkmalsgruppen" (KRETSCHMER 1951, S.400) wird von KRETSCHMER und STRUNZ (1951, S.404) besonders hervorgehoben.

Die sachlogische Herleitung ist in der Betriebswirtschaftslehre ein häufig eingesetztes Verfahren. So beschreibt TIETZ (1960) die Bildung und Verwendung von Typen am Beispiel der Messen und Austellungen. Besonders interessant ist bei ihm die kritische Würdigung verschiedener typologischer Arbeiten, die sich des Verfahrens der sachlogischen Herleitung, bzw. der "Intuition und Konstruktion", bedienen. KNOBLICH (1969) stellt ein warentypologisches Instrumentarium durch Zusammenstellung wichtiger Merkmale und Darstellung verschiedener Wege der Bildung von Warentypen vor. In der Arbeit von GROSSE-OETRINGHAUS (1974) zum Thema der Fertigungstypologie ist besonders die Bildung von sogenannten "Verbundtypen" hervorzuheben.

Während die oben genannten Autoren sich grundlegend mit der Typenbildung und insbesondere mit der sachlogischen Herleitung von Typen beschäftigen, stellt SCHOMBURG (1980) explizit die Entwicklung von Betriebstypen mittels der sachlogischen Herleitung vor. Ausgehend von einem in der Realität als Extremtyp anzusehenden Typus werden durch systematische logische Veränderung einer oder mehrerer Merkmalsausprägungen neue Kombinationen von Merkmalsausprägungen der verschiedenen Merkmale erzeugt. Sobald sich dabei eine sinnvolle Kombination ergibt, wird diese als neuer Typus angesehen. Wird dieser Iterationsprozeß schrittweise fortgeführt, entsteht ein "Netz von Typen", welches sein Ende in dem gegensätzlichen Extremtyp des Ausgangs-Extremtyps hat (vgl. SCHOMBURG 1980, S.94ff.). Der Verlauf und das Ergebnis einer solchen sachlogischen Herleitung von Typen ist in Abbildung B2-1 dargestellt.

Das Verfahren der sachlogischen Herleitung weist verschiedene Vorteile gegenüber den statistischen Verfahren auf:

- Es können Merkmale und Merkmalausprägungen unabhängig von ihrer Skalierung verwendet werden. Dadurch entfällt eine eventuell notwendige Anpassung an die vorausgesetzte Skalierung eines statistischen Verfahrens und es können verschieden skalierte Merkmale und Merkmalsausprägungen nebeneinander eingesetzt werden.

- Der Prozeß der sachlogischen Herleitung erfordert nicht den Einsatz großer Rechenkapazitäten.

- Die Typen werden bei diesem Verfahren nicht nach "zeitraubender empirischer Faktenaufnahme, sondern gedanklich gebildet" (LEITHERER 1965, S.656). Dieser Vorteil wird auch von SCHOMBURG (1980, S.94) besonders hervorgehoben.

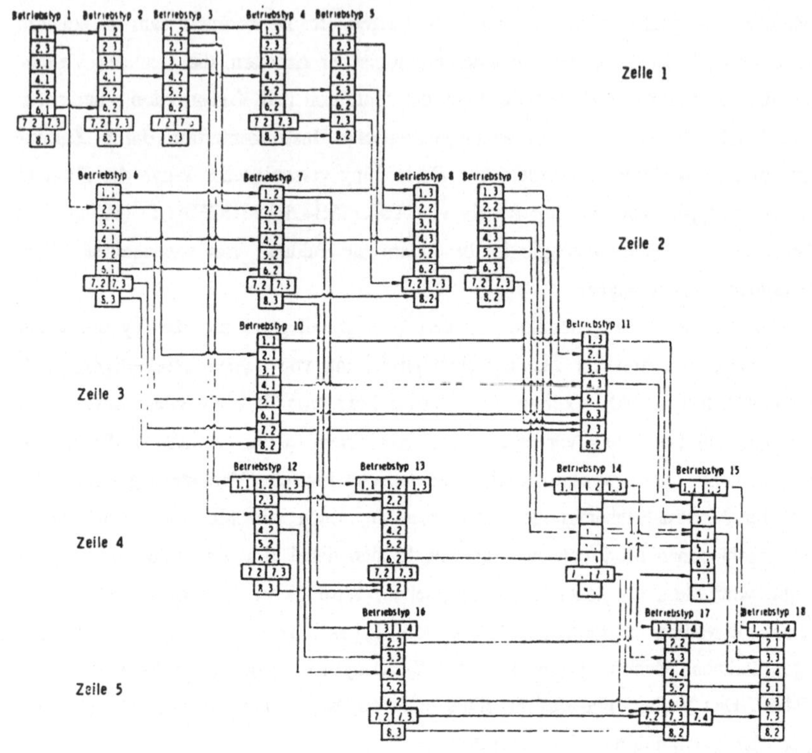

Abb. B2-1:   Verlauf und Ergebnis einer sachlogischen Herleitung von Betriebstypen (SCHOMBURG 1980, S.96)

B2.2   Statistische Methoden zur Typenbildung

Außer der sachlogischen Herleitung von Typen gibt es auch mathematische
Methoden, um zu einer aussagekräftigen Typologie zu gelangen bzw. eine erstellte
Typologie zu überprüfen. Sie setzen als Ausgangsbasis eine Menge von Objekten
voraus, um auf statistischem Wege Typen zu entwickeln bzw. um Zuordnungen
von Objekten zu Typen zu überprüfen und zu optimieren. Auf die Darstellung
dieser Verfahren wird im Rahmen dieser Arbeit verzichtet, da sie für den Anwender des Leitfadens nur von geringem Interesse sind. Es sei hier auf die einschlägi-

ge Fachliteratur verwiesen (s. HOTELLING 1933; THURSTONE 1947; WARD 1963; LANCE/WILLIAMS 1966; LAMBERT/WILLIAMS 1966; BOCK 1974; VOGEL 1975; MARINELL 1977; ECKES-ROSSBACH 1980; SCHUCHARD-FI-CHER u.a. 1982; BACKHAUS u.a. 1987 und KETTNER 1987). In diesen Ausführungen werden auch die allgemeinen Voraussetzungen der Datenstrukturen und Sklalierungen ausführlich behandelt. Für die Aufgabenstellung erweist sich die Diskriminanzanalyse als ein geeignetes Verfahren. Aus diesem Grund wird das Verfahren im folgenden ausführlich dargestellt.

Diskriminanzanalyse

Mit der Diskriminanzanalyse lassen sich zwei Aufgabenstellungen verfolgen. Bei einer vorgegebenen Partition kann mit Hilfe der Diskriminanzanalyse eine Gewichtung der typbildenden Kombinationen der Merkmalsausprägungen dahingehend erfolgen, daß eine bestmögliche Trennung der Typen erfolgt. Das zweite Einsatzgebiet der Diskriminanzanalyse ist die Zuordnung von noch nicht oder falsch einsortierten Objekten zu den richtigen Typen bzw. eine Überprüfung einer erfolgten Zuordnung (vgl. MARINELL 1977, S.51; ECKES/ROSSBACH 1980, S.30; BACKHAUS u.a. 1987, S.62).

Die Existenz von bekannten Typen (aufgrund der allgemeinen mathematischen Nomenklatur werden diese im folgenden "Gruppen" genannt) ist eine wesentliche Voraussetzung für den Einsatz der Diskriminanzanalyse. Desweiteren ist zu beachten, daß die abhängige Variable - die Gruppierungsvariable - nominal skaliert sein muß. Höher skalierte Variablen können durch geeignete Transformationen auf das Nominalskalenniveau gebracht werden. Die unabhängigen Variablen - die typbildenden Merkmale - sollten in der Regel metrisch skaliert sein. Nach SCHUCHARD-FICHER u.a. (1982, S.201f.) kann aufgrund der "Robustheit" der Diskriminanzanalyse eine Einschränkung dieser Voraussetzung dahingehend erfolgen, daß auch nominal skalierte Variablen zugelassen werden.

Die charakteristische Vorgehensweise bei der Diskriminanzanalyse läßt sich anhand des folgenden Beispiels darstellen:

Es seien zwei Gruppen von Objekten in bezug auf zwei Merkmale X_1 und X_2 untersucht worden. Die Ergebnisse sind graphisch in Abbildung B2-2 dargestellt. Anhand der Verteilungskurven ist zu erkennen, daß weder entlang der Merkmalsachse X_1 noch entlang der Merkmalsachse X_2 eine saubere Trennung der beiden Gruppen möglich ist.

X_1, X_2:   Merkmale

T_1:   Neu zu erzeugende Merkmalsachse

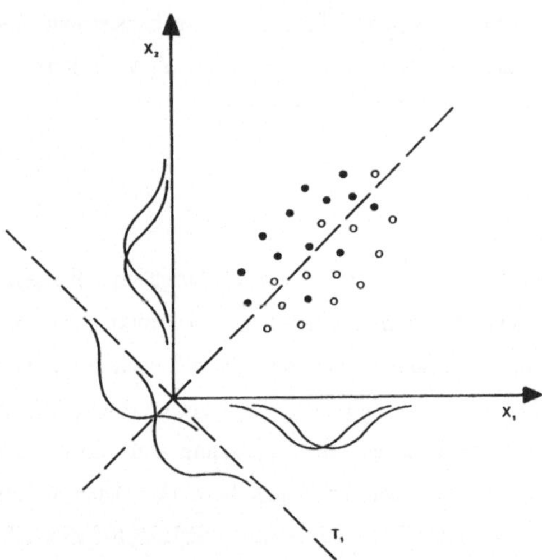

Abb. B2-2:   Graphische Darstellung der Diskriminanzanalyse (ECKES/ROSS-BACH 1980, S.31)

Mit der Diskriminanzanalyse wird nun eine neue Achse T_1 gesucht, auf der sich einerseits die Mittelwerte der gegebenen Gruppen möglichst deutlich unterscheiden und auf der sich andererseits ein möglichst kleiner Überschneidungsbereich ergibt (vgl. ECKES/ROSSBACH 1980, S.30f.). Mathematisch formuliert bedeutet dies, daß durch das Drehen des Achsenkreuzes eine neue Achse entsteht, auf der die Summe der Abweichungsquadrate zwischen den Gruppen SAQ_Z maximal und die Summe der Abweichungsquadrate innerhalb der Gruppen SAQ_I minimal wird. Dazu wird eine Zielfunktion λ definiert:

$$\lambda = (SAQ_Z / SAQ_I) \text{ ---> Maximum.}$$

Die Zielfunktion λ wird auch als Trenn- oder Diskriminanzkriterium bezeichnet (SCHUCHARD-FICHER 1982, S.160).

Die neue Achse T_1 wird dann durch eine Linearkombination der beiden unabhängigen Merkmale X_1 und X_2 beschrieben. Diese lineare Verknüpfung wird Diskriminanzfunktion genannt:

$$Y = b_1 \times X_1 + b_2 \times X_2.$$

Zur Klassifizierung neuer Objekte lassen sich drei Konzepte unterscheiden:
- das Distanzkonzept,
- das Wahrscheinlichkeitskonzept und die
- Klassifizierungsfunktionen.

Das Wahrscheinlichkeitskonzept ermöglicht die Behandlung der Zuordnung von Objekten zu Gruppen als ein statistisches Entscheidungsproblem. Es erscheint für die Bearbeitung der vorliegenden Aufgabenstellung am geeignetesten. Das Wahrscheinlichkeitskonzept arbeitet nach folgendem Algorithmus:

Ein Element i wird derjenigen Gruppe g zugeordnet, für die die Wahrscheinlichkeit $P(g|Y_i)$ maximal ist. Dabei ist $P(g|Y_i)$ die Wahrscheinlichkeit für die Zugehörigkeit des Elementes i mit dem Diskriminanzwert Y_i zur Gruppe $g(g=1,...,G)$. Zur Berechnung dieser Wahrscheinlichkeit wird das sogenannte "Bayes-Theorem" verwendet. Mit dem Bayes-Theorem werden a priori gegebene Wahrscheinlichkeiten mit bedingten Wahrscheinlichkeiten, in denen die den Merkmalsausprägungen enthaltenen Informationen zum Ausdruck kommmen, verknüpft. Es lautet:

$$P(g|Y_i) = \frac{P(Y_i|g)\,P_i(g)}{\sum_i P(Y_i|g)\,P_i(g)} \qquad (g=1,...,G)$$

Dabei wird $P(g|Y_i)$ als Aposteriori-Wahrscheinlichkeit bezeichnet, $P(Y_i|g)$ als die bedingte Wahrscheinlichkeit und $P_i(g)$ als die Apriori-Wahrscheinlichkeit. Die bedingte Wahrscheinlichkeit gibt an, wie wahrscheinlich ein Diskriminanzwert Y_i für das Element i wäre, wenn dieses zur Gruppe g gehören würde. Als Apriori-Wahrscheinlichkeit $P_i(g)$ wird die Wahrscheinlichkeit bezeichnet, für die der Diskriminanzwert Y_i vor der Aufstellung der Diskriminanzfunktionen gegeben ist oder geschätzt wurde.

Da die zu untersuchenden Gruppen für die Diskriminanzanalyse schon vorgege-
ben sein müssen, eignet sich dieses Verfahren nicht für eine Typenbildung. Ihr
Einsatz ist aber zur Optimierung einer Typenbildung zu empfehlen,

- wenn die Trennschärfe vorgegebener Typen zu untersuchen ist, d.h. es ist
  zu untersuchen, wie stark sich die Typen voneinander abgrenzen oder

- falls noch nicht oder falsch eingeordnete Objekte den richtigen Typen
  zugeordnet werden sollen.

B3. Ergebnisse der Diskrinimanzanalyse

In der Tabelle sind die FFS-Anwendungsfallspezifischen Klassifizierungsergebnisse dargestellt. Für jeden FFS-Anwendungsfall lassen sich folgende Angaben entnehmen:

- Die Kennzeichnung des FFS-Anwendungsfalles.
- Die durch die Datenmatrix vorgegebene Typenzugehörigkeit. Dies entspricht der sachlogisch hergeleiteten Typenzugehörigkeit des FFS-Anwendungsfalles.
- Die höchste und die zweithöchste Klassifizierungswahrscheinlichkeit $P(g/Y_i)$ mit den zugehörigen Typen. Dabei entspricht der Typ mit der höchsten Wahrscheinlichkeit demjenigen, dem das FFS auch tatsächlich zugeordnet wird.
- Die fehlklassifizierten FFS sind durch ** gekennzeichnet.

FFS-Nummer	vorgeg. Typ	höchste W. Typ	P(g/Y)	zweithöchste W. Typ	P(g/Y)
1	2	2	.9964	1	.0033
2	3	3	1.0000	2	.0000
3	2	2	.9985	1	.0014
4	3	3	.9999	2	.0001
5	2	2	.9985	1	.0014
6	1	1	.9999	2	.0001
7	1	1	.9999	2	.0001
8	1	1	.7640	2	.2358
9	2	2	.9964	1	.0033
10	1	1	.7640	2	.2358
11	1	1	.7640	2	.2358
12	1	1	.9997	2	.0003
13	1	1	.9997	2	.0003
14	1	1	.9999	2	.0001
15	1	1	.9999	2	.0001
16	1	1	.9997	2	.0003
17	1	1	.9999	2	.0001
18	2	2	.9985	1	.0014
19	1	1	.7640	2	.2358
20	2	2	.9997	1	.0002
21	3	3	.9998	1	.0002
22	2	2	.9985	1	.0014
23	1	1	.9997	2	.0003
24	2	2	.9994	1	.0006
25	2 **	1	.5697	2	.4302
26	2	2	.9985	1	.0014
27	2	2	.9985	1	.0014
28	1	1	.7640	2	.2358
29	2 **	1	.5697	2	.4302
30	2	2	.9985	1	.0014
31	2	2	.9997	1	.0003
32	1	1	.7640	2	.2358
33	3	3	1.0000	2	.0000
34	3	3	.9999	2	.0001
35	2	2	.9985	2	.0014

<u>Abb. B3-1:</u> FFS-Anwendungsfallspezifische Klassifizierungsergebnisse für die erste Partition der Typen I, II und III

vorgegebene FFS-Typen		Anz. d. FFS	tatsächliche Zugehörigkeit zu den FFS-Typen		
			1	2	3
Typ	1	15	15 100.0%	0 .0%	0 .0%
Typ	2	15	2 13.3%	13 86.7%	0 .0%
Typ	3	5	0 .0%	0 .0%	5 100.0%

Gesamtprozentsatz richtiger Zuordnungen: 94.29%

<u>Abb. B3-2:</u> Klassifizierungsmatrix für die erste Partition der Typen I, II und III

FFS- Nummer	vorgeg. Typ	höchste W. Typ P(G/D)		zweithöchste W. Typ P(G/D)	
1	2	2	.9998	3	.0001
2	3	3	1.0000	2	.0000
3	2	2	.9995	1	.0004
4	3	3	1.0000	2	.0000
5	2	2	.9995	1	.0004
6	1	1	1.0000	2	.0000
7	1	1	1.0000	2	.0000
8	1	1	.9292	2	.0707
9	2	2	.9998	3	.0001
10	1	1	.9292	2	.0707
11	1	1	.9292	2	.0707
12	1	1	1.0000	2	.0000
13	1	1	1.0000	2	.0000
14	1	1	1.0000	2	.0000
15	1	1	1.0000	2	.0000
16	1	1	.9999	2	.0001
17	1	1	1.0000	2	.0000
18	2	2	.9995	1	.0004
19	1	1	.9292	2	.0707
20	2	2	.9965	1	.0035
21	3	3	.9997	1	.0003
22	2	2	.9995	1	.0004
23	1	1	1.0000	2	.0000
24	2	2	.9988	1	.0011
25	1	1	.9756	2	.0244
26	2	2	.9995	1	.0004
27	2	2	.9995	1	.0004
28	1	1	.9292	2	.0707
29	1	1	.9756	2	.0244
30	2	2	.9995	1	.0004
31	2	2	1.0000	1	.0000
32	1	1	.9292	2	.0707
33	3	3	1.0000	2	.0000
34	3	3	1.0000	2	.0000
35	2	2	.9995	2	.0004

<u>Abb. B3-3</u>: FFS-anwendungsfallspezifische Klassifizierungsergebnisse für die zweite Partition der Typen I, II, III

vorgegebene FFS-Typen		Anz. d. FFS	tatsächliche Zugehörigkeit zu den FFS-Typen		
			1	2	3
Typ	1	17	17 100.0%	0 .0%	0 .0%
Typ	2	13	0 .0%	13 100.0%	0 .0%
Typ	3	5	0 .0%	0 .0%	5 100.0%

Gesamtprozentsatz richtiger Zuordnungen: 100.00%

<u>Abb. B3-4</u>: Klassifizierungsmatrix für die zweite Partition der Typen I, II und III

FFS–Nummer	vorgeg. Typ	höchste W. Typ	höchste W. P(G/D)	zweithöchste W. Typ	zweithöchste W. P(G/D)
1	4	4	.9915	5	.0085
2	4	4	1.0000	5	.0000
3	4	4	.9940	5	.0060
4	5	5	1.0000	4	.0000
5	5	5	.9996	4	.0004
6	5	5	.9756	4	.0244
7	4	4	.9915	5	.0085
8	4	4	1.0000	5	.0000
9	4	4	.9999	5	.0001
10	5	5	1.0000	4	.0000
11	5	5	.9983	4	.0017
12	4	4	.9915	5	.0085
13	5	5	1.0000	4	.0000
14	4	4	1.0000	5	.0000
15	4	4	1.0000	5	.0000
16	4	4	1.0000	5	.0000
17	5	5	1.0000	4	.0000
18	5	5	.9983	4	.0017
19	4	4	.9940	5	.0060
20	5	5	.9999	4	.0001
21	4	4	.9999	5	.0001
22	5	5	.9756	4	.0244
23	5	5	.9756	4	.0244
24	5	5	.9756	4	.0244
25	4	4	.9999	5	.0001

__Abb. B3-5:__   FFS-anwendungsfallspezifische Klassifizierungsergebnisse für die erste Partition der Typen IV und V

vorgegebene FFS-Typen		Anz. d. FFS	tatsächliche Zugehörigkeit zu den FFS-Typen 4	5
Typ	4	13	13 100.0%	0 .0%
Typ	5	12	0 .0%	12 100.0%

Gesamtprozentsatz richtiger Zuordnungen: 100.00%

__Abb. B3-6:__   Klassifikationsmatrix der ersten Partition der Typen IV und V

Anhang C

C1   Daten des Fallbeispiels FFS I

Aufbau des FFS:

Anzahl und Art der Maschinen:	6	Bearbeitungszentren
Bearbeitungen außerhalb des FFS:	30%	der Werkstattaufträge Vorbearbeitung
	100%	der Werkstattaufträge Nachbearbeitung
Werkstücktransportsystem:	1	schienengebundenes Fahrzeug
Werkzeugtransportsystem:	1	schienengebundenes Fahrzeug
Anzahl der Werkstückträger:	30	(intern)
	1	(extern)
Werkstücklagersystem:		linearer Palettenspeicher
Anzahl der Rüst-/Spannplätze:	2	
Spannmittel:		werkstückspezifische Vorrichtungen

Werkzeugspeicherkapazität

zentrales Werkzeuglager:	330	(maximal 40 Großwerkzeuge)
dezentraler Werkzeugspeicher:	60	(maximal 5 Großwerkzeuge)
zu verwaltende Werkzeuge:	330	
Schwesterwerkzeuge:	60	
Anzahl der parallel austauschbaren Werkzeuge:	1	

Auftragspezifische Daten (Durchschnittswerte)

Anzahl der unterschiedlichen
Werkstücke: 36

Losgröße: 60

Wiederholhäufigkeit pro Jahr: 40

Anzahl der Eilaufträge pro Monat: 0,5

Anzahl der Einfahraufträge
pro Monat: 8

Anzahl der Werkstücke
pro Aufspannung: 2

Anzahl der Aufspannungen
zur Komplettbearbeitung: 2

Bearbeitungszeit: 40 min

Anzahl der Maschinenaufträge
pro Aufspannung: 1

Anzahl der benötigten
Werkzeuge pro Aufspannung: 25

Werkstückspezifische Daten FFS I:

Werkstück-nummer	mittlere Losgröße	Aufspannungen	Aufspannungs-nummer	Anzahl der Werkstücke pro Palette	Umspanndauer [min]	Bearbeitungszeit [min]	Vorrichtungen	Anzahl der Werkzeuge
1	60	2	1 und 2	2	5	55	V1	27
2	60	2	1 und 2	2	5	53	V1	28
3	80	2	1 und 2	2	3	23	V2, V3	24
4	50	2	1 und 2	1	1	21	V4	26
5	80	2	1 und 2	2	3	17	V2, V6	17
6	50	1	1	1	2	27	V7	22
7	50	1	1	1	2	25	V7	21
8	80	1	1	1	2	10	V2	9
9	80	1	1	1	2	10	V2	18
10	100	1	1	2	1	3	V7	1
11	60	2	1	2	2	26	V8, V10	17
			2	2	8	73	V9, V10	30
12	60	2	1	2	2	26	V8, V10	17
			2	2	8	85	V9, V10	31
13	60	3	1	1	1	8	V11	6
			2	1	1	12	V12	15
			3	1	4	43	V13	32
14	50	3	1	1	1	11	V11	6
			2	1	1	12	V12	15
			3	1	4	50	V13	33
15	80	1	1	2	3	28	V14, V15	28
16	100	1	1	2	1	3	V16, V17	1
17		1	1	1	2	15	V18	
18		1			1	11	V19	
19		1			2	2	V20	
20	60	2	1 und 2	2	5	63	V21	
21		2	1 und 2	2	5		V21	
22	60	1	1	2	3	30	V22	
23	60	2	1 und 2	4	2	11	V23	
24		2	1 und 2	4	2	11	V23	
25	60	1	1	4	1	6	V23	
26	100	2	1 und 2	2	5	60	V24	43
27	40	2	1 und 2	2	5	66	V24	66
28	40	2	1 und 2	2	5	76	V24	76
29	100	1	1	2	3	26	V25	12
30	60	1	1	2	3	33	V25	14
31	100	2	1 und 2	4	3	19	V16	10
32	100	2	1 und 2	4				
33	100	1	1	2	1	4	V16	12
34	100	1	1	2	1	4	V16	12
35	80	2	1	1	1	5	V10, V26	4
			2	1	1	5	V10, V27	6
36	20	2	1	1	1	11	V10, V28	4
			2	1	1	21	V10, V29	13
Anzahl	31,00	36,00		43,00	43,00	42,00	43,00	34,00
Mittelwert	70,32	1,61		1,86	2,67	26,19		20,47
Standardabw	21,77	0,59		0,91	1,84	22,55		16,22

C2 Daten des Fallbeispiels FFS II

Aufbau des FFS:

Anzahl und Art der Maschinen:	4	Bearbeitungszentren
Bearbeitungen außerhalb des FFS:	30%	der Werkstattaufträge Vorbearbeitung
	10%	der Werkstattaufträge Zwischenbearbeitung
	100%	der Werkstattaufträge Nachbearbeitung
Werkstücktransportsystem:	1	schienengebundenes Fahrzeug
Werkzeugtransportsystem:	1	schienengebundenes Fahrzeug
Anzahl der Werkstückträger:	20	(intern)
	40	(extern)
Werkstücklagersystem:		linearer Palettenspeicher
Anzahl der Rüst-/Spannplätze:	2	
Spannmittel:	98%	werkstückspezifische Vorrichtungen
	2%	Universalvorrichtungsbaukasten

Werkzeugspeicherkapazität

zentrales Werkzeuglager:	216	(maximal 24 Großwerkzeuge)
dezentraler Werkzeugspeicher:	60	(maximal 5 Großwerkzeuge)
zu verwaltende Werkzeuge:	580	
Schwesterwerkzeuge:	60	
Anzahl der parallel austauschbaren Werkzeuge:	1	

Auftragspezifische Daten (Durchschnittswerte)

Anzahl der unterschiedlichen
Werkstücke: 36

Losgröße: 30

Wiederholhäufigkeit pro Jahr: 2

Anzahl der Eilaufträge
pro Monat: 0,5

Anzahl der Einfahraufträge
pro Monat: 20

Anzahl der Werkstücke
pro Aufspannung: 1,5

Anzahl der Aufspannungen
zur Komplettbearbeitung: 2

Bearbeitungszeit: 100   min

Anzahl der Maschinenaufträge
pro Aufspannung: 1

Anzahl der benötigten
Werkzeuge pro Aufspannung: 30

Werkstückspezifische Daten FFS II:

Werkstück-nummer	mittlere Losgröße	Aufspan-nungen	Aufspannungs-nummer	Anzahl der Werkstücke pro Palette	Umspann-dauer [min]	Bearbeitungs-zeit [min]	Vorrich-tungen	Anzahl der Werkzeuge
1	50	2	1	2	6	33	V101, 102, 103	11
			2	2	12	96	V101, 102	22
2	40	2	1	2	6	34	V101, 102, 103	11
			2	2	12	105	V101, 102	22
3	60	2	1	2	4	29	V104, 105	12
			2	2	4	24	V104, 106	15
4	40	2	1	2	4	23	V104, 105	11
			2	2	4	18	V104, 105	9
5	40	1	1	2	3	34	V104, 107	14
6	40	1	1	2	3	19	V104, 108	9
7	80	1	1	40	8	25	V109	1
8	40	2	1	2	12	56	V110, 111, 112	14
			2	2	20	208	V110, 111, 113	25
9	30	2	1	2	12	65	V110, 111, 112	15
			2	2	20	251	V110, 111, 113	28
10	40	2	1	2	8	39	V114, 115	14
			2	2	8	58	V114, 116	14
11	40	2	1	2	6	69	V117, 118	15
			2	1	4	18	V117, 119	11
12	20	1	1	2	4	50	V114, 109	14
13	96	1	1	12	5	19	V109	1
14	10	3	1	1	6	39	V117, 103, 120	14
			2	1	7	117	V117, 121	16
			3	1	12	136	V122, 123, 103	24
15	10	2	1	1	4	52	V114, 124	20
			2	1	5	36	V114, 125	2
16	10	2	1	1	4	39	V117, 126	15
			2	1	5	25	V127, 128	8
17	10	1	1	1	4	45	V114, 129	16
18	40	1	1	1	4	3	V109	1
19	5	2	1	1	6	77	V117, 103, 130	24
			2	1	20	249	V122, 131	37
20	5	2	1	1	6	83	V117, 103, 130	24
			2	1	20	260	V122, 131	37
21	5	2	1	1		29	V132	17
			2	1		185	V133	40
22	20	2	1	1	6	57	V117, 103, 134	29
			2	1	12	197	V122, 103, 135	29
23	20	2	1	1	6	31	V136,	32
			2	1	8	53	V127, 137	21
24	20	2	1	1	6	24	V136	27
			2	1	8	50	V127, 137	24
25	20	2	1	1	5	20	V109	14
			2	1	7	13	V109	9
26	40	2	1	1	3	10	V140, 138	9
			2	1	5	60	V141, 139	31
27	40	2	1	1	3	31	V140, 103, 141	14
			2	1	4	34	V104, 142	20
28	40	1	1	1	3	33	V140, 103, 142	25
29	80	1	1	2	2	11	V104, 143	3
30	40	2	1	1	3	54	V140, 138	30
			2	1	5	87	V141, 139	34
31	40	2	1	1	3	13	V144, 145	7
			2	1	4	66	V117, 146	23
32	40	2	1	1	3	28	V144, 103, 147	14
			2	1	4	38	V144, 103, 148	14
33			1	1			V149	
34	20	2	1	1		7	V109	5
			2	1		4	V109	2
35	20	2	1	1		33	V117	
			2	1		80	V117	
36	20	3	1	1		25	V117, 150	
			2	1		41	V117, 151	
			3	1		17	V144, 103, 152	
Anzahl	35,00	36,00	64,00	64,00	54,00	63,00		58,00
Mittelwert	33,46	1,78	1,47	2,08	6,81	59,76		17,22
Standardabw	21,32	0,53	0,56	4,98	4,58	60,63		9,68

FIR + IAW
Forschung für die Praxis

Berichte aus dem Forschungsinstitut für Rationalisierung (FIR), Aachen, und dem Lehrstuhl und Institut für Arbeitswissenschaft (IAW) der Rheinisch-Westfälischen Technischen Hochschule Aachen.

Herausgeber: Univ.-Prof. Dr.-Ing. R. Hackstein